好心态成就好工作

顾歌 著

漓江出版社
桂林

图书在版编目(CIP)数据

好心态成就好工作/顾歌 著.—桂林:漓江出版社，2019.1
(有氧生活)
ISBN 978-7-5407-8386-0
Ⅰ.①好… Ⅱ.①顾… Ⅲ.①成功心理－通俗读物 Ⅳ.①B848.4-49

中国版本图书馆 CIP 数据核字(2018)第 002919 号

好心态成就好工作(Hao Xintai Chengjiu Hao Gongzuo)

作者:顾歌

出 版 人:刘迪才
出 品 人:吴晓妮
策　　划:叶　子
责任编辑:叶　子
责任营销:李京璟
责任校对:吴玉闩
装帧设计:何　萌
责任监印:陈娅妮

漓江出版社有限公司出版发行
社址:广西桂林市南环路 22 号　邮政编码:541002
网址:http://www.lijiangbook.com
发行电话:010-85893190　　0773-2583322
传　　真:010-85890870-814　0773-2582200
邮购热线:0773-2583322
电子信箱:ljcbs@163.com

山东德州新华印务有限责任公司印刷
(山东省德州市经济开发区晶华大道 2306 号　电话:0534-2671218)
开本:880mm×1 230mm　1/32
印张:11.375　字数:200 千字
版次:2019 年 1 月第 1 版
印次:2019 年 1 月第 1 次印刷
定价:45.00 元

第一版自序

一　缘起

这不是一本关于心理咨询或治疗方面的专业书，虽然我是一名职业心理咨询师。这是一本写给职场人士看的书，不仅有职场上的种种，也有向情场延伸的一家之言。书中的内容多来自顾歌在心理咨询实践及各类授课过程中的体验和感悟。不论是不是和你相关，都是实实在在的呈现；不能保证字字和你的故事相符，但能保证让你找到属于自己的收获。

听说过袁毅鹏吗？他是在网上号称“中国反抑郁症歧视第一人”的前 IBM 员工。我和他相识在 2011 年夏天，凤凰卫视著名主持人闾丘露薇在一档名为《走读大中华——抑郁症》的节目中对我进行采访后，把袁毅鹏介绍到我这里，由闾丘露薇和我所在的上海心潮心理咨询中心共同承担他的心理治疗和咨询费用，来帮助袁毅鹏走出痛苦。

“袁毅鹏原为 IBM 正式员工，2007 年 6 月 26 日至 8 月 17 日因抑郁症停职治疗，IBM 亦表示最快两个星期，最慢一个半月即同意他回岗工作。同年 8 月 17 日上海市精神卫生中心开出工作建议，袁向 IBM 申请恢复工作，IBM 一线经理当面予以拒绝，并要求袁辞职。”

这段源自网络的文字给顾歌最大的感受是：绝大多数人在一生最宝贵的年华中都梦寐以求能找到一份好工作，有稳定而丰厚的收入，有受人尊重的社会地位，并且借此进一步获得更多的间接社会资源（比如匹配的恋人、更好的社交活动）。但在寻找的过程中及拥有后，往往会忽略一件最重要、最关键的事情，那就是有没有一个好心态去享受这份工作带给你的良好感受。如果没有这份心态，那获得工作时的所有荣耀、光彩和欣喜，都会在很快的时间里化为乌有。

有这么一个故事，有一个企业家把中国的瓶装水送到非洲干旱而没有洁净水源的地方，不管这是什么牌子、什么价格的瓶装水，那些初次获得瓶装水的居民对水的评价非常高，觉得这水像甘泉一般甜美可口。接下来，这个企业家发现市场潜力巨大，就和当地政府商议从远处引进水源，开始在当地兴建水厂。这本来应该是件令人欣喜的事情，建设之初很多当地人进入工厂，低价甚至义务地为企业家干活。但当水厂建成，当地居民不再为洁净水而烦恼的时候，便不再为喝到水而感动，并开始向水厂提出平分利益的要求，甚至发生了破坏性事件。企业家很痛苦，觉得当地居民忘恩负义。于是他们找到了顾歌。

顾歌说，这不是什么忘恩负义，恰恰就是心理学中的边际递减法则在起作用——人类对事物价值的认可不是来源于事物本身，而是在于自己的需求、欲望等内在的动机指数获得满足时产生的一种主观感受和体验。当人们重复享有同样的东西，它们给我们带来的满足感和效用，是随着重复的次数而不断变化的，重复越多，其效用和满足感就越少。

所以好工作如果能一直让你感受良好，就得注重自我心态的调整，这心态中包括感受、体验、欲望、需求等。自我调整的方式可以通过提升认知水平、学习应对技能及改善价值观等方式来避免职场中随时会出现的边际递减法则。而组织为避免这样的情况更是大有可为，可以通过变换岗位、个性管理、激励机制、人文关爱、团队活动等方式，来达成使员工职业心态保持平稳的目标。

前面所提到的袁毅鹏，他心态出现问题的征兆可能正是由此开始的——在工作已经没有了任何乐趣时，工作激情的免疫力一旦失去，其他不管是来自过去的或是现在的种种问题，都可能成为病毒感染心灵，让心态变坏、变糟，而工作质量和人际相处能力也都受到严重干扰。

在这本书里，我会用一个章节专门分析我们在职业过程中种种问题形成的原因。只有很好地去进行了解，才能有良好的预防措施。

袁毅鹏在我所在的心理咨询中心咨询不多久之后，就因各种原因中断了与中心的咨访关系。顾歌有足够的依据和理由给每一位职场人士送上一句：时刻重视你的心态健康，因为这个事实要远胜过拥有一份好工作。

顾歌只要还在治疗室里待着，就一定会接连不断地走近处于职业状态的来访者。顾歌倾听着他们对问题的陈述，房间内的安静与平和一定会让他们的心态归于可调整的状态。认知疗法、行为疗法、精神分析疗法、焦点技术等各类心理大师以毕生精力研究出的治疗手段都可以应用上，只要他们的坚持和顾歌的专业投入能有效结合，一切就都充满希望。

但是，这一切问题本可以不用发生，治疗室里的舒适本可以在生活中随意找到。的确，有些情况一定是属于治疗室里才能解决的，但如果我们在人生价值集中展现的职场中能获得更多他人的关注、自我的认可、面对一切的信心和应对困难的方法和技巧，那么你就已经是自己的心理医生或自助者了。顾歌在 2011 年曾经写了一本名为《谁为职场心伤买单》的书，并获得出版。那本书更多是从心理咨询师的角度给予建议和方案。我想，如果能从本身作为一名职业人及机构管理者的角度，来给每一位职场人士提出一些心态建设方面的建议，从而引发大家的思考、体验和感悟，那将是一件很好的事。

二　感恩

不知是哪位名人说过一句话：人世间最美丽的情景是出现在我们对那些在我们成长之路上伸出过援手的人感恩的时候。

这本书的完成，得益于我的每一位求助者，是你们的求助让我有勇气最终成为一名助人者。在心理咨询理论中，有一个词经常被引用："助人自助"。这个词的本意是指，心理咨询师在帮助别人的同时，也要帮助他们找到自助的方法。这是我写这本书的动机之一。而我还从另一个角度理解了这个词：助人自助，帮助别人的同时，自己也得到了帮助和提升。这是我的切身体会，我也深深为之感动。其实我把每一个咨客都看得非常了不起，他们不是因为弱而来，会求助的人恰恰才是最强大的。所以，是我的求助者们作为动力，激励着我有勇气完成这本书，他们像是都在说：顾歌，你是一名助人者，把你呈现出来，可以让更多的人获得帮助！

同样，在日常工作和生活中，我也是一名求助者。我经常求助于我的工作伙伴们，他们是我所在的上海心潮健康咨询有限公司、心灵花园心理咨询有限公司及上海外服心理援助中心的全体同人，以及崔璨总经理。他们在我为这本书的写作感到困惑时给了我有益的帮助和提示。日常点滴的帮助，都是促成我走好每一步的关键。

我感恩我的母亲、妻儿及所有的家人。

我最后还得把这本书献给2005年11月22日离开我们的父亲，父亲的照片我天天带在身边，他早已成为我的精神力量。父亲从小"逼"我学习的场景历历在目，当时的痛苦现在早已转化为正能量。所以，让我的每一小步成长都化成对父亲在天之灵最大的慰藉和惦念吧！

目　录

第二版自序

发展机遇眷顾好心态

当我们拥有了良好的信念、心态、方法以及适应这个社会的能力，就能抓住个人发展的时机。

——顾歌

一

很多年前，有个高中学生，因为考试焦虑而找心理咨询师咨询，后来在咨询师的帮助下，很顺利地考上了上海的某所大学。父母如释重负，因为严峻的学习任务结束了，孩子应该没有问题了。因此，这个学生就和咨询师中断了联系。两年后，我的心理咨询中心突然接到这个孩子的母亲打来的电话，希望给她的孩子在第二天安排一个咨询师。第二天恰巧是中秋节，咨询师放弃休息，等待着这位大学生的来访。但她一直到下午很晚了也没来，咨询中心的助理拨通了这位母亲的电话，电话那头传来的是悲恸的哭泣。就在当天中午，这位大学生与家人吃完午餐后，回到自己房间就再也没有出来。当母亲想提醒她该去咨询时，推门进去看到女儿已经上吊自杀了。

她没有坚持到见咨询师的那一刻，虽然在此前想过求助，但最终还是放弃了。没有人知道她离开的原因，但起码我们可以推测，与高考时的焦虑不同的是，这次她很有可能罹患的是抑郁症。要知道，许多抑郁症患者在发病时，总会固执地认为，只有死亡才可能是最好的解脱，那一刻，她把所有的机会屏蔽了，此时的大脑已经不存在发散的路径，一条死亡之路横在眼前，无法逃离。

在我曾经担任嘉宾评委的一档电视节目上，一名在上海交通大学读书的学生上台说道，在他的同学中，有许多同学都会在毕业前夕读一本书，那就是我的《好心态成就好工作》，这也是学校推荐给学生踏上社会前的必读书目之一。这真是令我感慨万分，如果每位同学认真地阅读这本书的话，不管遇到怎样的困难，我都相信在这本书的阅读中，总会得到一些解答和帮助。那样就能减少多少校园自杀事件，又会增加多少良好心态来应对不可测的未来啊。

在你面前的这本书是跟职场，更是跟心态有关的著作。从学校走向社会和工作岗位的每一个人，有没有做好充分的准备？很多人说学习是为了提升自己的能力，不管是生存能力、就业能力，还是赚钱能力。但我们有多少人能有意识地把自己的心态整理好？这种能力称为适应能力，或软实力。当我们在适应能力还没有完全调整好的时候就贸然走上社会，遇到挫折就会一片茫然，不知该如何应对，此时你所拥有的其他能力，就会有无用武之地的遗憾。

我曾接待过一个在阿里巴巴工作过的来访者。当我赞许阿里巴巴的了不起时，他告诉我，他已经离开阿里巴巴了。我说，这么好的单位，很多人还想进去呢，为什么离职呢？他说，去年这个时候，他作为中层干部，实在顶不住压力，于是他主动放弃了年薪60万的工作，跳槽到一家小公司。他当时患了一种我们称为恐惧症的心理疾病。那是什么病呢？他每次只要听到领导开会，就开始不由自主地发抖。因为一开会，领导就会问你的业绩完成得怎么样了？你的团队打造得怎么样了？今年指标能完成吗？……这个32岁的年轻人于是选择放弃60万的年薪。而他现在的这家小公司，年薪才25万，但是他觉得压力合适，工资少一点没事儿，最起码他压力也小很多。但既然压力小了，为何还来心理咨询呢？经过测试，他患的就是抑郁症，抑郁情绪很严重，来之前已经服用了一个月的药了。他现在正在休假期间，他说，看来这份工作也保不住了，因为老板眼神中明显的有不待见。老板说，你工作一年不到，要请几次假呀？他几乎每个月都要请假，有时早上起来就痛苦不堪，一天还没开始就赖在床上不愿意动。他得了抑郁症，他不能工作，虽然他的能力很强，是浙江大学毕业的IT硕士。所有方面都很优秀的人，是什么让他不能工作？他一开始是睡不着觉，发展到后来只要一走出家门，见到人就害怕，哪怕是曾经认识的人。他没有朋友，时常感到孤独。我问他："你看到我什么感觉？"有的时候，心理咨询师这个身份能给这些带着心结的人一种安定的感觉。起码，他不认识我；起码，他可以在我这里肆无忌惮地倾诉；起码，他知道我是一个专业人士……此时，心理专业人士成了一种必需品。

这样的职场人士，在社会中少见吗？据统计，在上海有26.3%的白领，患上了我们称为焦虑症的病，有24%的白领患上了抑郁性神经症。如果将这两个简单地相加，就有将近一半的都市人的生活中伴有各种心理困惑，什么恐惧症啊，神经衰弱啊，甚至听起来挺吓人的偏执性人格。我们身边时刻充满着各种需要帮助的人，一张职业面具掩盖了多少煎熬的内心啊。于是，问题就这样堆积下来，直到不得不让自己停下来时，才意识到自己是“病”了。

所以，目前最好的自我保护就是得懂一些心理学，起码在产生问题时，能及时知道一个科学的方向，引导着你朝向正确的方向思考。

心理咨询现在的市场很大，有很多人需要做心理咨询。我们职场人士，特别是承受高压的职场人士，非常需要有这样一种心理关爱来支持他们重建好心态。如果上文提到的那个32岁的高管在阿里巴巴能得到这种关爱，就不会失去这份工作，阿里巴巴也不会失去这个人才。而现在，马云的团队除了积极的企业文化和不菲的薪酬可以吸引事业发展所需要的人才外，还加强了员工的心理关爱福利。同样，现在的各所大学里都会给学生们提供免费的心理咨询，一些心理困惑不出校门就可以得到专业的疏导。

当学生毕业进入企业后，突然发现竞争多了，压力大了，而企业如果不能一如既往地给这些新晋员工提供心理方面的专业支持，就会产生各种的职场不适应。所以我一直怀有这样一个梦想，就是用一种便捷的方式，为各种人群提供便捷的心理咨询服务，及早预防心理困惑，让更多人受益。因此我们制作了一款APP，名字叫“嗨忧心理”，其中设置了各种帮助人们解除忧愁的功能，专业心理咨询师团队是其中的一项重要支持。

二

职场中，我们如何去面对各种各样的困惑？下面我们来讨论一下。

好心态和好工作比起来，到底哪个更重要呢？许多人自然觉得，拥有一份好工作是人生重要的成长机会，也是迈向更高台阶的发展机遇，这么想来，当然是好工作更重要了。除此之外，好工作还可以在同学聚会时带来足够多的面子，是恋爱时用来炫耀和择良偶的资本，当然还能给父母和家人足够的底气去夸耀一番。一个好工作还可以给生活品质带来收入支撑。所以，多少人在为好工作殚精竭虑、奋力拼搏啊。

好心态是什么？好心态就是当你拥有了一份工作时，你能用良好的适应能力、自我调控能力去经营好这份职业，并且在职业中感受其中的快乐，由此激活自身的创造力，主动积极地参与到团队和事务中去。你会从中学习和分享这份工作带来的收获，能从工作中体验无比的乐趣并由此确定这是一件对生命有意义的事情。所以你可能会化腐朽为神奇，把不可能变成可能，你会为自我突破和与企业共同成长而骄傲。获得认同和企业价值因你的存在而得以实现，这是你为之骄傲的结果。这正是好心态带来的迷人之处。

好工作是静态的，而好心态是动态的；好工作会因为好心态绽放光彩，反之，好工作也会因为坏心态而黯然无色。哪怕工作看上去并不华美，但却可以因为好心态而充满生机和变革。所有的好工作都是由好心态塑造而成的，正如通用电气的杰克·韦尔奇曾经说过的，“工作总是生产力和资本的游戏，对员工来说天然是乏味的，但如果你能让员工感觉到这是为他自己而干，这一切都会发生变化，这就会成为员工自己的游戏，他们就会乐此不疲”。这其中的变化，其实就是心态的转变，美好的心态可以创造奇迹，这几乎是人类每一项伟大创举后面的故事。美好的心态并不限于快乐、幸福，也包括励志、坚韧、勇气和重新振作。

如果我们没有被困难击中过，我们就难以作自我分析和深入思考，人处于顺境中太久就几乎会丧失反思的能力。我们在奋斗中，不能一味地往前冲，有的时候要停驻下来，思考一下，我们把这个称为整理，整理之后可以让接下来的路走得更坚实。

我们都面临着一条时间线，由过去、现在和未来组成，当人们总是纠结于过去，总觉得过去哪件事儿做糟了，哪件事儿没做好，哪怕我们只是仅仅在想，都意味着现在过得不好，那么心情也不会好。如果总是想过去好，人们又在哀叹什么呢？总是纠结于过去的人，他一定是忧郁的。如果人们总是把自己的想法着眼于未来，他总是想明天怎么样，后天怎么样……这里，我想告诉大家的是，明天有很多不确定的事情，明天的命运不是掌握在你一个人手上的。它受制于环境、人员、你未来的身心状态等不可测因素的影响。所以，总是想未来的人是非常容易焦虑的。很多的焦虑指向的就是未来，比如高考焦虑、职场选择焦虑，等等。纠结于过去和未来会导致我们心理不健康，我们只能放眼当下，要善于整理，比如修复昨天没有做好的事，指向的是我想要什么，并非如何后悔以及为此而痛苦。只有这样想的时候，我们才知道该怎么去做，这就是行动力。然后，今天跟明天的关系是什么？这是基础和发展的关系。如果我今天的状态调整好了，明天就可以假设我是有力量的。可能我们会面对很多不可测的因素，而最重要的就是我们的个人因素。有问题就解决问题，面对问题，我们要去寻找更多的工具，而这些工具都是现在可以准备的。

《好心态成就好工作》这本书最主要的是提供一些工具，一些方法，告诉你如何去整理昨天，并为明天做准备。我们所有的学习不也是这样吗？它都是在整理过去的不足和为明天做一些铺垫和准备。所以只有把这条时间线整理好，那么每个人的人生路径才不会充满纠结和阻碍。

那么如何拥有一个好心态呢？好心态最重要的能力就是自我的管控能力。每个人在能力的寻觅过程中可以逐渐拥有各种各样的能力，但是唯有自我管控力是最容易被忽视的。这就是这些年学富五车的各色“能人”最终身陷“囹圄”的原因。最终他们不是输给了自己的太能干和权太大，而是迷失在了自控能力的缺乏上。即使没有自控能力，他们也能够拥有世界，但是却更容易失去自己。所以好心态最重要的能力就是自我的管控能力。

而要做到良好的自我管控，就得从知、行、情、意、能这五个角度来探讨。这也是好心态的五个核心理念。

有一个迅速让自己改变想法的方法，那就是当我们出现了一个负面想法的时候，马上就要想到“我这想法哪里来的”或“我为什么会这么想”。

比如说你倾心的对象突然拒绝了你，你是不是很不开心？被拒绝总会感觉不开心。但你有没有注意到，突然蹦入大脑的想法是什么？如果想法是“自己活该”或“我真糟糕”，这就是内归因的个性，容易导致自卑和自责。也可能你会想“她/他怎么这样无情”或“她/他有什么权利这么伤害我”等，这就是外归因类型的人。内归因和外归因的区别就是攻击性对内还是对外，它们都会促进人们行动，只要攻击性稍稍做一些合理化转变，就能摇身一变成为一种正向的行动了。比如内归因的人会自我激励，而外归因的人会向外探索寻找帮助。这种转变是多么的迷人，但遗憾的是，我们看到太多自责的人的行动就是把自己关在家里面，回避一切，貌似只有这样才能获得灵感。而一味怨责他人就容易愤怒，什么样的伤害都可能会去做。所以在问题面前，人的认知模式是多么需要合理化的转变啊，而转变的方法就是你得先洞察自己负面认知的真实面目。

当我们分析了自己的想法，你会发现，在许多问题上，你会重复这样的想法，这就是核心认知模式。当你掌握了自己的核心认知模式，那么无论是什么情况，感情也好，工作也罢，比如当我们被拒绝的时候，无非会产生两种想法：一、我不行，我没有能力；二、我太不可爱了，让你如此疏忽我。这种无能感或不可爱感就会在各种场合发酵滋生，成了一个人核心的负面认知。

自我无能的推定当然是错误的。事实是，人类生存至今依靠的能力是不胜枚举的。比如迈向人生的每一步的生命力、好奇于周遭事物的探索力、人际关系中必备的亲和力、一级级过关的学习力和在百舸争流中不甘平庸的竞争力……这些不都是曾经或现在正涌现的能力吗！我们每个人只要生命尚存，他一定是能力大于无能感的。当我们出现无能感时，在那个时候要挖掘出能力，要质疑一下我真的是无能的吗？

关于我真的是不可爱的这种信念，是早年对客体亲密关系的失望所遗留的一种自我否定。这许多人身上都会存在，而往往在人际关系中显现出其威力。这种信念一旦形成，可以贯穿人的一生。其往往变形为“我是令人讨厌的”“我是难看的”“我是不招人喜欢的”，等等。当然自卑也就源自于此，发展到后面的极端版本可能会形成两种性格：畏缩不前、逃避和攻击，甚至破坏。但事实是什么呢？每个人都有其可爱之处，关键是自己能否去发现，即使自己发现了，也需要通过展示来让别人觉察。可爱无处不在的一个理由就是每个人都有其善良和愉悦的组成部分，善良就是容易为外界的美好和弱小所感动的一种心理状态；愉悦就是一种放松而开放地体验到事物快乐的一面并为之呼应的心理感受。当我这么一说，许多人都会去反思自己是不是有可爱的成分，其实当你还能为别人的哭泣而动容，还能为笑话而开怀，你就没有丧失可爱之处。这样一说，是不是人人都有可爱之处呢？谁又没有一点可爱呢？因此，“我不可爱”的信念当然是一个错误的信念了。

其实，自我提升认知水平是可以通过这几步来完成的。

第一步叫发现。解决认知的第一步是发现，发现你的认知中不合理的地方。

第二步就是找到自己到底想要什么，就是期待。期待总是指向一个你最核心的需求，它总是以目标的方式呈现。

所以发现加期待，就是调整自己负面想法的关键点。期待是什么？当我们觉得自己还是有能力的，还是有可爱的一面的时候，我到底想要什么？当想到对方不爱自己时，正确的认知应该是要努力。当这个工作是我想要的，人事拒绝了我，那么你是想要进这家企业，还是想要个这样的工作呢？这个企业拒绝你，代表这份工作拒绝你了吗？当然不代表，所以就去选择类似的工作，再去争取一下。这就是方法：把你的希望确定下来，然后指向行动。这就是我说的“知情行意能”当中的第一个——认知。

“知情行意能”中的第二项是情绪。如何让自己的情绪能够调整过来？能够迅速地从坏情绪当中改善？告诉大家一个简单的方法，其实我们的心情都跟我们的呼吸有关系。比如说，大家有没有听说过，“怒发冲冠，凭栏处、潇潇雨歇。抬望眼，仰天长啸，壮怀激烈……”这是岳飞的《满江红》。怒发冲冠，说明怒气是往上的。相反，悲悲切切是低落的，情绪是往下的，因为它的气息是短促而沉闷的。

那么，想要有良好的情绪应该怎样呼吸呢？那就是时常让自己保持有规律的、平缓的、不急促的呼吸。呼出去和吸入的气体是等量的。平时让自己多关注自己的呼吸就可以了。熟悉运用后，立马就能改善心情了。所以调节自己的情绪得从呼吸开始。不管心情多么糟糕，你只要用这个呼吸的方法，必然会得到改善。如果把注意力集中在呼吸上，情绪就会得到转移。实践证明，用呼吸法调节我们的情绪，是非常快速和有效的。

“知情行意能”中的第三项就是行为。我们如何管控和把握好自己的行为呢？行为就是具体的行动，行动重复得多了就会指向习惯。好的习惯来自正确的行为。否则，一个错误的行为就会产生一个错误的习惯，最终导致一种充满错误或者不良的性格。所以我们的行为非常关键，它受制于我们的良好的想法和情绪。当我们的想法正确了，心情平复时，我们就得去衡量自己的行为，此时你是理性的，自然会选择一条有效的路径。

关于行为的管控，我建议大家要知道两点：一、怎样的行动是自己擅长的，在自己的能力范围内行动，怎样做是可以的；二、怎样的行动对下一步也是有效的，这就是走一步看三步，不是只为这一步的快感而做，而是为后面的行动打下有效的基础而做。很多人做一个动作的当下是快乐的，这种快乐会麻痹你对未来的判断，而当行动的下一步是有效的、对下一步是有帮助的时，每次在行为上我们想到这些，就能养成这样的思维习惯。

比如说看了这本书对我现在是有好处的，对我找工作是有帮助的，这个行为就有两个一前一后的好结果，我们也因此会做得更加坚定。“知情行”和我们的理性思维有关，健康的心态就是一种理性的思维。大脑最大的价值是什么？就是理性思维。我们所有的创造，所有的文明其实都跟我们的理性有关系，所以充分发展自己的理性思维，这对正确行动是最有意义的。

有人说诗人、音乐家只拥有浪漫和情怀。其实错了，诗人写诗，他的逻辑体系是理性的，融入情感后，就会让理性插上了翅膀，那就是美的。音乐家的韵律体系是有规律的，融入情感后，就会让理性扬起优美的旋律。

所以，我们要意识到，情绪情感和我们的理性是不冲突的，就像是我们的好工作和好心态是不冲突的一样。所以我们不能把它平行或对抗地来看，而是应该整合地来看。

“知情行意能”中的第四项就是“意”，我将其解读为意志力。意志力一方面是我们行为的可持续力，也就是坚持；另一方面就是指百折不挠的精神。

如何让我们的一种行为可持续发展，重复而坚持地去做呢？这就需要把行为化为一种习惯。但我们的许多良好的行为总在半途夭折，而形成不了一种持久的习惯。这主要受制于抱怨。抱怨什么呢？

一、抱怨自己的成长环境，比如社会、家庭或社会的某个情境；二、抱怨自己的成长关系，比如父母、同学或同事等。

成长环境在许多情况下是无法选择和回避的，一个体验不到环境所带来的良好感受的人永远是被动的。被动地去接受和迎合，但主观上体验不到良好的契合，最终只能随波逐流，这是人的无助性在作祟，这会导致丧失自主性，形成被动的局面。而成长关系是一个人发展的支柱，没有关系的支撑，一个人很难成为健全的个体。需求被违背和备受冷落的结果就是关系疏离，抱怨情绪中饱含的都是满满期待落空后的迷失。

心生抱怨消耗了意志力，于是意志力的薄弱再一次削减了行为的持久性，正如一个看不到希望的人是无法正视每天新升的太阳的。思考一下，如果要提升自己的意志力，首先我们要消除什么？那就是抱怨。

要有良好的心态才会有坚强的意志力。试想有没有人带着痛苦的感受去跑步？如果带着痛苦去跑只会越跑情绪越难平复，当然还会出现在跑的中途退场，因为他分散了注意力，没有专注于这项运动本身，过度思考很快消耗了他的能量。当然还可能是由于无法面对瓶颈的压力。做任何事情，要坚持下去就一定会遭遇瓶颈，我把瓶颈又称为能量的更替时刻，也就是起初的能量夹杂着的热情或好奇渐渐消耗殆尽。于是第二股更强大的能量呼之欲出，但许多退缩者令人可惜的正是他们迎接不了这股新能量，因为交接的程序是需要再坚持一会儿的。科学研究证明，所有的运动都会遭遇瓶颈，每一波的瓶颈间隔最长不过两分钟，也就是你挺过这关键的两分钟，大脑中的内啡肽就会激增，这时第二股能量就会出现，而此时你的运动能力就会提升一个层次。但这么好的研究结果却被我们忽视，许多人就是这样在第一波中放弃了。再坚持一会儿多么重要啊！

所以，所有的坚持都是值得称道的，所有的不快乐都可能是中途退缩的结果。可持续发展就是正能量发展，这个“正”一定也有不断涌现的意思吧。所以，克服了各种负面情绪和遇难而退的心理，才能迎接第二波的正向能量，这才是意志力的关键点。

“知情行意能”的最后一项“能”就是能力。我们每个人在面对能力的时候，总会面临一个挑战，就是我们行吗？我们很容易在对能力的质疑中，把这件事情整体给否定了。我有一种能力的细分法，就是用切割术来评估自己对一件事情的能力。当我们看到一件事情，感到不能做的时候，就把这件事情整体否定了。如果在一项工作中，把它按阶段或内容细分后会发现，其中有一些环节是能做好的。这样就可以阻止全盘否定。

比如说，一个女孩子风姿绰约，你想追她，那你行吗？当觉得自己不够帅，不够高，没有经济能力时，很多人就会望而却步。这时就该用能力切割法来看这件事，考察她的十项需求。此时评估一下自己有没有满足其中一项的能力。比如她爱吃零食，那么你有能力为她买零食吗？我想没人会说不能吧。她爱读书，你能陪她到图书馆吗？你当然求之不得呢。在走夜路的时候，能保护她吗？能！如果所有的都能，那你为什么不能去追？这就是能力切割法，把一项“大事”切割成一个个小目标，再看看你有没有这样的能力。

我曾经突然有一天天真地想做一件事，就是把自己的手背过去，一上一下能让双手相互触碰到并手指钩住。我一开始是做不到的，毕竟随着年岁的增长柔韧性差了，骨头也硬了。但我不甘心，于是我就用上了问题解决的切割法。首先两个手一上一下的能否背过去，这是有能力做到的。现在就差一点点，我问自己，能不能每天就拉伸几次，让自己一点点接近。于是我真的这么做了。这样坚持一个星期后，我的两个手的手指就能碰到啦。那么先练习一星期，这个星期的目标就是让手指能接触得更多，并尝试钩住。然后继续行动。你看，我的手指互相接近的能力更强了，又一个星期后，我手的柔韧性更强啦，已经能互相钩住了。在这件小事中，我把自己的无能感用切割法变得更小，小到坚持一下就能做到的地步。人们说做事要小步快走就是这个道理。在任何事情面前，不要轻易否定自己的能力，设定一个能力达成的流程，让自己有一个逐步升级的过程，最终你就能做到了。这其中要结合前面所说的所有内容，也就是有一个良好的认知——这样做的必要性；有一个良好的情绪——这样做是快乐的；有一个说到做到的行动——这样做是对的；有一个坚持的耐心——突破瓶颈的乏味，看到坚持的理由。于是大家可以看到，我站在你们面前所表现出来的柔韧性，看到我的双手反握，再看到我双腿劈叉。我已经达到一个经过专业训练的舞者才有的柔韧度了。我身体的这项能力就是通过能力切割法而获得的。

三

良好的人际关系需要社交管理。我们人和人之间的关系，要防止出现以下两个核心问题，一是太过害羞；二是出口伤人。害羞让你无法接近他人，而出口伤人则会让别人远离你。

害羞怎么处理？试问，我们跟父母在一起吃饭，会害羞吗？当然不会！为什么跟父母不会害羞呢？因为知道爸爸妈妈熟悉和了解我。当你对某个人知道得越多的时候，你对这个人的害羞感就会更少一些。害羞是因为你做了一个重要的假设：别人不懂我，所以他可能是不会接受我的。想想你愿意被别人看懂吗？还没想到这一步，我们所有的自我呈现，哪怕只是呈现冰山一角，都是摆脱害羞的好方法。比如，学校里的孩子，只要跟一个同学说，我最喜欢吃比萨或我最喜欢打某款游戏等，一旦更多地呈现自己，同学之间就开始热络了，所谓的害羞感也自然烟消云散。也可以"夸夸其谈"般暴露自己一件最擅长、最拿手的事，以此摆脱害羞。比如刚进入一家企业工作，了解周围人群的爱好，比如大家都打哪个游戏，或者是不是同一所大学毕业的。其中的道理是人类在社交活动中有一个"合并同类项"的本能，当你找到的共同点越多，你的社交"底气"也就越足。同理，有些人会发现原来所爱的某项运动，或者喜欢的一个美剧或动漫，一旦拿出来，就必然有人呼应，你的害羞情绪自然因为"对方和自己一样"的感受的增强而降低，甚至消失。

当然，还有一点，就是要摆脱一些出口伤人、总说过头话和气话的问题。那么怎么能做得更好呢？社会上经常会遇见一有冲突就出口伤人而导致问题愈演愈烈的态势。在一个集体中，这样的问题也是屡见不鲜，你这么说，他这么理解，然后产生语言龃龉。

这些方面都需要提升沟通能力。朋友、家人、伙伴、情侣，甚至陌生人的沟通除了语言信息的传达，还包含着情绪的交流。当我们在社会上社交时，最好的方式就是懂得欣赏对方，适当地赞美，如你的气色很好，你的发质很好，你的反应很快，你的态度很积极，等等。

跟别人说话的时候，要想深层次沟通就需要做到：一、要重复对方的话，代表你在认真听；二、去探究别人的心情，然后说说自己的感觉，说出自己的共情的心态，如听到你这么说，我也很难受，或再次重复对方的心情，如他说失恋，我说今天听你说了我也很痛苦。

最后是问问他你能为他做些什么。这样人际问题就自然会减少。

四

下面谈谈适应力管理。形成良好的心态一定要具有一个良好的社会适应力或环境适应力。什么叫环境适应力？环境适应力来自我们人类进化的早期阶段，那时我们因为环境的变化，气候的变化，从一个地方迁徙到了另一个地方。这种环境变更过程当中的舒适感，我们现在把它称为适应力。

我们有很多学生从高中进入大学就不适应，到毕业还不适应，为什么呢？因为高中最好的同学，最好的同桌，远在他乡，他思念了四年。不是因为他思念那个同学，而是因为这四年以来，他没有建立新的人际关系、新的情感寄托和情感寄放的地方。环境适应的解决方式就是赶紧从新的环境当中，寻找到合理性事物和关系，也就是找到你能够存在的理由。原始人到了一个新的环境，马上就入乡随俗了，为什么呢？因为他们没有储藏，没有冰箱，一切为了生存，走到哪儿，吃到哪儿。条件越恶劣，人类为了满足基本生存，反而适应能力越强了。当我们丧失了这样的能力，就只能保鲜自己的心灵了。

如何在新环境中迅速适应呢？那就是找到能够让自己生存下来的养分。比如说，进入了一个新的学校，加入了自己喜欢的社团组织，就会马上找到志同道合的人。进入一家新的企业，都是一群妈妈，互相交流育儿经验，这就是找到组织了。再比如上面提过的相似的兴趣爱好，比如打游戏、爬山、跑步、看电影、玩乐器等，这些可以让我们拉近人际关系，迅速适应环境。在社会里，我们要想能够真正地适应，就要学会以下三点：一、要学会找人脉；二、要学会靠人脉；三、要学会扩大人脉圈子。

这就是一个职场人从青涩状态、平庸状态，最终能够走向成功的业务精英甚至高管的途径。

在适应力管理中，我们不能忽视的一点就是压力管理。压力是什么呢？压力是来自欲望实现时的副产品，是让你为之付出代价的副作用，以此让你得以证明，只能经历过才会足够珍惜。所有你想要的东西，包括好工作和高收入、爱情，都会产生压力，但反过来说没有压力的事儿，我建议还是别干了。因为容易得到的，也可能容易失去，因为不会去珍惜。正如很多在大学里开始的恋爱，在人到中年时，还是容易出现各种问题。所以我们不得不用高压力的承受来防范我们失去时的痛苦。这就是成本，成本的付出只能让人倍加珍惜。爱情如此，职业亦如此。试想，除了爱情容易上手且容易失去外，金钱和地位，哪一个不是这样，没有争取时的压力的考验，哪会有坚持的愉悦。

同样，拥有了压力，甚至拥抱了压力，我们也不能就活在压力的感知中而无法自拔。解决压力，这是一个非常美好的想法。解决的途径，我比较推崇美好回忆法，也就是对历经压力而成功的事件，做一个过程回顾。比如可以试想一下，曾经面临的高考压力大不大？肯定很大。但过了这些年，蓦然回首，这份回忆却是分外美好的。这样回顾的前提是你可得高考成功哦。不然就找一个其他带着压力而成功的事情吧。我们面对压力时要能够感觉到，这个挑战挺美的。当这个挑战结束后，整个过程回味起来是甜的，这种感觉很美，压力当然尝上去也挺可口了。

压力怎么解决？压力解决的方法之一是模仿压力，例如通过运动释放。有些人有压力的时候，愿意睡懒觉，这可能对小压力管用，但进入高压力的环境中，就会不适合了。因为睡懒觉的模式太简单，没有直接增加我们的弹性。科学已经验证，很多疲劳不是因为工作强度大，而是因为心情不好。为什么我们现在压力大，很多人还失眠？因为我们的能量没有释放掉。所以压力越大，就越要运动。我认可的运动之一就是靠墙蹲马步，一次 30 至 50 分钟，一身汗，绝对减肥，而且不长大腿肉。蹲好以后，睡意全无，疲惫感全没，冲个凉，那就像人生又开始，初降人世的感觉。因为你坚持了整个锻炼过程，有些肌肉发酸，但是我们在这个小小的历程中既完成了自己小小的心理弹性的训练，又完成了压力的释放。

压力解决方法之二是学会放松。在你模仿好压力以后，开始学会放松。放松的方式，就是自我暗示的过程。松的时候就想到自己的肩膀松了，肚子松了，臀部松了，大腿松了，脚指甲松了，全身都松了。明白了吗？就是心中重复着一个“松”字，就感觉好像有一块陨石慢慢往下掉。当你躺在什么地方，感到陨石掉下来的松垮的感觉，越来越往下沉，越来越往下沉，越来越往下沉，当你再醒过来时感觉好放松呀！这就是自我催眠。我想媒体在报道宇航员事迹的时候会有一句话，他们都能够随时随地睡觉。这就是自我催眠术。能够实现自我催眠，就一个字——松。他们随时随地休息了，这就是成功的压力管理。

通过上面的内容，总结成一句话，就是好心态是怎么炼成的？合理的心理调适、良好的社会交往及环境适应能力的提升。

五

最后，我也要说说在企业中，一个员工最重要的是什么素质，或者一个企业最看重员工哪方面的素质。

那就是契约精神，承诺就是一种契约。企业里面最看重的就是承诺这两个字，而不仅仅是能力。但是承诺是由哪几个部分组成的呢？

第一项是遵守规范，员工能否遵循组织的各项制度和规范。

第二项是可持续承诺或长久承诺，当合同期未满，员工应积极工作，挑战困难；合同期满，只要对企业有价值的员工，企业希望续约留用。

第三项是情感承诺，情感承诺就是跟企业的黏合度要高，要忠诚，一切从企业的利益出发，而不是从同事、客户或者合作伙伴出发。所以，这三个承诺都是每个优秀的职场人在企业中得以顺利发展的良好经验。

好心态在职场中也有三宝。

一、我想要什么？目标要明确。苹果公司曾经问他们的员工，你为什么要在我们公司工作？这点对于员工能否在企业发挥最大价值起到重要的作用。

二、我怎么得到想要的？通过切换，把目标细分，一点点来。

三、我为什么应该得到？这里包含了意志力、抗挫折能力、学习能力，等等。很多人羞于自己对于第一个问题的回答，比如为了钱，为了荣耀感，为了生活的舒适感，其实这些都没问题，你得面对真实的自己。这三个问题的答案，就是信念。你的坚持，你的工作质量一定和自己的信念有关。信念之后就是行动，行动就是激情，激情引发创造力，这是一个大循环。

当我们拥有了良好的信念和心态，拥有了一些方法，拥有了适应这个社会的能力，我们就能抓住个人发展的时机，才能在我们的职业之路上备受眷顾。我想到一些职场前辈因为时代的际遇而被迫下海从商，不得不放弃铁饭碗和人们眼中的好工作，然而即使是那些被迫下海的人，好心态也让他在商海中获得了成功，成为改革浪潮中的首批幸运儿。这就是命运对于好心态的眷顾。心理学关心的是人类在历史长河中的发展命运。我希望每个人对心理学有一个美好的接触，在接触过程当中，《好心态成就好工作》这本书就是一个友善的提醒，指导朋友们运用心理学走好职场这条路。

第二版增补说明

1. 针对一版中个别的文句进行了修正。

2. 以一篇演讲稿作为再版序言。

3. 把原先的九章增加至十三章。增加的三章中，第十章和第十一章都是我在企业中给各级管理者的上课录音整理稿，主题涉及“新生代员工心态的管理”及“游戏化思维提升员工心态”；第十二章是本书第一版出版以来诸多网络来信之提问解答的精选内容。

第一章

忙乱是时代的标志，也直接导致心态变质

错误并非出自我们的星球，而是出自我们自己。

——莎士比亚

顾歌老师，你知道一周工作六天，加班就达五天的滋味吗？你知道竞标失败后看着老板猪肝似的脸，连死几回的心都有的心情吗？你知道老板高兴了也不会夸，不高兴却会骂的职场生态吗？你知道我结婚才一年多，但夫妻生活的频率衰老得像六十好几的感觉吗？顾老师，你猜我几岁？……课堂上炸开了花，问我的学员正色道，我才二十八啊，而立之年还没到呢。我望着他光秃秃的半边头，心里嘀咕着，这早衰得可真够呛。

这些年来，顾歌在各种培训场合，不管见到的是职场菜鸟还是职场达人，不论是“蜂窝煤”（“风窝没”：风尘仆仆、窝居、没金钱没前途没目标），还是“白骨精”（白领、骨干、精英），给我的感觉都非常单调，不是忙就是乱。

现在的企业都面临各种竞争压力，世界格局又进入一个新的瓶颈期，经济泡沫未去，各种错乱又至。经济压力就会造成

企业生存压力，老板也不是吃素的，自然会把压力转移到员工身上。而社会就业压力都让现在的员工们一边叫着累，一边还不敢停下手头的活，虽然会偷些懒，出点次活，但保住饭碗已成为目前就业形势下的普遍共识。所以员工和老板之间基本上是周瑜打黄盖的翻版，即愿打和愿挨的关系。老板是最看不得员工闲着的，有事没事总希望给点活忙忙，再没事忙就去培训，反正钱不会发给上班形似度假的员工。如果真有这样的员工也就离老板请喝咖啡（离职）的日子不远了。反正在这个时代，“忙”才是真理！

用一句“剪不断理还乱”来形容“乱”字，是最形象不过的了。而且根据“乱”字的来历，“乱”字的金文字形，像是一个人上下两只手在整理架子上散乱的丝。这就是“乱”字的本意，作“治理”解释。这也符合顾歌从心理学角度对“乱”的解读，“乱”是在舒服、整齐、规则的标准对比和衡量下的不愉快的内心体验及期望得到改善的内在动机。这个定义明确了两项内容，就是“乱”是与“不乱”比较下的不愉快的结果，任何“乱”象都存在着改变的动力。不用说，身在当下的职场，就是太容易感受到“乱”了；当然，还想在职场和生活中期待一份结果的人，都希望改变可以发生在自己身上，一改生存形态中的“乱”象。我把现今职场人会遭遇的“乱”总结成以下“十三味”，并一一解释。

眼花缭乱

物质世界的丰富，大大刺激了人的选择欲望，这个欲望满足了，却也带来了不少麻烦，那就是想要的太多，能要的太少。而眼花缭乱就乱在这儿，心里的需要促进了行为，看了以后，又激化了需要。人是无法承载过多需要的，而乱恰恰是对人无尽欲望的中止。有人说，眼不见总能心不乱了吧，看上去这个想法不错，但要知道如果不利用眼睛的功能看这个，就得看那个，不然眼睛的功能就会因为其多余而退化。所以总得有一个替代的东西供人去看，所有修身养性的人不是总在闭目养神的。比如闭门修行，是关了门在家里搞修为。可不要小看“关”，这可是弗洛伊德眼中的防御机制，就是我们面对这纷乱世界时自我保护的方法，比如提升知识储备、掌握更多技能等。所以职场人多一些闭门修行的经历倒可以作为改善眼花缭乱的良方。

但闭关后得防两件事：其一是沉溺于网络和游戏，染上网瘾，眼倒是不花了，但却直了，心也不乱了，却执迷了；其二修成一个“宅人”，与世隔绝得久了，不想见人，过于自闭。这两项一旦修成，那离心理障碍或抑郁症就近了。所以，关键是身处纷繁世界能做到眼花心不乱，心的根基深了，自然不会随风摇曳。

以假乱真

这四个字对方舟子来说简直不屑一顾，再假的东西也逃不过他的火眼金睛啊。但方舟子并不是神仙，他的方法对唐骏、肖传国有效，对韩寒就无效。不是韩寒免疫力有多强，事实是方舟子辨不出个真假。

但总体来说方舟子打假学历、资历是可以，对付真假文章就次些，对虚情假意、假装喜欢、假戏真做这类涉及人类关系和情感方面的真假，我相信“方大侠”肯定就是门外汉了。

其实以假乱真的动机，是意识到那总是可以被发现的。只有意识不到的才可以蒙混过关。有一句经典台词是这么说的：“你要骗得了别人，首先得让自己相信。”让自己相信，这几乎就是“乱真”的基础功课了。但现实却总不尽如人意，就拿“以假乱真”这个词来说，这“乱真”的乱是指“迷惑”，在形式和实质上都接近真实，并达到足以迷惑人的正常判断的程度。但现实中许多“以假乱真”的事例都反映出“以假的来搞乱、糟蹋、损害真的”。那就和“以假乱真”的本意相差甚远了。方舟子就更为恼火了。

这类情况在职场上并不鲜见，甚至时有发生。大学生入职，经过几轮打点，通过各种关系好不容易进入一家令人羡慕的单位，并拥有众人瞩目的岗位。但混得过去的却不多，能做出成绩的更是凤毛麟角。究其原因就是他出现了明显的“阻抗”反应。阻抗是心理学专用名词，是指人对环境应当做出适应或改变的一种拒绝状态和反应。为什么会拒绝，有两个原因是可以捕捉到的：一是他本意不打算适应这个环境，因为这环境不是他所需要的，这是根本原因；二是他没有适应和改变的技能和方法，所以采取了消极应对的姿态。

职场新人中往往会出现这类以假“乱”真的情况，出现这样的乱象总伴随着年轻人心头一个迟迟未解的疑问：是逼迫自己为了生存去做没兴趣的工作，还是像乔布斯所说的，当我们一无所有时，没有理由不去追随自己的内心？

顾歌曰："这个乱，如寻找不到答案，会让我们在职场中难以找到成功的彼岸。"

以紫乱朱

中国传统上认为紫是杂色或邪色，这是出乎现代人意料的。因为紫色在现代往往象征着浪漫和美好，而古人对浪漫和多情往往是持否定态度的。朱就是大红色，比如古代大户人家的门喜用朱门，古人眼中的四大神物——青龙、白虎、朱雀、玄武之一的朱雀就是通体红色，有火鸟之称。

"以紫乱朱"现在虽不太用，但其意所指还很难用更合适的词来替代。这个词原意是指：分不清好与坏、是与非、邪与正；更通俗地说就是认错了人，站错了队。

自古至今，这种情况多发生在职场中，上至朝廷政府，下至商社公司。其中往往会出现因为认错人、站错队，而遭贬、被谪、被开除，甚至还有大刑伺候、牵累家族的呢！进入职场就无法回避这个话题，往大里说是国家政治，往小里说，这是办公室政治。

顾歌经大量的观察和研究发现，热衷投入办公室政治的人，大致由以下四种心态促成：

1．孤苦伶仃，借助或依附某个小团队或个人，以获得团队认可，满足其内在的归属感。

2．狐假虎威，依赖某股强权势力，以获得虚荣心的满足，并进一步产生优势感。这是孤苦伶仃的变异版。

3．口无遮拦，这类人往往有伴随着焦虑和急躁的人格特质，他们倒也不是故意想怎样，但总急于把该说不该说的都抖出来，有点像暴露狂。他们往往来自并不安全的成长环境，总用过度表达来掩饰内心对环境的不适。

4. 八卦神婆，只要在职场中遇到这样的人，你首先就把她想象成一个好奇宝宝，这些人总会带着好奇心打听，再充满神秘感地来传播。按弗洛伊德的说法，这类人属于口欲期的好奇感没有获得充分满足。不要光顾着讨厌这样的人，因为他们既可以成为团队中传染病毒的苍蝇，也可以成为人际关系中传播花粉的蜜蜂。

上述四类人在任何团队中都可以见到，而且共性鲜明。

有怎样的员工，就一定会生成怎样的组织氛围，也会造就相应的管理者。如果管理不能适应这类乱象，顾歌在这里也就没有说话的基础了，总有一些人在营造办公室政治，却也有人明智地处理团队关系，因为组织目标需要在良好的团队关系中合力去达成。办公室政治折射着职场人际关系的微妙布局。

胡言乱语

都说这是一个个性化越来越强的社会。个性过强，就是对共性的稀释。每个人都越来越张扬自己的与众不同，每个人也越来越不认同别人的与众不同。这就是当下的个性化现实。

个性化来自哪里？社会的开放，政治的开明，经济支配的自由，文化视野的开阔，世界格局因网络而缩小，群体间的摩擦和竞争的加大；再加上社会控制生育措施得当，独子机制导致孩子幼年就开始的骄纵化趋势日益明显。这些都是个性化形成的外在条件。而直接形成个性化的内在因子就是随性和自恋这两项人格特质。

随性和自恋型的人格虽然也可以在职场中有所发挥，却更能让一个人说话没有把门儿，言谈举止自以为是，最终让自己陷入困境。

《三国演义》里有这样一段发人深省的故事：官渡之战前，许攸投奔曹操，献了一系列妙计，为曹操击败袁绍，夺得河北之地，立下了赫赫功劳。但是，在曹军占领冀州城后，一次聚会上，许攸却当着曹操众多部下的面，直呼曹操小名，说道："阿瞒，不是我献计，你能得到这座城池吗？"曹操部将许褚大怒，拔刀杀了许攸，曹操事后也只是简单地责备了许褚几句，由此看出曹操内心也早已不满许攸的莽撞言语。

许攸因为一句话而死于非命，教训不可谓不深刻。许攸在工作场合，当着众人的面，说话大大咧咧，不顾忌领导的面子，而惹来杀身之祸。你认为是他不懂得说话要看场合这个道理吗？他也算是当时的一方名士了，读书万卷的人怎么可能不懂这个理。所以归结到最后，还只能说是他过于随性和自恋的个性招来了祸事。

其实从许攸的身上我们看到了说话不注意分寸和场合，随心所欲的情形，这就是胡言乱语。

你从这类胡言乱语的人身上可能只看到令人讨厌的一面，却不知他们的内心有多么渴望你能在他身上多投注一些目光。

许攸不正是这样吗？他无非想证明两点，一是在曹操面前讨功劳，二是在大臣面前显得和主子更近乎，以博得大家的尊重。

这两个动机每一个都非常正常，都是你我他都有的动机。但动机的善良却没有用善良的形式表达出来，那就要付出代价。

其实顾歌知道，你们不看这本书，也知道很多道理。但这些道理总在关键时候派不上用场，这就是我们强大的个性阻碍了我们去按规律行事。

我们有时也要做出些改变，比如，你主动和别人打个招呼、别人说话时刻意地搭茬、主动通个电话、放低姿态约别人坐下来谈谈。这些都是沟通愿望的表露。但有时，不开口一切太平，一开口却会出状况。

所以解决胡言乱语，不是要先学会如何沟通，而是要先了解自己的动机和需求，让自己在表达前，先想一下通过接下来的话想达到怎样的目的，然后再用沟通技术作为工具。只有这样配合，任何的沟通技术才能得到有效运用。不然，你请再好的沟通培训师，也不过是热闹一时，而过后又恢复原状。

所以，企业就不要再悲叹为什么培训费总花得没效果了，只要调整一下方法，就一定有效。起码这类胡言乱语的人一定会有所收敛。

手忙脚乱

有一个故事的场景是这样的：

早上七点，闹钟准时把你震醒。昨天晚上加班太晚，又去酒吧陪客户喝了两口酒。两点半到家，澡都没洗就上床睡觉了。还是太累了，你把闹钟随手按掉，脑袋里只闪过一个念头：七点半走来得及，再躺五分钟，只躺五分钟……

梦里突然听到手机在响，没准儿又是哪个客户打来催款的吧？唉，真烦。突然，还在睡梦中的你一激灵，眼睛猛地睁开，足足停了三秒，赶紧翻下床循着声音找手机。当在包的夹层里把手机找到的时候，对方已经挂了。哇！老板！手机上的时间指示已经九点一刻了。你还不信，当手上拿着手表时，你像泄气的球一样瘫在椅子上。此时你的脑子可没闲着……“今天九点开始的公司半年总结会是赶不上了，编个什么理由呢，噢，头痛……要不也别去了，索性辞职算了。但划不来啊，好不容易混到今天，还有这么多客户关系……唉，怎么办，编什么故事？”你的脑子正飞速运转的时候，手机又响了。这次是自己部门的同事打来的：“喂，哥们，你死哪去了？老板拍桌子呢！早上九点的会你忘记了是吧，现在正轮到你汇报呢。赶紧来啊……”同事连珠炮般质问过后，你用异常平静和冰冷的声音对着手机说：“和老板说一下，我现在在医院呢，快到单位时，被一辆车给撞了，车辆逃逸。现躺在医院等治疗呢。前面晕过去了，也没来得及请假，你就帮忙请一下假吧，我会单独向老板汇报工作的。请老板放心。”“啊，被撞了，这么倒霉，哪家医院啊，会开好后，来慰问一下你这伤员。”同事挺热心地说。你赶忙说：“啊，别别别，没什么大问题，医生说幸好没骨折，脚撞抽筋了，手撞错位了。没大问题，打个绷带，配点药中午前就能赶回公司。”

于是，在一段时间里，公司里就见你左手吊着绷带，右脚一瘸一拐地来回在跑，工作还是依然努力，加班依旧频繁。

这是顾歌听到的一个真实故事，在“手忙脚乱”这个乱的主题下讲这个故事，是想澄清一件事。

许多人只要听到手忙脚乱自然会想到时间管理、工作计划出了问题，或者说做事不踏实，工作和生活显得凌乱。

但顾歌只想从最根源处找到这个现象的原因。这个故事的真实感不在于是否真实地在一个人身上发生过，而是因为这故事就好像在我们每个人的生活中出现过一样。这不关乎什么时间管理、计划管理或工作条理。我们每个人的工作和生活都像是一个事先编辑好的程序，而事实上大多数能在职场上坚持下来的人都有着良好的程序设计。但逻辑再缜密的程序都可能被随意染上的病毒所打乱和破坏。我们要解决这种手忙脚乱，首先得找到导致其发生的病毒，其次就是设立病毒防火墙。

回过头来看这个案例，病毒是在哪里产生的？把时间从醒来的九点一刻往前推。

第一次醒来的七点，被闹钟闹醒后，主人公主观上想再眯五分钟。是的，如果不是这五分钟的“邪念”，怎么可能产生后面的结果。但这还不是病毒，病毒是原因，这个“邪念”只是一个想法。那是什么促使人产生再睡一会儿的想法的呢——

是“疲惫”！此时你肯定在想，哇，和我认为的一样。

是疲惫吗？当然不是。

疲惫是身体的一种缺氧反应。是果，不是因。

那是导致疲惫的加班和陪客户喝酒，或偷懒没有泡个舒服的热水澡就睡觉？这些都可能成为罪魁祸首。但真的好冤枉，因为这些工作你根本无法避免，从最先的不适应，到现在的适应，像上了发条一样，如果不让你加班或陪客户，说不定你不但不感恩，而且还会担心什么。关于改变生活中的一些好习惯，比如洗澡，难得一次也是为了争取更多睡眠的时间。这些都不是生活变得手忙脚乱的原因。

顾歌在日常工作中遇到过很多忙得不行，却乐此不疲的人，他们是稻盛和夫的《干法》中写的“努力工作的彼岸是美好人生”的忠实践行者。但他们却没有把“视工作为唯一快乐”的稻盛和夫同样提出的“把愿望渗透到潜意识”的观念真正地领悟和实现。这些手忙脚乱的职场人并没有让自己的潜意识也跟随着他们的愿望，所以他们在努力工作时，潜意识却在压抑，所以只要潜意识逮住一个机会，就会让自己按最真实而快乐的意愿去行事。前面故事中的这位职员就有这个问题，他的机体在没有得到意识的同意下，被他的压抑和痛苦过久的潜意识绑架了。其实潜意识的这次绑架行为倒成了真正意义上的“救主”行动。

顾歌把这种手忙脚乱称作“社会化掩饰”，就是说，当事人会使用过度的繁忙和参与更多的社交活动来让自己分心，以避免面对独自失落的痛苦。如果你有些抑郁，你会超负荷加班和参加社交活动；如果你有些低自尊，你就要让周围的人都确信你是有价值的。

杂乱无章

顾歌曾经在银行工作过。刚进银行工作没几天，有一天去上班时，看见办公桌前多了一张纸条，上面简单地写了一句话：“你的桌子应收拾干净，凭证都要入柜，不要这样杂乱无章了。另外你的私章昨天没收，我代你收了，找我拿。”落款是业务科长。做过银行工作的都知道，这算得上是一个比较严重的错误了，如果赶上安全检查，被发现这种情况，可是要通报批评和吃警告的。在银行工作，有许多新的习惯得去适应，也有学不尽的规则、章程和办法。而能坚持下来的员工都将改变各种“杂乱无章”的行为并逐渐适应这样的环境。

而在一些对细节要求不高的工作和生活场景中，许多人依然不自觉地暴露出他们杂乱无章的生活习性：某件物品随手一放，想找的时候会费许多力气；写出的报告“主谓宾定状补”不分，主次不明了，重点找不到；报汇工作时更是颤颤巍巍，语无伦次，难找头絮；在与人交往时，他们像是永远找不到最合适的距离感，太亲近了，双方都受不了，有时又为过于疏离而心伤，对这个度的拿捏毫无方向；有时看他们发呆，问他们在想什么，“没想什么”是永恒的回答，这就是大脑放空的时候。而把大脑定期放空及上述种种情形都称为“杂乱无章”状态。

你在工作和生活中出现过哪几项呢？再想想还有哪些是自己感觉“杂乱无章”的状态，依次列下来，好处多多噢！

“杂乱无章”就是混乱而有失法度。顾歌认为混乱的局面如果守规则、有章可循，那混乱也是暂时的；而漠视规则，失去法度的控制，恰恰是导致混乱、杂乱的源头。

不记得什么时候看过一个叫《小王子》的动画片，当大人让他把玩具收拾好的时候，一转身，他就会把玩具弄得更乱；当大家都在专心吃饭时，他在一旁会将食物撒了一地；当其他小朋友认真画画时，他会胡乱涂鸦；当别人在一起玩游戏时，他躲得远远的，有时还爬上树往人群扔泥巴。

通过心理分析就可以知道小王子一定有一个严厉及冷漠的重要客体关系（父母或代父母关系），小王子把他与这些重要客体相处时的不愉快的感受，又传达给了别人，让别人和他产生同样的感受，而他此时就由“不愉快”的承受者，跃变成了和那些重要客体一样的“麻烦”制造者。其核心动机就是以相似的行为平复他自己曾经因这种行为而遭受的冷漠和惩罚。这有一个专业术语，叫投射性认同，而“杂乱无章”的行为模式恰恰可以表达小王子的这类奇怪心理动机。

于是顾歌对“杂乱无章”的心理学解释就是，在拒绝了循规蹈矩下的一种对权威和规则的否定，并在否定中证实了自己不再被忽视和惩罚而痛苦，自己是自己命运主宰的一种心态。

这样你就明白了，“杂乱无章”是一种自我救赎，越是冷漠和没有平等交流的世界，“杂乱无章”甚至违法乱纪就越会层出不穷。对照一下我们目前所处的环境，看看顾歌说得准不准。

心乱如麻

看到一个笑话，和大家分享一下：

一个怀才不遇的员工找到自己的董事长，说自己迷失了目标，董事长微笑着听完了他的抱怨，拿出一个生鸡蛋放在桌上，鸡蛋滚到地上碎了。董事长如法炮制。当拿起第三个的时候，年轻人恍然大悟道：“我明白了，你是说熟鸡蛋才能立起来。”董事长和蔼地吐了口烟说：“我的意思，不愿意干就滚蛋！”

就这个故事做下面的选择，你会怎么选择呢?

A. 这领导也太菜了，哪有这样对员工的

B. 这领导有意思，有内涵、幽默、干脆且直接

C. 这员工也太不知趣了，这种事怎么能对领导说呢

D. 这员工挺可怜的，得找到正确渠道化解迷失的问题啊

这题目是测试你的职业心态的，答案在本章节最后找噢。

心乱如麻，当心中有一团乱麻时，那真是千头万绪。有太多的选择，但不知道哪个选择是通往成功之路的。迷失就在此时展开。迷失了目标，不是没有目标，而是目标太多、太远，也太大，此时就会显得一切都空洞了，要去实现就更显疲惫和乏力。

前面故事中那位迷失的员工，迷失的就是目标，表面原因是怀才不遇，其实真实原因是恃才傲物。当一个人怀着才而目空一切时，他势必遭遇喝彩者乏乏的失落。此时，他再找寻他的目标时，早已注定心乱如麻。

怀才不遇正是当下职场人容易心乱如麻的主要因素。

我们怎么会怀才不遇的?那就得先满足一个条件，就是自视有才。于是只等着能碰到一个也同样认可你有才的人，在历史上这称作伯乐相马。如果能遇见，皆大欢喜，也就不会心乱如麻了。

但当你自恃有才，而你的这个才对用你的人产生不了价值，或者供需对不上号，那这个才能就叫作特定才能，而不是适用才能。比如一个有通下水道手艺的人，在饭店当上服务员后，

天天唉声叹气地说，其实我是有通下水道手艺的，你们怎么不用我呢。可是人家怎么用你呢？下水道又没堵。当下水道堵的时候，你不就可以当一回英雄了吗？平时再郁闷也白搭啊。

所以要么这位有通下水道技术的人去管道疏通公司谋职，要么就收起这个才能，踏踏实实地做好手头的工作。

顾歌认为，一个人能看到自己的优点和才干是好事，但不能脱离实际的社会需要而一味空想。如果这样的话，势必一步一坑，直接把自己埋没了。同时，更不能总拿怀才不遇的负面暗示来催眠自己，认为自己有才，只因天下缺少伯乐。其实伯乐处处有，只是当你的才干不能派上现实用场，而又没有及时调整去适应环境时，那就会心乱如麻。你要做的是把自己的心先通一下。

顾歌曾经看过一部叫《战马》的电影，印象特别深刻：一匹血统非常纯正高贵的战马因为第一次世界大战而几易其主，命运跌宕起伏。这本是一匹战马，上战场或充当赛马才能体现它最真实的才干和价值。但在不同的主人手上，它派上了各种用途。它从高贵的战马，辗转成为运送辎重的运输马，最后还替代牛而沦为犁地的耕马。但这匹优秀的马真是干一行爱一行，每项工作都出色地完成了。这就是在80%的战马死于这场残酷战争的情况下，它却能坚挺地活下来的最主要原因。

电影中有一句台词可能会提醒那些还在“心乱如麻”着的职场人：“它对我来说一点用都没有，它不戴上颈圈，一分钱都不值。”回过头来看开头的案例，这句话倒像是那位吐着烟的董事长说出来的。

心慌意乱

现在越来越多的职场人都处在焦虑边缘，很多小事都能令其心慌意乱。而心慌意乱，正是焦虑的一种症状。在网上曾经流行很广的一个视频中，一个员工在办公室里突然发作，把电脑砸在地上，用东西猛砸复印机，用力地踹着办公桌。这是在被这些办公用品长期“迫害”后的焦虑发作。

德国社会学家格奥尔格·齐美尔在《大都市与精神生活》中这么写道：“都市人的个性所赖以建立的心理基础，就是连绵不断且迅速变化的外部与内部刺激所导致的精神生活的紧张。”而一百年后的今天，随着一项项调查的公布，“现代社会每 4 人当中就有 1 人会在一生中某阶段患上某种类型的焦虑症。调查显示，除了因为突变事故而造成的创伤后压力心理障碍外，估计有 12%的人会在一生当中的特定阶段患上长达 12 个月的焦虑症”。（《不焦虑》，2011 年）而这类统计在发达地区的职业人群中，纪录又一再被刷新。美国精神病学协会的精神疾病诊断与统计手册显示，1980 年，美国焦虑症患者所占的比例为 2% 至 4%。1994 年的一项研究表明，15% 的美国人曾患有焦虑症。2009 年的研究显示该比例上升至 49.5%。

让人心慌意乱的焦虑是能让人感觉到的。它是人对某些可能会引起危险的情况做出的情绪反应。焦虑者通常会感到不安，严重者会感到担心和害怕，事情还没有发生就预期不好的结果。

所以处在焦虑边缘的职场人士，对许多事情总是过度担心，也自觉难以控制情绪，经常为小事抓狂、无法静心、浮躁不耐烦、注意力很难集中、脑中一片空白、易疲倦、发怒、头痛、胃痛，甚至越来越没有自信心。这些人面对突如其来的变动，常会有下意识的反应：不行、做不到、我不会、这样太强人所难。全是负面情绪与思考，不仅影响工作绩效，累积过多更会引爆焦虑症。

顾歌在心理治疗室中就曾接触过一个典型的焦虑症个案。

刘某是一家公司的销售部经理，但最近他的状态非常糟糕。他告诉顾歌自己越来越厌倦工作，只要一踏入公司，就容易烦躁和痛苦，甚至易怒，但又无法不去公司。他非常无助。

这是为什么呢？

原来一年过了一大半，年中考核的日子又快临近，年初定的目标还有一大截没有完成。销售总监最近连续对他发飙，总裁开始威逼了。这些压力还只是一方面，关键是外面的客户不给力啊，要么一个个叹苦经，要么连电话都没人接。这么大的销售空缺拿什么来填补啊……

顾歌这个个案中的刘经理大家一定不陌生吧。在工作中，这种情况是不是在我们身边经常上演？但问题是，到底是什么原因让他们变得这般焦虑呢？

心理学家塞里格曼曾经做过这样的一个实验。他将一条狗关在一个笼子里，笼子底面是金属的，笼子中间竖着一块隔板。当狗在隔板左边时，笼子底面接通电流，给狗相当痛苦的电击。这时，狗会本能地跳过隔板，跳到隔板右边，如果右边笼子也给以电击，狗会跳回左边……如此反复多次以后，狗不再主动跳跃，而宁愿放弃所有努力，焦虑、无助，甚至绝望地待在某一边，默默地忍受着痛苦。

狗遭受多次挫折之后的无能为力感，在心理学上被称为“习得性无助”，描述的是动物（包括人在内）在多次受到挫折以后表现出来的神经症（焦虑、抑郁）症状，有几个明显的形成过程：频繁体验挫折—产生消极认识—产生无助感—动机、认知和情绪上的损害。狗就是在这样连锁的过程中，逐渐丢失了与命运抗争的心理能量，从而一味地沉湎于痛苦之中。

心理学研究表明，“习得性无助”不但会发生在动物身上，在人身上也同样会发生。心理学家们也进行了许多关于人类的实验，都证实了人类在面对一些无法逃避的痛苦实时，不久就会沉溺于痛苦的现状，而首先不是想办法去自救。

职场中的“习得性无助”随处可见，经常会在办公场合看到职场人拖着疲惫的身影发出唉声叹气的声音，牢骚满腹却又无所作为。

顾歌发现，“习得性无助”的最大诱因就是挫折感，一个人挫折感越强，代表他的抗挫力就越差，就容易出现“习得性无助”所带来的心慌意乱和焦虑反应。现在企业内比较流行员工的抗挫力素质提升，抗挫折力就是AQ（Adversity Quotient），AQ已经成为继EQ（情商）后又一被职场人士重视的心理素养。而事实上，一个人AQ愈高，愈能以弹性面对逆境，积极乐观，接受困难的挑战，发挥创意找出解决方案，因此能不屈不挠，愈挫愈勇，而终究表现卓越。或者这么说吧，AQ指数越高就越能降低职场人士的心慌意乱状态。

在本书的第十章中，顾歌将专门带你上一堂精彩的AQ提升课程！

胡思乱想

看到这里，请先放松片刻。下面做个小实验吧。

如果让你看一幅画，画上有一只小鸟在天上飞，在不远处是一幢房子。好，你现在看到了吗？让自己的大脑先看到这幅画。

当你看到后，我们再进行下去。

这只小鸟飞得太自由了，漫无目的似的，忘记了时间，忘记了空间，它像是走了神，好像想到了今天晚上丰盛的虫子大餐，也想到了将和心爱的伴侣耳鬓厮磨一番，它心跳有些加速，脸感觉有些热……

这些你都想到了吗？如果也想到了，请让思绪继续跟着顾歌提供的画面走。

这只小鸟继续地想着，突然，它眼前一暗，回过神来。小鸟走神之际，飞进了这幢房子，房子好大啊。它好像并不忙着重新飞回去，好像听到了一个声音，于是它就好奇地在这个房子里开始找这个声音……

如果你跟随着顾歌一起走到这里，那下面就需要你自己继续想象啦！想象五分钟好吗？你就是这只小鸟，在这幢陌生的房子里飞着、找着。然后告诉我，你看到了什么……

下面是十个选项，不管你看到什么，你就选择一个更接近你想象的答案，然后是一个对你选择的分析。不过答案要在这本书里找，顾歌鼓励你认真把这本书读下去，你是一定会找到答案的。

先暂时放下找答案这件事，还是说说你的想象吧。你觉得前面的想象对你有现实的意义吗？在看到答案之前，我相信很多人一定会认为这个想象对现实没什么意义，顾歌完全是用诱导的方式在引领着你的想象。

那么我们就给这对现实没有意义的想象下个定义吧：胡思乱想！

但我要提出一个质疑，这胡思乱想就真的没有意义吗？答案当然是否定的！不然苦心设计的答案就毫无意义了。

从心理学角度来说，前面的胡思乱想学名叫自由联想，这个理论由 F. 高尔顿在 1897 年开创。高尔顿及其后来者把自由联想引入心理治疗中的心理大师们，都认定这是一种能改善人的能力和情绪的诊断技术和治疗方式。

除了大师们的著述外，顾歌在日常的心理治疗实践中，也证明了人所谓的胡思乱想是藏有深意的，而且是非常宝贵的心理资源。因为它最接近人的潜意识，而潜意识正是被我们压抑下去的最真实的自己。这些压抑的内容往往都是一些使我们致病的情结或矛盾冲突，通过自由联想的方式把它们呈现出来，带到你的意识领域，对很多事情你就会产生全新的领悟，并由此重新建立现实性的健康心理。

比如顾歌曾经接触过的比较简单的案例。

一个男下属非常讨厌一个女上司，而且总是在公开场合挑战女上司的权威。这在其他同事中是独一无二的。他自己却总是担心女上司在他合同期到的时候一脚把他踹掉，可又总是控制不好自己对这个女上司的态度，而他对其他同事都是挺和善的。他不知道为什么会这样。

顾歌在给他做自由联想时，他的联想顺序是这样的：女上司生气的样子—自己很满足—女上司一定恨自己—她坐在办公室里画我的头像并用针扎—她的脸这时候最好看—感觉到她的胸在一起一伏—我讨厌她的大胸—看到她的男友抱着她亲吻并抚摸她—令人作呕不注意风化—那男的非常讨厌—很想揍他们俩—那男的被我揍了，我很爽—她被我揍了后，我很难受—我在帮她擦泪—我对着她道歉—她依偎着我，我送她回家……

上面的自由联想画面，有时会有中断，需要在治疗师的提问和引导下才能继续。

这些念头如果不是在治疗室里出现，那一定会背上一个胡思乱想的罪名。但就是在这梦境般的自由联想结束后的探讨中，让这位下属承认了一件事，其实他暗恋过这位女上司，而且现在还是一往情深。但他并没有看到过女上司和别人有过亲密关系，只是听说女上司正在接触一位外面公司的男士。当时听了后没什么太多想法，没想到却在自由联想中呈现出了这么多画面。他感觉这漂亮的女上司是不安全的，而且一定很开放，这和他保守的思想形成冲突，而这种冲突的背后却是他想把女上司占为己有的欲望。而如果他占不到，那这女上司就是坏女人了。每次吵完后，正如在自由联想中表现的，他会用对职业的担心和恐惧来替代深层次的对女上司的愧疚。

当他几乎是自我分析和感悟出这样的结果后，他感觉得到了彻底的释放，并且要改变一下自己的态度，在行为表现上与内心的真实保持更多的一致，这样痛苦就会减少。

所以，职场人士在任何时候出现的胡思乱想，都要妥善保存，如果能做个有心人记录下来，那就是更可贵的自我分析的资料了。自由联想非常接近梦境，如果学会了自我分析，那么就会减少一半以上的心理困扰。哪怕你不会自我分析也没关系，有时让自己闭上眼睛，任由思想越界，顺其自然，如行云流水般自由行走。这对疲惫的身心和烦躁的心情本就是一种解脱。但如果你静下心来所想到的内容让你充满恐慌和害怕，那建议你还是赶紧来找顾歌帮你分析一下吧。

看来胡思乱想的这个乱，我们是可以坦然接受的了。

乱点鸳鸯

统计数据显示，这几年来每年的结婚人数都呈下降趋势，这倒应了一个奇怪的说法，GDP 每上升一个百分点，人的结婚愿望就下降一个百分点。GDP 是社会财富累积的结果，这可不是凭空堆砌，都是由职场人士点滴的辛劳和付出汇聚而成的。付出的是什么？除了精力、脑力、体力、时间外，不能忽略的就是原本可以用来谈情说爱、谈婚论嫁、耳鬓厮磨的美妙时光。

甚至，多达 30% 的适龄男女投入于事业一发不可收拾，竟然出现“婚姻障碍综合征”，其中包括情感强迫症、婚姻恐惧症、性心理障碍等问题。但即便观念如此，也无法扼制“人之初、性本能”的原始情感驱力。于是对应的各大相亲网站、各类相亲节目自然应运而生，各类民间资本进去了，相亲行业从业人士的热情从此被点燃。

顾歌曾在一次演讲中说：“人一旦被金钱激活，他的潜能就将迅速被点燃。”果然，许多不明就里的男女神采奕奕地冲进去了，很快就灰头土脸地退出来了。理由很简单，不管是电视或是网络平台，白富美、高富帅这些人人向往的品种不是虚拟的，就是虚假的。顾歌就亲耳听到几位明眸皓齿的佳人说，那些相亲节目“走秀”活儿的钱赚得也累啊。君不见，凭着相亲这档事，一些网络赚发了，一些电视节目火爆了，一些主持人成名了，一些评委翻身了。而他们火的原因之一，就是借助情感贫瘠的职场人士们的原始情感驱力，而进行着乱点鸳鸯谱的工作。假设，情感现状不再贫瘠，情感驱力合理张扬，可能职场人士就不会在乱点鸳鸯的相亲时代依旧这样失落下去了。

天花乱坠

如果老板让你用半天时间搞定一个客户，我相信没有几个人能站起来说 No problem！但如果问你能花多少时间搞定一个姑娘，很多人一定觉得这不是什么难事吧。这可不是凭空乱说的。曾有一个年轻的小伙子对着朋友们说他分分秒秒能搞定一个女孩，法宝就是投其所好。不用惊羡他有什么读心术，其实他的工具人人都有，可能就在前一刻你还在刷新呢。对！就是微信、微博及“陌陌”等速配工具。这些神器可以让你迅速掌握周围陌生人的动态，并从中选中你想交流的对象。下面的发展就看你的啦。

出乎意料的是，很多在日常工作中三缄其口，看到客户紧张不已的家伙，在神聊工具上可是大放异彩、游刃有余，用天花乱坠形容自然恰当不过。“天花乱坠”一词源于南北朝梁武帝时，那时有一个和尚念经有声有色，极其动听，而感动了上天，天上纷纷落下花来。后来就把这词用在形容能聊会吹上。

新闻曾报道一个白富美在 QQ 聊天时，被一个自称高富帅的网络追求者吸引，此后便中了邪似的，仅仅相识一周，就义无反顾地转给这个未曾谋面的“恋人”七十余万元。发现受骗时，恋人早已如浮云般飘走。有统计说，网络聊天对人的吸引力是面对面的三倍，但成功率是当面恋爱的十分之一。可见其效果明显，容易陷入一时之功。其核心原因就在于网聊工具多只是职场人士们消遣解压的一个通道，闲聊胜过无聊，说不定能聊出些名堂来。来历不明、躲闪迅疾、速战速决之下，负担自然也少。

人在没有负担的情况下，配合内在欲望的强化，是最能发挥潜能的。许多老板找不到员工的潜力，根本原因就在于员工本不喜欢老板们布置的工作，却不知员工的潜能都流逝在“弹指”之间。

意乱情迷

看到这个词，顾歌就想到南美洲的亚马孙河流域有一种蜘蛛，它个头虽小，毒性却大。它的毒与众不同之处在于，可以使中毒的猎物非常舒服而放弃挣扎，像是受到催眠一样，心甘情愿地接受被蜘蛛吸光骨髓液的命运。有些临到终了才清醒是怎么回事，但一切都回天乏术了，当然大多数的连清醒的机会也没有。

意乱情迷，让多少深陷情爱中的职场人像堕入预先织就的蛛网一般，销魂蚀骨而不可自拔。事业发展前功尽弃的有之，中途而废的有之，停滞不前并影响发展的就更多了。

由著名悬疑大师阿尔弗雷德·希区柯克所导演的心理悬念片《意乱情迷》（又译为《爱德华大夫》）中最著名的一句台词点破了其中玄机："女人可以成为优秀的心理医生，但一旦堕入爱河，就会变成最典型的病人。"

顾歌并不想把男人本也带有的对情感的丰富体验从"意乱情迷"的可能中排除，但很明显莎士比亚怎么也没想到现代男女的发展愈发趋向于中性化了。这是近百年来女性争取职业权利的有益成果，而结果也势必造就了现今职场中的"女人当男人用，男人当牲口用"的野蛮状态。同样，情感作为人格的组成部分，受制于情境的变化。意乱情迷已不仅是指女人苦挨着男人的"回眸一笑"，其中亦有近一半是女人带给男人的苦痛体验。

但顾歌却认为，意乱情迷是最大的谎言：那种亚马孙蜘蛛怎么也没想到，它吸入骨髓后，却被那只被吸空了躯体的动物的灵魂附体了。它再也不是原先的蜘蛛，因为它自己已被寄生。意乱情迷从来都是这样，是用投注情感作为武器，从而从对方处获得自己疲倦后的休憩和慰藉。很难说情况都是如此，但起码在疲惫的职场人士中，他们对情感成本无法投入太多，却更容易意乱情迷。这可能也是他们对情感的一种防御姿态。

始乱终弃

如果有人问顾歌，用一个字来形容人类最害怕的事，那只有"弃"字最合适不过了。

弃是一种关系的解除，而人天生就依赖于各种关系。如果有谁疏远于关系，那一定是拿疏远来作为对自己的惩罚。从弗洛伊德精神分析学派分化出的新精神分析理论的领先人物之一克莱因就认为，人是基于对客体关系的依赖而存续并获得生存信心的。对客体关系的简单理解就是我们个体与外界的联系，比如孩子与母亲、学生和老师、员工和领导及同事等，相互之间都可以互为客体关系。而“弃”最终是一种客体关系的解除。

人类最害怕被弃，而“自己最害怕的事物，就是拿来惩罚别人的最好武器”。当把“弃”施于他人时，其实是借此平复自己对被弃的恐惧和痛苦。所以，在中国的甲骨文中，“弃”指将婴儿纳入箕（簸箕，倒垃圾的工具）中丢掉。《说文》释义：弃，捐也，“捐”即指抛弃。

但是，是什么让父母狠心到要抛弃自己的婴儿？自己的骨肉可是天然的客体关系啊。说到这里不得不提到与客体关系对应的另一个关系——“自体关系”，这是指个体对自身的看法和评价，包括价值观、自我认同感、目标选择和自我判断等。自体和客体两类关系相互影响，就像一个不断的循环，从客体关系中可以找出自体关系的原因；从自体关系中，可以找到早年客体关系的影子。而如果“弃”是终了的结果，那么“乱”始于自体关系就是一个必然的原因了。

把“始乱终弃”从理论的研究落到现实中，自然会想到现今令人大跌眼镜的离职率和离婚率。2012 年的统计数据显示，80 后、90 后员工的离职率平均值已达到了 30%，比十年前的 10% 整整提升了 20 个百分点。而离婚率呢，更是年年攀升，2011 年甚至超过结婚率。新闻里给出的理由是因为工作导致夫妻间缺乏正常的生活交流而导致离婚，也就是说拉动离婚率显著提升的是在职场打拼的职场人。

是什么原因导致职场人对职业及婚姻选择都如此容易反悔？许多分析认为“这些年轻的职场人士有着对工作环境、福利待遇、发展机会、文化生活更高的要求，他们既面临着成家立业的需要，也有着对未来发展规划还不成熟的迷惘”（《2012中国薪酬白皮书》），这些都是造成离职率高的原因。但在顾歌的分析下，却存在另外的问题：当一个员工进入职场后，不能迅速通过人际关系的建立而形成团队归属感，不能迅速通过企业文化的浸润而初步形成职业荣誉感，不能迅速获得对其职业的认同而形成全新的价值和存在感，那么他的离职也是必然的。而没有离职的，也只是在短期内找到了工作能满足自己其他需求的理由。这些离职貌似应该企业承担主要责任，但却是由于这些难以坚持的员工自我感受的脆弱性，导致了抗压力和平衡力的缺失。对企业来说，应该做的就是在进行员工入职选择时，多一份观察和甄别，对于心理日益脆弱的员工，除了及时发现外，就是要给予针对性的入职训练、心理抗压力提升及合理的职业规划。如果不能在开始时就进行有效防范，那么最终员工弃之而去也就成了个人、企业和社会都要为之买单的投资成本。

让我们回过头再看离婚率。离婚草率和莽撞的现状早让更多还在婚姻外徘徊的职场人士产生畏惧心理。许多人就此形成爱情完美主义倾向（又称爱情强迫症），面对婚姻满腹狐疑、小心翼翼。

正如一个在职场中打拼得忘记自己年龄的女子在微博中这样写道："想找个真心爱我的男人嫁了，找个好男人真难呀！找个合适的更难，唉！我愿化成石桥，忍受五百年风吹，五百年日晒，五百年雨打，只求你从桥上走过……"有人紧接着跟帖说："即使好男人从桥上走过，你能看得到吗？……"

这位女子再次在微博中提出了新的理想：

请勿浪费时间对我说谎，因为——

1. 我不会见你；
2. 我不会借钱给你；
3. 我不会因为你的故事爱上你。

有人又紧接着回帖说：在网上还玩深沉？这不是自相矛盾吗？这只是把自己故意装在盒子里，还硬留下印记方便别人来找。来找我呀，找我呀，我是单身噢……但我是不会理你的哟，然后两个眼珠滴溜溜地盯着外面的世界，生怕错过什么。

会错过什么？连她自己也不知道。但顾歌知道。她既有被弃的忧虑，又生怕错过一切机会；而如果心中还存有一丝被弃的忧虑，那一切机会都可能被弃。

这位谨慎的职业女子为了防止自己被"终弃"而选择了"始不乱"。防范了因，为的是杜绝这样的果，但这样的防范却显得代价太大了。这极有可能是自体关系的缺陷导致了客体关系建立的艰难。

虽然这位女子的选择性困惑普遍存在于职场人士中，但"始乱终弃”更多的可能是经过之前的“乱”之因后产生的一种不良结果。这结果虽不一定是必然，但确实是职场人在盲目跟随感觉和欲念，欠缺抵抗力和勇气，不加判断、思索和甄别使然。

弗洛伊德讲过一个故事：他曾经听到一个三岁的男孩在一个黑暗的屋子里向外喊道：“姑姑，和我说话吧！太黑了，我好害怕。”他的姑姑回答道：“那样做有什么好处呢？你又不能看见我。”男孩回答：“那没有关系，如果有人说话，就会带来光亮。”小男孩害怕的不是黑暗，而是其所爱的人不在身边；一旦他能证明有人存在，男孩就感到心中踏实。

我们每个人都是这个小男孩，
都希望生命的历程中有一片光亮，
让自己不会有被弃的忧伤。
如果顾歌是小男孩的姑姑，
那就会把自己在小男孩心中安放，
哪怕没有我在场，
他自己也可以找寻那片自信的光亮，
我们永远不会再有被弃的惆怅。

我早年曾读过另一个故事，好像说的是古印度一小国，宫廷里总在适当日子举办仪式，形式冗长而烦琐，折腾半宿。原来只是为了现今随意不过的皇帝皇后的“一夜情”，而烦琐的“一夜情仪式”换回的就是杜绝“始乱终弃”。

这两个故事其实就是摆脱“始乱终弃”的“武功秘诀”：其一，

注重自身心态的修炼；其二，重视甚至仪式化自己的目标和事业。只有达成这两点才能做到“拨乱反正、不离不弃”。

附：心乱如麻——员工心态测试题答案

选A：挑刺型员工，只要逮住机会，就会张显自己的攻击性，富有正义感和责任感。

选B：麻木型员工，不太有自己的主见，亦步亦趋，随波逐流，不爱承担风险。

选C：悲观型员工，看问题比较负面，平时也比较容易压抑自己，情绪往往得不到合理宣泄。

选D：共情型员工，这类员工平时比较容易与他人达成一致，因为他会站在别人角度看问题，也具有同情心，往往容易相处。

第二章

知道原因才能预防犯错

人活在世界上，就如站在一个迷宫面前。我们渺小的心灵里，容不下一个谜，就把一切疑难放进自己心里，把自己给难死了。

——王小波

企业不愿意涉及的问题

以我给百余家企业做咨询和顾问的经验，绝大多数企业及负责员工关系、健康或福利的经理们，都会有意无意地回避深入探讨造成员工心理问题的原因。不是因为他们对工作逃避和不负责任，事实上他们非常关注员工的心理健康，并提供了许多关于这方面的建议。回避的原因无非是这几方面。

1. 这不在他们的工作职责范围内，他们也没有这样的社会义务。没有人会去询问，也不愿意知道别人的状况，除非是对某个人感兴趣。

2. 员工的心理问题本就是个人隐私，而究其原因更会触及个人最为敏感的区域，所以他们不想触雷。

3．不想去做无谓的假设和想象，更不想听到关于员工心理问题的传闻。这是非常专业的事，理应由专业人士去完成才是安全的。

4．了解了这些对员工的绩效提高有帮助吗？可能不但没帮助，而且还有害吧。心事就怕揭，越揭越痛苦，一切就让它过去吧。

除了这四点，作为在职人士的你，还有其他答案吗？

一个让人激动的方法论——动力管理学理论

其实前面所列的这些问题在动力管理学理论中都得到了解释。不仅如此，动力管理学还能从以下角度帮助我们，同时也顺带着让你大概了解了“老酒换新瓶”的理论。

1．每个员工的现在，一定是过去的总结和反映。每个当下出现的问题，都有一个漫长的积累。

2．哪怕在最整齐划一的企业制度面前，人的差异也永远无法避免，这是因为员工来自不同的过去，一些无法察觉的差别会使他们产生不同的工作态度、能力状态和行为表现。

3．过去的成就感会令现在成功，过去的失败会使你即使现在成功也缺少成就感。所以有效挖掘和解决过去遗留的问题有利于优化和提升现在和未来的情感体验和情绪心态。

4．知道比不知道好，处理比不处理好。问题总会在压抑和掩盖处反复出现，有时只是变换个面具而已。

5．当我们洞悉自己的心理结构特质后，工作会更为有效。这是因为我们努力地去理解了自己的需要、爱好和情感反应后，可以有效改善自己的职业心态，提高自己的心智水平。

6. 当我们了解了同事及上下级的心理特征时，工作也会更有效。如果用特质对人群进行分类管理，会促进你和他们的相处，因为你会有意识地回避他们所忌讳的，而满足他们所需要的。

7. 现代企业对员工在心理辅导上的技术取向主要为积极心理学及焦点治疗技术，这些理论和方法只是提供了帮助员工处理当下问题的最有效率的方法，而不是最有效的方法；是企业最经济的和控制成本的投入，而不是真正帮助员工获得实质性和持久性改善的手段。

前面说到这是一个“老酒换新瓶”的理论，这么说可没有什么贬义，因为我指的这个酒实际是陈年佳酿，算是有百年历史的茅台酒。精神分析动力学理论，运用到管理实践这个“新瓶”中，自有一番风光。

一个培训案例

顾歌在一家企业中培训时，有一个互动环节。

每一位员工以不记名的方式写下他们对某一位共同的领导的个人描述，描述的依据是奥尔波特人格特质论（Gordon W. Allport，1897—1967，美国心理学家）的三种特质：用一个特征词来描述你所认为的这位领导的首要特质（完全能代表这个人最主要的特征）；用若干个特征词描述他的核心特质；以及在你所观察到的这位领导的日常生活细节中找出若干个次要特质（比如爱吃什么菜、喜爱什么颜色等）。

这个活动环节的结果是：首要特质描述中有85%的员工使用的是同一类词，诸如勇敢、责任感强、雷厉风行、敢作敢当、干练、干劲十足、有气魄等。

但剩余15%的员工却有与大多数人不相似，甚至相反的评价，诸如专制、偏执、难相处、过于严厉、脾气不好等。

为什么员工们面对同一个领导的评价会出现差异，而且是正负两极式的差异？

有这样一种假设

如果这位领导知道这个结果，千万不要因为这15%的员工的回答而愤懑。因为，正是这些员工的不同过往经历及个人特质，才会使他们从不同的角度来评估同样的事物，所得出的结论其实就是个人历史和特质的一面镜子。也许可以做出这样的一个假设，对这个领导做出负面——比如“专制”——评价的某员工，他有抵制专制的情结，这种情结可能是由于其有一个专制的家长曾经给他带来的不良记忆所致，而他的需求就是父母所欠缺的宽容而不是严厉的爱意表达。

给出正面或中性评价的员工不是感觉不到这个领导的专制色彩（从评价中也可以判断出该领导有一定的强势倾向），但他们可能对专制管理感到包容、接纳，甚至喜欢，因为这样的领导在这些员工看来会承担更多集体责任，让他们感受到的是家长式的力量和保护。

但这里有一个情况除外，就是我们在被外在条件严格设定的框架内进行的评估，就容易被这个外在的设定所影响，比如去评估一个违法犯罪的人时，法律对他的制裁就是制约我们个性判断的外在条件限制。

在这样的差异下，如果提出负面评价的员工知道自己的特质和可能存在的情结，在日常工作中就能知道如何对该领导做出反应。随着对自己需求的洞察和症结的自省或处理，他就能进一步改善情感反应模式，从而避免隐藏在工作中的矛盾在未来某一个时刻被激发的可能。

所以，让每一位职场人士了解自己的过去和自己逐渐形成的人格特质就显得非常重要，这是最终掌控自己心态的基础。

好玩的理论脉络和一幅自制图

在动力管理学的理论中，对个人特质的认知来源于个人从出生之日就开始的发展早期，我们面对着与许多现在的组织类似的情形。那时你有领导，一正一副，就是父母，当然他们有时都想做“正职”，以主宰包括管理你在内的许多事，所以就有了组织冲突。在组织冲突中，你一次次消减对组织的安全感。于是你开始把情感投注到其他部门的其他领导，并拉近关系。他们可能是你父母这对领导的老领导，也可能是平行的领导，但你还是把他们当成了你可靠的关系。你变换着生活场景，像身兼数职，在“家”这个单位里，你的同事最少，很多时候都是自己一个员工对着这么多领导。所以在家这个单位里，员工显得挺金贵，因为他们让你不开心了，你就可以闹情绪罢工，他们往往缺乏对你这个唯一员工的有效管理。但在其他的工作环境，你逐渐会认识很多同事，他们和你一样都得在一个叫“学校”的组织里面对老师的“领导”。你开始系统地被训练，掌握基础的礼仪和一些必备技能，你的工作目标是考试，绩效考核指标是分数，工资收入是各色奖励，包括“家”这个单位的两位领导弥足珍贵的微笑和肯定。同事关系很重要，同事的名称也在变化中，从“小朋友”“同学”“恋人”到“爱人”，这些人和你都因为共同的目标走到一起，然后进行一些合作生产。直到现在，同事正式叫“同事”了，现在的单位也名正言顺叫“单位”了。而领导呢，虽然年龄相差不像过去那样悬殊，但有些领导总爱像“父亲”一样威严而带着距离感。你知道他八成在装呢，可你总带着对父亲的莫名紧张而畏惧道出实情。这个单位总希望成为员工心中的“幸福的大家庭”，而把员工们都称为“家人”。看来只有这样，领导才能名正言顺地做父母。于是，单位把这种人们从小经历的再熟悉不过的模式套上了“企业文化”的衣裳。

动力管理学员工问题个人成因模型（顾歌，2011）

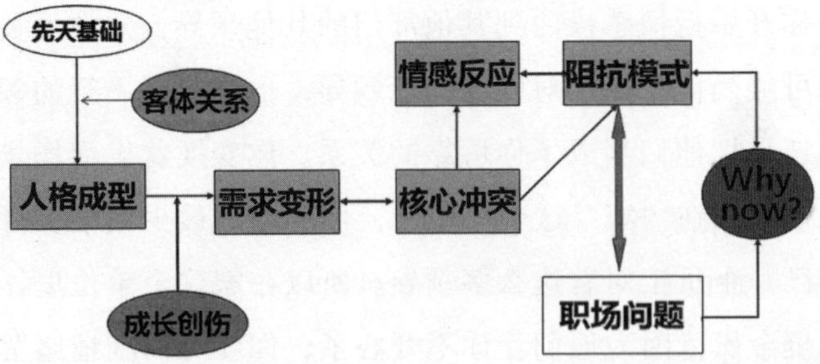

所以动力管理学的一些概念对自我心态的了解是非常重要的，包括四个成长过程：家庭起因、成熟化和个性化、依赖和独立、压抑和自我阴影。这四个过程又是通过图表中所列的九个环节表现出来的。最终问题展现在企业中的就是：Why now？不管是企业管理者还是身在职场中的普通的你，在心态出现状况时，都会好奇地问这个问题：为什么现在发生？

下面就先简单解释一下图表中的九个过程的含义，具体内容还将在第六节中展开。

1. 先天基础。这是我们的生命在落地前，就已经携带的生命信息码。这些信息码像我们的基因一样，代表着我来自谁。

2. 客体关系。这是与父母或代父母的关系。发展过程中的所有其他关系都是早年由父母带来的客体关系的影响所逐渐形成的。所以父母是一个人一生中最重要的客体关系。

3. 人格的形成。人类出生后就开始了人格塑造和形成的竞赛。最重要的时期是六岁以前，不管是弗洛伊德还是埃里克森，或者其他发展心理学家，都把这最先的六年视为最重要的人格形成期。即使是现在更主流的人格终生学说，也认为早年的发展是一生中无法更替的阶段。

4. 成长创伤。动力学派最主要的理论依据就是：我们的现在就是我们过去的创伤反应。这个理念带有明显的生物进化的痕迹。

5. 需求变形。说到需求就一定要提到动机，因为这两个名词总令人难以分清，甚至心理学教授们也常表达不清。举个例子：你能说说你口渴时想干什么？当然是喝水。你想上厕所，这是为什么？所有这些都是需要下的行为，没有人会用动机来概括。但一个确诊了癌症的老妇人，毅然摆脱所有的医疗，踏上了环球征程；一个富太太，业余生活就是喜欢到超市顺手牵羊，然后被抓住。对这些事例，不太会有人用需要，而更会用动机来提出问题。

喝完水了，需求被满足了，这里面有动机吗？当然有啊，口渴的需求是喝水，而喝水是有动机的。如果口渴了不喝水，会怎样？会死亡。于是喝水的动机其实就是让自己能舒服并活下去。这是我们的生存动机。

这样就能理解上厕所的需要背后的动机是什么了，就是不想让自己的身体出问题而影响生命质量，这是让自己好好活下去的动机。

喝了水，放松了，然后冲了杯咖啡坐下来，慢慢品味和享受。这时候又是什么动机呢？这叫享乐动机，是我们在生存需求满足后，提升生命质量的动机。

这样看来，需求就像一个员工，动机就像一个领导，领导可能不会和员工说想法，却直接把工作布置下去让员工按要求完成。所以动机是支配我们做出决定的核心动力，而需求就是及时满足当下缺失（生活机能或健全心灵）的条件。

需求是表现形式，而动机是核心动力。这两项都是我们人格的重要组成部分，而且都是相对稳定的。比如你有怎样的口味需求，基本不大会变。如果一旦发生改变，那一定是出现问题了。人的需求会因为环境的改变而改变，而一切根本性的需求发生改变则更值得人们的关注。

容易发生需求变形的时间阶段是在青春期，这时候的需求变形往往是根据自己对自己的角色认同与否来做出的。

如果觉得自己是一个好学生，那么他就是在学习需求上做得更多。如果觉得自己是一个好女孩，可能在自尊需求上保持得更完整。当然这时候的自我角色认同将会影响到一个员工在工作场所的自我评价。自我评价来源于他人的评价，但却对能否满足各种角色和岗位设置的需求而起到关键作用。

6．核心冲突。前面说了动机是指引人行动、思考和创造的核心动力，而核心冲突就是核心动机冲突。如果对这个名词不太好理解，那么“核心价值冲突”这个词你一定很熟悉吧。想想是不是这样？其实除了犯罪动机不能称为犯罪价值外，事实上，价值观就是动机，反之亦然。

我们理解的心理困惑、心态问题或心理障碍，许多都来自外因和环境，但事实上这根本是由于自己的内在冲突造成的。正如你和一群人在面对一场突如其来的灾难时，80% 的人都陆续走出了阴霾，而只留下 20% 的人长期无法摆脱，甚至出现自杀的情况，比如顾歌亲临现场进行心理援救的 2008 年“5·12”地震就遇到了许多因外在冲突转化为内在冲突并在不同个体中所产生的不同的冲突反应。这些都是由核心动机（价值）冲突激发产生的。

我们的核心动机（价值）冲突包括两大类：

A．能力趋向。我有没有能力？我能不能做到？我行不行？我是不是有用的人？

B．情感趋向。我可爱吗？我被需要吗？我有没有存在的意义？我是不是好人？

对于以上这两大类八项核心动机（价值）冲突，你能不能自问一下？如果全部都是肯定的答案，那太棒了。你肯定不存在动机冲突，那就排除万难，按照你设定好的目标去做吧。

如果肯定的回答少于四项的话，你可要注意噢，你现在的状态很可能就是核心动机冲突所造成的。赶紧改变一下自己，哪怕强迫自己先找到肯定的理由也是好的。

7. 情感反馈。说得简单些就是情感反应模式。试想一下这几种情况有没有出现过：

A. 第一天来上班，在见到领导第一眼时，你就有一种莫名其妙的喜欢，你不知道这是为什么，但明显有了从来没有出现过的工作热情，每天上班的动力也足了。

B. 你被领导赶着不情愿地放下手中的活来听顾歌的培训，看到顾歌时眼睛一亮，感觉振作一点了。

C. 在顾歌的课程中，随着内容的推进，你参与互动的热情也高了，到结束时，你在评估表中竟然还这么写："这样的课太好了，真有意思，公司在以后应该多举办一点。"你的表现与开始时的不情愿有了天壤之别，这是怎么回事呢？

D. 平时你是大家眼中的好领导，特别关心员工。但你每次在员工犯错时，就特别愤怒，有时真想上去踹两脚。

E. 当别人都在赞美你同事新买的一件衣服时，你却总会挑个刺，于是你在别人眼里就是一个挑刺者。

F. 当两个人犯了同样的错误时，你表现出来的情绪却完全不同，对其中一个你觉得是可以原谅的，甚至这个错误是可爱的；而另一个人的错误却是可恶可恨的，不可原谅的。典型的一冷一热，让别人感觉好不公平。

G. 你对着某些人或者领导，你的表达总是与他们对你的态度截然相反。有时你自己也看不懂这是为什么。

H. 对一些事，别人要么感动到哭得稀里哗啦，要么愤怒到怒不可遏，而你却一脸茫然。别人都说你麻木不仁。

在职场和生活中，这样令人看不懂的例子太多了，让人不得不总是质疑，人怎么这么难懂？不用着急，更多看不懂的事及其解释都将在我的另一本书《绝对让人看不懂的五十种行为》中进行揭秘。

就前面举的这几种例子，顾歌在这里先作一下解答吧。

对 A 来说，他的情感反馈机制受着过去深刻经历的影响。在本书关于情感的章节里，顾歌描述了人总是喜欢接近相似的人，而相似的内容之一就是自己曾经喜欢及熟悉的人。人的这种好感会延续一生。这道理和一朝被蛇咬十年怕井绳一样，却是一正一反。

对 B 来说，他的情感反馈机制是可塑的，专注力容易被“当下”所感染。这样的人大脑柔韧度和注意力都比较高，能迅速从一件事无缝链接到另一件事。

对 C 来说，他的情感反馈是渐进的，情感会随着情境的转变而转变，适应力比较强，心态是乐观和健康的。

对 D 来说，他的情感反馈是应激的，内心压抑的创伤性情感容易被相似的某一件事情突然激活。这样的情况，往往是因为他幼年犯错时，遭遇到大人严厉的批评而产生了恐惧。在恐惧后对自己犯错误的痛苦体验和对大人行为的无奈认同，这种综合而复杂的情感，最终会演变为在面对他人错误时旧情复发式的体验。

对E来说，他的情感反馈是投射性的，他把你内心的东西（情绪、冲动、愿望）归结和指向于其他人，而对本属于自己的情绪、冲动和愿望不加过滤和处理地针对别人的事情表达出来。正如一个厂的污水处理没做好，污水流入了江河，还影响了农田灌溉一样。

对F来说，他的情感反馈是分裂的，在同样的事情上，他对别人的情感截然相反，把世界上的人简单地分为极端的两类，一类是魔鬼，一类是天使。这是因为他在幼年经历过一个人对他的两种完全相反的态度或他在关系中面对过完全相背的两种关系，而没有中间的选择。这是一种在成长过程中客体关系失控的基础上形成的情感反馈。往往会出现的情况是你爱上了你所痛恨的人。

对G来说，他的情感反馈是反向的，他用好来应对别人的“恶”，让自己置于更高的位置，以此显得豁达和宽容，其实是用好来进行感化和惩罚。

对H来说，这是一种情绪的隔离，你只是把情绪从意识层面消除而避免让自己深陷情绪的泥沼而不可自拔。

8. 阻抗模式。这是当一个人在面对要求、规则或改变时的拒绝形态。正如你看到一个员工总是迟到，你觉得他是劳动纪律不好、自我要求不严格、生活懒散等。这些只是你对他的表面判断。而实际上呢，这可能是对领导不满的一种反应，是对岗位设置不合理的一种反应，也可能是一种疲惫倦怠的反应。我们得根据自己或他人表现出的阻抗来进行反思或探讨，而不是轻易下一个定论。

9. 职场问题。职场问题既可以是前面八项的一种综合反映，也可以在任何环节中显现出来。既然是问题，当然是影响工作效率、关系和目标的一种隐性或显性的状态。当自己出现“任何环节”所描述的情形时，都要意识到这种情况如果任其发展，迟早会出现职场问题。

比如顾歌就曾经接触过一个员工，她对另一个员工在上班时爱吃瓜子非常痛恨，但自己又不是领导，也没权力去管这件事，所以为了维护表面的关系就一直忍受着。然而这种情形没有改观，日积月累之下，她每次来上班就会莫名其妙地不高兴。有一次两个人在外面宾馆开会时，竟然在厕所里因为先后的问题打了起来。在了解情况后，他们才知道问题不是出在厕所，而是在于平时怨气的积累。这样的事说出来，可能很难被别人理解，但如果我们平时就把一些问题处理好，之前遗留下的挫折和创伤事先处理好，那在往后的工作中，可能就会少很多问题和麻烦。

问题形成的四个过程

家庭起因

每个人都有诞生地，我们把这个称为“家庭”，一般来说家庭都是由父亲、母亲及孩子组成。而现在越来越多的单亲家庭也承担着抚育孩子的责任。

中国目前绝大多数家庭都是一个孩子，但这种局面从历史角度来看将是短暂的，因为基因的遗传特性是自私的。

我们人类从落地开始就进入了社会环境，许多人格特征都将随着社会情境的需要而形成。但人类除了生育天性外，还有非常多的遗传信息事先植入了人性之中。比如我们人类的气质类型就来自先天的遗传。你在产房就能观察到，刚降生的婴儿就已经表现出非常明显的区别了。

下图中，顾歌独创性地把气质和情绪做了关联，从中你可以了解到，人的情绪波是起伏的，如果情绪持续性地高涨和低落，都可能是心理疾病的征兆。而人格直线是相对稳定的，虽然随着情境变化会有适应性的改变，但总体来说人格一旦形成就很少轻易变更。

气质和情绪的关系

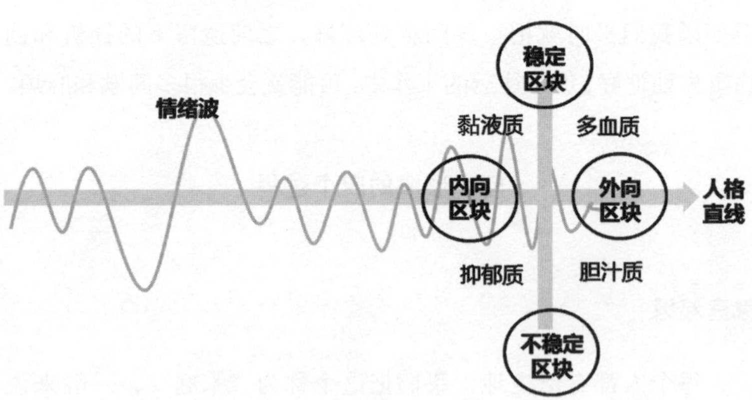

多血质，这种人像春天一般热情，属活泼型；
胆汁质，这种人像夏天一般暴躁，属兴奋型；
抑郁质，这种人像秋天一般忧伤，属抑制型；
黏液质，这种人像冬天一般冷漠，属安静型。

古希腊医生希波克拉底主张人体内有四种体液，形成不同的气质。近代的心理学大师巴甫洛夫及艾森克根据这个设想逐步形成了气质类型学说。根据这一学说，每一种体液都具有热－寒、干－湿两种性质。

如果想知道你天生是哪一种气质类型，你不妨测一下顾歌出的一道题目。

你看这本书的时候，是属于下面哪一种情况：

A. 跳着看，挑自己感兴趣的看，绝不把时间浪费在没兴趣的内容上。但对这本书好像都有兴趣，就全看吧。

B. 全部都看，有兴趣没兴趣都得看，看了总会有用的。

C. 看心情，哪一篇感觉不错，就看下去，看着不舒服了，就等下次想到了再翻一下。

D. 顺着看，从头到尾肯定看完，随手还会查些资料，方便自己理解，因为对心理学主题很感兴趣。

（测试的答案在本章节最后）

气质虽然是天生的，但气质也只是众多人格内容之一。人格的主要核心部分包括：气质、需求、动机、能力、性格。

除气质外，人格的其他内容大多是后天社会化的结果。社会化过程中，最先也是最重要的，当然就是客体关系了。对客体关系简单的理解就是人与人之间的人际关系是针对自体关系而言的。但这种人际关系与现实的人际关系还有一个区别，就是除了物理意义上的人人互动外，还有自我幻想的一部分内容。正如客体关系创始人之一克莱因所说：“每个人天然地都拥有理想的父亲和母亲。这种力量可以在现实得不到满足时，支撑我们的信心走很久”。这也可以说明一些单亲或双失孩童依然能健康成长起来的原因之一。

但不能否认，父母作为重要的客体关系，对孩子的成长起着最关键的作用。孩子需要父母的控制和管理才能形成“人”的社会需要。而另一方面，孩子也通过客体关系的双向制约因素控制了父母。比如每次孩子一哭就刺激到了父母的神经，父母便开始忙开了。在遇到利益冲突的时候，家长往往牺牲自己的利益来满足孩子。

类似的关系和相互制约在管理情境中依然存在。领导承担关心下属和满足其需要的全部责任，这种极限版的家长式管理模式，使领导成为下属的“父亲”或“母亲”。作为领导者和管理者，他们同样认识到自己在控制下属的同时也受控于下属，任由他们呼来唤去。对有责任的领导来说，员工的利益总是被放在显著的位置上。

成熟和个性

孩子们的成长象征着摆脱了生存的诸多压力，而能逐渐独立于父母之外。但这样的独立是需要双方付出代价和努力的。事实上，许多成人的心态问题都可以在童年成长中找到症结。这些问题中存在着明显的不良家庭关系的影响，比如对偏执型人格者的研究显示：“性格偏执源于童年基本信任感的缺乏，而且是由于父母的虐待和父母爱护方式的不一致造成的”。

一般来说早年家庭的爱的缺失会造成一个人的情感发育不良，从而容易导致缺乏自省力，使负面心理能量淤积，并在虚荣的自尊的作用下形成敏感、好嫉妒以及由于对自我的威胁导致的偏执妄想。

这类从小造就的人格偏执，在职场中影响颇大，对职业关系深具危害性。典型的反应就是以持久、不切实际的倾向去解释、贬低或威胁别人的行动和意图，但他们没有持久的精神病症状，如幻觉或妄想。

顾歌就遇到过这样的案例：

季某是一位五十多岁的已婚职员，四十多岁才结婚，并育有一女。由于她最近和领导关系紧张，导致疲劳、失眠和易发脾气，并在网上发布谣言对同事进行中伤，所以被单位HR介绍到心理咨询中心寻求帮助。她把目前所有的问题都归于领导和员工故意找她碴儿，想赶她离开公司。她丝毫没提到公司一个月前给她的警告，因为她把公司的资源私下拿到外面进行利益交换。当时公司考虑到她工作年限长、情绪不稳定等原因而网开一面。但她坚持认为：“工作时他们总是嫌我做事较真和太敢说真话。”“他们还经常在背后议论我，总到上司面前告我的黑状。”“我不会让他们有好果子吃的，大不了鱼死网破！”

在后面的治疗中，得知她早年很少被家人关注，而父母更疼爱她的兄弟。不仅如此，家里人在她犯错后往往对她施以暴力。这让她从小对人际关系就非常敏感，总是以怀疑的眼光看外界。成人后，她先是进入一家报社工作，但由于人际关系及其他经济问题而被辞退。随后她进入了目前的这家企业，但从小种下的阴影使她不管在什么场合，只要时间稍久，人际关系都会出现摩擦，出现问题。

这种童年的问题会伴随人的一生，并且制约人格的成熟。在成熟的身体外表下，永远是一张没有长大的痛苦扭曲的儿童照。在这张儿童照下，他/她也会生成属于自己的社会标签，我们把这称为个性化，这代表着他/她已经与早年的客体关系结束黏连，而要找寻全新的客体关系了。原先没有黏连好的个性，在未来就会形成多米诺骨牌效应，处处应势而倒。除非有一些重大的变革性变化，不然就会用自己成长过程中处处碰壁的方式为曾经的伤害买单。这当然是极不公平的：“为什么受伤的总是我？”

在此过程中，有两个问题是值得关注的。

第一就是同社会上新冒出来的权威人物的关系问题。要知道，非常专制的父母会培养出一个要么压抑服从、要么极端反抗的孩子。正如前面的那个案例，季女士就是以破坏规则（损害公司利益）的方式来表现她的反抗精神，而且她绝对意识不到自己有什么错。而另一方面，如果小时候遇到放任的父母会好吗？那也很糟糕，因为这个孩子长大后会无法确定行为的界限。

上面一类父母培养出的孩子，在成为员工后，如果面对同样一个专制型的领导，他们的反应会是怎样的呢？顾歌就来做一个预测吧。

试想，当一个专制的领导冲着你毫不顾及颜面地大声叫喊时，你的反应会是什么？

A. 控制不了自己的情绪，气血涌上心头，反抗他，大不了不要这工作了。

B. 低着头，一声不响，内心一片空白，心跳加速，手心冒汗，有恐惧和害怕，身体某一个部位甚至会发抖。

C. 让领导不要生气，保证一定会改变，关心领导的情绪，并为导致领导有这样的情绪而道歉。

D. 走到领导跟前，笑嘻嘻地说："紧张什么啊！"并拍着他的肩膀说："无所谓的，不要把大家吓着，我请客总行了吧。"

（答案在本章节最后）

以上四个选项你会选哪一个呢？如果你有其他答案也可以写邮件告诉顾歌。

现在你知道自己是否成熟及个性发展是否健康了吧？

依赖和独立

我们现在已经很清楚自己日常在工作中表现出来的各种状

态是受到成长过程中种种客体关系的影响。尤其是在孩子易受影响的早期成长阶段，父母的个人风格是最具有影响力的。一些人在长大后，会复制其父母的风格，如一个态度生硬的同事可能复制了他有着生硬态度的父母。但不能忽视“背叛”的存在，比如电影《危险疗法》中，一个女病人在心理治疗师的引导下，说出小时候父亲对她暴打时，她小便失禁，这时除了被打时的恐惧，竟还有一丝放松后的快感，而这些甚至掩盖了疼痛。在后来的家庭暴力中，她都会以小便失禁来缓冲痛苦，并体验其中的快乐。当然这些都是无意识情况下发生的，当时她并不知道这是为什么。长大后，她在各种人际关系中总是表现得卑微、好犯错、令人讨厌，以换得别人对她的侮辱、谩骂，甚至殴打，别人都不知道她为什么这么“贱”。其实她是用这种方式激发别人对她的攻击，以换得一些“快乐感和满足感”，通常我们愿意把这种行为表述为受虐倾向。这是对她父亲施虐的被叛——成为了受虐者，而不是模仿父亲，对别人施加暴力。

无论你如何面对职场关系，你都可以在自己的早年关系中寻找到一些答案。不管是模仿还是背叛，都是对早年关系模式的一种依赖。如果没有从早年关系中找到模仿和背叛，那你的独立性就比较强了。这当然是一种非常好的人格特征，我们来自过去，更需要超越和改变过去的影响。

顾歌就一个员工对领导的反应设计了下面的题目，你用心做一下，看看自己属于独立型还是依赖－逆反型或依赖－模仿（顺从）型员工。

A. 领导的指示或发言，你总能挑出各种逻辑不当或措辞错误，然后在小圈子中尽情渲染你的发现。你像是领导的监督者，虽然没人给你这个权力。

B. 领导每次指示或发言后，你就开始判断领导者的意图和想法，这样有利于你自己完成岗位目标并符合领导的思路。只要发现不合理的地方，你会通过设定的渠道向上合理反馈。

C. 领导的每次指示或发言，你会认真记录和听讲，但有不明白的或感觉不对的地方，你总会想：领导总是没错的。

（答案在本章节最后）

请选择最接近你情况的那个选项。

压抑和自我阴影

我们都知道，父母承担着使孩子社会化的责任，这意味着教会孩子区分对与错，以及哪些是社会接受和不接受的。当然错误的和不被接受的行为容易让孩子遭受到惩罚。

举个顾歌亲眼看到的例子。妈妈看到孩子不高兴，主动询问孩子，“宝贝，今天怎么不高兴了，告诉妈妈，妈妈是你的知心人，有秘密要和妈妈分享的”。这妈妈看起来相当会哄孩子。于是孩子沉吟一会儿便开始哽咽，边抹着泪边说：“今天有一个小朋友不给我玩玩具，我想玩的时候，他还压在我身上，用玩具砸我……”孩子话还没说完呢，只听得妈妈叨唠一嗓子，把我们边上的人都吓了一跳。“啊，你告诉老师了没？他怎么能欺负你啊？你有没有还手啊？你怎么不去抢呢？你这孩子怎么这么没出息，妈妈平时怎么教的，别人欺负你，你不能示弱的知道吗……你这孩子怎么这么没出息，总让妈妈操心……”

顾歌在边上看得干着急。这孩子未来和母亲的相处一定就是“无话可说”，或“报喜不报忧”。看到这两个词时，你认为自己是哪一种？不管哪一种，这两种都叫压抑。

压抑指的是当一个人的某种观念、情感或冲动不能被超我（父母的要求或一切规则和权威）接受时，就被隐藏到无意识中去，以使自己不再因之而产生焦虑、痛苦，这是一种不自觉的主动遗忘和抑制。比如很多人宁愿相信自己能中彩票，而不愿想象自己在外面行走会遭遇车祸危险，其实后一种的概率远比前者大，这是一种压抑机制的不自觉运用。因为当人意识到每次出街都要面临车祸的威胁时就会感到焦虑，所以人为了避免焦虑而故意将其遗忘。

前面案例中的这个孩子发展下去不太会成为他妈妈希望的样子，倒可能在受伤后不再去感受这份被欺负后的痛苦。时间久了，他不仅不会表达自己的痛苦，还会漠视他人的痛苦，产生我们前面所说的情绪隔离。一切皆是因为他表达了痛苦后，所经历的批评会让他有伤口上撒盐的感受。所以，“吃亏就是福”，或有痛苦、有困难“打死不说”就成了这类孩子未来人生发展的“座右铭”。

在职场中也能遇到这样的事，顾歌就遇到过这么一个案例：

刘某作为一个部门主管，却总因为他的下属不停地发牢骚而无计可施、不知所措。但当别人问起他：你那员工没把你弄疯吧？他轻描淡写地说：“怎么可能？他这点事，不值得我生气！”但是，这位主管却会因为这个下属工作中的一点小错就处罚他，并且不给他任何发展空间和机会。这样做的理由很简单，因为刘某觉得只有这样才是可以被社会接受的应对方式。而那位总被处罚、没发展机会的员工也就一直在部门中发着牢骚。

其实刘某到我这里就是为了能探索他工作和生活中许多事情被他忽略，但忽略后他又不高兴的原因。其实他从幼儿园开始就一路看到那些叫得欢、抱怨多的孩子能得到更多人的关注，他曾经很生气，并跟母亲说过，但妈妈总说：“你只要听话、表现好，老师会喜欢你的”。他的感觉没有在妈妈这里得到合理的释放，所以学会了用压抑来处理牢骚的模式。

而自我阴影和压抑有一定的关联。当我们不断地把受挫的情感独自吞食而不能得到处理时，在时间积累下就形成了自我阴影，这种自我阴影恰是在自我意识中不被接受并否定其存在的那部分生命痕迹。

再举个例子：一个销售业绩总是名列前茅，多次被评为业绩冠军的保险公司员工，在私下里和朋友喝酒时，总说自己不是一个好人，是一个伪君子，平时都在装腔作势，虚伪地生活着。顾歌看到这类情况便想到叔本华说的一句话：“人类总把自己的外表粉饰一新，而内里的丑陋却独自享用。”

其实这就是自我阴影的作用，这名业绩冠军在竞争激烈的职场中胜利了，却明显地不快乐。他日常表现出的虚假、赔笑等情感状态是令他痛苦的压抑性情感，而因为成就动机的需要，他违背了他的自我意识。

自我阴影会长时间地伴随自己，让自己的心态一直蒙上灰尘。而解决自我阴影的方式就是解决自己的压抑，以及找到可以替代被自己压抑和否定却又被自己利用的方法的方法。

测试答案

1．通过阅读本书，测测你是哪一种气质。

A. 多血质　B. 抑郁质　C. 胆汁质　D. 黏液质

2．你小时候的成长经历可能属于哪一类呢？

A．经受暴力和伤害的孩子，伤痕明显到总会想让别人也和你同样受伤。

B．经受恐吓或冷漠的孩子，你得胆小和听话，才能让大人喜欢你噢。

C．小时候的家庭关系总体不错，如果不是这样，说明到社会后，自我调整得很好。有理有节，堪称对待强权领导的范本。

D．小时候父母不太管你吧？自由空间太大了，让你在什么地方都是这样自以为是。其实这也是童年遭遇冷落的结果。

3．你是“独立型”“依赖－逆反型”“依赖－模仿（顺从）型”中的哪一类员工呢？

A. 依赖－逆反型

B. 独立型

C. 依赖－模仿（顺从）型

第三章

好的开始是成功的一半？不，是一大半！

记住自己随时都会死掉，这是防止你陷入畏首畏尾陷阱的最好方法……你已经一无所有，没有理由不去追随你的内心。

——乔布斯 2005 年在斯坦福大学毕业典礼上的演说

一、找工作需要怎样的心态

有一个家庭极其贫困的初出茅庐的小伙子，平时打些零工换得全家的生活费。他父母都是老实巴交的乡下人，但田地却因为灾情而颗粒无收。父母都病倒了，他必须放下其他同龄人都享有的悠闲的学习生活而去找工作。他漫无目的地寻找着，起初他并没有方向，因为没有手艺，不知道什么工作是适合他做的。但他却拥有一个伟大的目标——让家人都能活下来！

于是他来到一家电器厂。他对负责人说，他只希望得到一份工作，能用劳动换回一些微薄的收入。招聘的人问他能做什么，他摇摇头。但他坚持说什么都能做，而且一定能做好。这小伙子没什么技术，现在厂里倒是缺一些劳动力，但负责人再看看眼前的这位，又瘦又小，哪做得动力气活啊。招聘的人觉得很不理想，但为了不伤小伙子自尊，便说了几乎所有的面试官都会说的客套话：你先回去等消息好吗？我们缺人时再考虑是不是用你。

对一般的人来说，怎么都能听明白这等于是别人给你吃了闭门羹了。但是，一个月不到，这年轻人又来了，那招聘的人奇怪地问，你还没找到工作吗？那年轻人说，我这两天打听了，说你们在招人，所以我又来了。招聘的人有些无奈，只能说："再过些天吧，你的情况有些特别，也不太注意个人形象，不符合我们招工的标准啊，我得请示上级。"

这么一说，几天后，那年轻人又来了。他告诉招聘者："谢谢你上次的提醒，我注意改正了。"招聘的人一看，果然比上次来时要干净和整洁多了。招聘的人想了一会儿，叹了口气说："不是我不要你，实在是我请示过领导，我们这家公司挺讲究专业的，你不懂电器知识，又没这方面的工作经验，你说我怎么用你呢？"

几个月后，年轻人再一次来到这家企业，找到招聘者说："先生，我利用这段时间补了一些电器方面的知识，您看我现在符合贵公司的要求了吧？我真的很想进这家公司，成全我吧。"

望着年轻人恳切的脸，招聘的人好像被打动了。"我活了这么多年，还没看到这么执着的人啊。你怎么就不会退缩呢？"年轻人果断地说："我决定好的目标，就一定会去努力的。"招聘的人很好奇地问："这是谁教你的。"年轻人说："这是父亲从小告诉我的，他说做人和种地一样，这块地种水稻就得一直坚持种下去，而不能看什么好就种什么，否则最后只会把这块地搞坏，结果什么都得不到。所以坚持很重要。”

招聘的人被感动了，意志这样坚定的员工，怎么能不用呢？

这个年轻人，就是有“企业经营之神”之称的已故日本松下电器公司创始人松下幸之助。

大家看到松下幸之助的成功是靠着坚持，但却不知要坚持真是不容易，要克服的困难不仅是外在的，更要克服我们每个人都有的一种不良心态：人类行为的半途效应。

半途效应是指在一开始的激励热情下，人的努力很快就会达到峰值，过程中一旦没达到预期目标，立即会由于心理因素和环境因素的交互作用而对目标产生失望。其实这种心理来自人类自身的局限性。就像非洲猎豹，瞬间快速行动，一举成功，这本是一种生存法则。但人类的伟大就在于对包括进化规则在内的许多限制的突破。虽然大量的事实证明，人类目标行为的终止期多发生在“半途”附近，人的目标行为过程的中点附近是一块极其敏感和极其脆弱的活跃区域。但人类的聪明恰恰在此处发生了作用，人类会从各种实践活动中总结经验，比如松下的父亲就从农田劳动中总结出坚持的重要性。

同样，心理学专家也总结出了导致半途效应的两大原因：一是目标选择的合理性，目标选择越不合理越容易出现半途效应；二是个人的意志力，意志力越弱的人越容易出现半途效应。

而松下幸之助认定这是一家有前途的电器厂，对他的人生一定很有帮助。既然认定了，他就开始把他潜在的意志力充分展现出来。

所以顾歌关于找工作的好心态的建议是。

1. “大目标、小步子”，每次成功一点点就行了。比如对方态度的一点改变，微笑频率的增加等细微处都要去捕捉。因为任何的微小进步都是在酝酿大改变。

2. 训练你的意志力。顾歌建议，如果你觉得从小意志力就不够强大的话，可以找一件比较单调且比较容易产生疲劳的事坚持去做，顾歌比较崇尚跑步。比如第一天跑 1000 米或 20 分钟，往后每天增加 200 米或 5 分钟，这样能坚持的话，不出半年，你就会成为一个意志力更为坚定的人了。

二、对目标，应该有怎样的预期

莫言获得 2012 年诺贝尔文学奖，这是中国人在世界文学舞台了不起的一大步，而莫言听到获奖消息的第一反应是“狂喜和惶恐”。为什么？因为他根本没有成功的预期，因而充满惊喜。

许多人看到这些会有些疑惑，到底该把事情预期得好一点，还是糟糕一点呢？想得太好，得不到会难过，想得不好，会不会灰心丧气？那不想行吗？

所以，关于预期一般有四种观点：

1. 凡事往好的地方想，都说心想事成嘛；

2. 凡事往糟糕的地方想，如果不成功，那心里还舒坦点；

3. 凡事都不想，走一步算一步，这就叫摸着石头过河；

4. 其他。

你会怎么选呢?

不管选择什么，我们先解读一下希望和悲观在人性中所占的分量。

一项统计证实，人类一生有四分之一的时间在痛苦中度过，四分之一的时间处于迷惘和探索之中，而另外四分之二的时间则处于休息和不知所措中。《独立宣言》中引用了近代自然法学派的一个重要概念——“天赋人权”：人具有天生的生存、自由、追求幸福和财产的权利。从中可以看出，人的幸福感不是与生俱来的，其与生存和自由不同的是，幸福需要去追求，而追求的过程是需要预见和克服各种阻碍和风险的。

所以，人的乐观是要用自我意识去设定和强化的，而悲观倒是人类的天性。

曾任美国心理学会主席的桑代克曾经在一项儿童学习心理的实验中意外发现，如果事先安排让儿童去完成一项任务，并告诉他完成任务后会有苹果和巧克力作为奖励，在儿童完成任务后，科学工作者却因为没发现苹果和巧克力早就发完了而给不出奖励，这时儿童普遍都会出现失落甚至伤心的情绪，对后面的实验也会失去动力。在满足了儿童后，所有儿童又都能完成相应的实验了。这个发现证实了人积极正面的心理预期是在条件交换下形成的，而一旦缺失这样的条件，就会出现负面预期，人很容易失去前进的动力。

所以你如果选择（1），那首先得有满足往好的地方想的条件。条件都不成立，那你所谓的积极想法不过是一纸空头支票，最终会让你形成巨大的失落。正如一个应聘者到一家公司应聘经理一职，在结束后，正好在电梯中遇见这次招聘的总负责人、掌管生杀大权的人力资源总监，他不仅对应聘者亲切微笑，而且还嘘寒问暖。这个应聘者一时兴奋，回来告诉家人，他肯定成功了，因为总监对他态度很好。但结果却完全不是那么回事，于是他从此一蹶不振，在网上对这家公司大加贬损。这个应聘者的心态哪里出问题了？问题出在他没有做出对成功条件的合理设定，如果他事先按下列表格来做就没问题了。

某件事要成功就得满足这几项条件：

需要的条件	资源和评分（每项10分）	缺陷及原因	弥补方案
人际关系	总监对我印象不错——7分	剩下的3分差距，会不会说明总监对所有人都是这样？而其他评委的态度我并不知道	不把这个作为关注点
各项能力	硕士，有专业经验——6分	剩下的4分差距在于面试时间短，不能把自己全部的优势表现出来	列出对专业经验的说明
表现和发挥	有些紧张——5分	剩下的5分差距就在于现场发挥和表达紧张，导致自我感觉不佳	专门训练说话和表达

（续表）

需要的条件	资源和评分（每项10分）	缺陷及原因	弥补方案
其他竞争者	其他人都是强手——4分	剩下的6分差距，是因为有些人毕业的学校比我好	这单位是注重实践经验的，不是招新人
合作匹配度	他们希望还有销售经验——4分	剩下的6分差距，说明我离他们的次要条件有差距	客观存在的问题，只能在专业上尽力而为了

同样，如果这个应聘者在准备面试的过程中，托关系找人，那个人拍着胸脯说包在他身上了，但最终却没有办成，那么，应聘者的痛苦要比事先告诉他有难度，要做两手准备时的情况痛苦十倍。

正是因为人更容易心生悲苦，而短短的一生中，不如意之事也占大多数，所以许多有经历的人都会事先把事情想得更缜密，准备也更充足。

但有人提问，很流行的墨菲定律认为：“你只要想到不好的事有可能发生，不管这种可能性多小，它总会来的。”可如果事先就往坏处想，不是越想越糟糕吗？还不如往好的地方想想。

顾歌理解的墨菲定律是这样的：

1．人更容易看事物的表面，但事实上结果总与想象的不一样。你想得复杂，结果就会简单，你想得简单，结果就会复杂；

2．如果你担心一件事情会在哪里出错，那这事情其实已经有了隐患，不管你是不是盲目乐观。但如果不去修正它，出错是迟早的事。

1986 年 1 月 28 日，美国第二架航天飞机“挑战者”号在进行第 10 次飞行时，在从发射架上升空 70 多秒后发生爆炸，价值 12 亿美元的航天飞机化作碎片，坠入大西洋，7 名机组人员全部遇难，造成了世界航天史上最大的惨剧之一。

然而就在“挑战者”号发射前几分钟，为“挑战者”号设计固态燃料火箭助推器的高级工程师罗杰·博伊斯乔利，对着他的上司鲍勃·埃比林大叫：“不，我不想看发射，我不想看到发射失败。”其实他们在前一天就知道，当时气温低至零度的外部环境对火箭助推器的性能将产生重大影响！然而，他们所在的瑟奥科尔公司高层却越过他们直接向宇航局做出了“可以发射”的建议！他们本可以提出紧急制止建议，但却因为一丝侥幸心理而没有做出正确的决定。

倒数计时开始后，他们二人的手紧紧地握在了一起，让他们感到庆幸的是，“挑战者”号平稳地离开了发射台升空了！博伊斯乔利转向埃比林说：“我们刚刚躲过了一颗子弹！”因为按他们的分析，“挑战者”号会在平台上爆炸。然而就在两人都想长长地舒口气时，在“挑战者”号升空后的第 73 秒钟，他们面前的电视屏幕突然烟雾弥漫，二人的心跳当时几乎停止了。

这是美国进行的 25 次载人航天飞行中首次发生的大爆炸，而这次灾难却是事先被预料到的，也完全可以避免。但正是因为相关科学家抱有侥幸预期，最终导致了惨祸的发生。

人永远也不可能成为上帝，当你自以为是时，墨菲定律会叫你知道它的厉害。相反，如果你承认自己的无知，墨菲定律会帮助你做得更严密些。

看到这里，你觉得会改变自己最初的选择吗?

不管是预期心理还是墨菲定律，其实都是让人对未来的许多事持有谨慎态度，不要盲目乐观。准备充分，才能决胜千里。

但如果你选的是什么都先往坏的地方想，其实也不合理。因为这会给自己的心理增加无形的负担，你可能什么事都还没做，就已经打退堂鼓了。人类的进步其实也需要面对挑战甚至冒险。当我们在穷尽所能的情况下，当没有任何障碍能阻挡我们前进的步伐时，我们就一定要接受挑战。如果有可预见的障碍就不能掩耳盗铃、视而不见，而是要克服障碍，不然，就会遭遇到隐性障碍的报复。

选走一步算一步当然更是不合理的，这是一种做一天和尚撞一天钟的态度。按照人的心理，是不可能不对未来做出评估的，只是这样选择的人抗挫折力弱，而且被曾经遇到过的困难恐吓住了，形成了阻止他想象的心结。其实这样的人不是不去想，而是不敢想，因为一想就会让自己更害怕，于是他选择了回避。其实这是凡事往坏处想的一种变形而已。

而正确的选择应该是：积极展望、两手准备、充分预见、适当冒险。

积极展望：不仅是对短期目标的积极预期，更是对你人生的长期目标有一个积极的展望。通往成功之路永远不会只有一条，所以调整积极心态的同时也要做好准备。

两手准备：不管什么事，要习惯设定 A 方案和 B 方案，对重大事项还可以设定 C 方案、D 方案等。多重方案就会有相应的多重准备，这也是一种积极的预期态度。

充分预见：如果积极预期是一种对未来的良好心态和希望，那充分预见就是各种条件及硬件准备。实现目标的种种工具都准备充分了，那么成功也自然离你更近。

适当冒险：如果没有冒险，就不会有新大陆的发现。如果没有冒险，我们人类可能还在丛林中过着茹毛饮血的生活。所以对无法预见，却又必须突破的事，就得放手一搏。

三、你有怎样的成就动机

先给你做个测试：如果我让你一个人在射击馆中练习射击，有远中近三个射击位置可供你自由选择位置。你会选择距离目标很近的位置让自己能百发百中呢，还是选择距离目标很远的位置，挑战自己？或者选择位置适中的，约有一半次数命中目标？

你的选择是什么？

顾歌来揭示答案。

如果你选择前两者，说明了你是一个成就动机较低的人，虽然是远近两个极端，但却都是为了避免失败。距离很近，确保自己射击万无一失；而距离很远，则给了自己一个逃避现实的理由，失败不是自己的水平不高，而是因为自己在挑战极限，反正难成功，自己也不会因失败而被别人小瞧了。

如果你选择适中的位置，则表明你是一个成就动机相对较高的人，你不断地在自己的可行区域内，有挑战地发挥自己的水平，追求成功的同时也享受成功过程中特有的刺激。你做事不是为了做给别人看，不是为了证明结果，而是追求自我的协调和超越。

管理心理学经过一系列的实验证实，人在从事一项事业的过程中，天然地具有实现目标、追求成功的需要，而这些表露于外的需要，都是受了人类深层的“优质生存动机”的促动。人有两大核心动机，即生存动机和繁衍动机，而在生存动机下，又有“优质生存动机”。也就是说，人得活着，在满足活着的基础上，人才有追求更好的生存可能的动机。于是优势生存动机就延伸出被认同的需要、尊严的需要、卓越的需要等，人们开始追求除了报酬之外更为精神层面的东西。为了获得这些，他们喜欢设置有中等挑战性的目标。他们不喜欢——赌定乾坤似的靠运气的成功。他们也不喜欢成功得过于容易，唾手可得对他们来说没有吸引力。当一项任务的成功可能性是50%时，他们的成绩最好。

在一项针对企业员工的实验中，把随机抽取的100名员工分成4组，每组25人，给他们布置同样的工作任务。对第一组员工说，只有工作效率最高者能得到奖励；对第二组员工说，效率前5名可以得到奖励；对第三组员工说，成绩前10名，可以得到奖励；对第四组员工说，成绩前20名的人都可以获得奖励。

这个实验的结果你猜得出是什么吗？

综合效率从高到低依次是：第三组、第二组、第四组、第一组。

第一组员工大多数认为，即使自己尽最大努力也极少有可能成为第一名；而第四组员工一般都认为自己肯定在20名以内，对他们来说太容易得到的成果是无须努力达成的；而效率最高的第三组员工认为如果尽自己的努力，很有希望获得成功，如果不努力也有可能会失败，因为对他们来说成功和失败的机会是均等的，区别只在于他们是否努力上。其实这也从另一个侧面提出了社会的公平和机会的均等，对国家、集体及企业都是最好的激励方式之一。

顾歌通过以上的案例和实验，想告诉你的就是在给自己设定奋斗目标和人生方向时，一定要远近、大小适中，有可行性的同时也不要太难或太易。只有这样，这个目标才能长期保鲜，不会因为太容易得到而令人心生厌倦，也不会因为得不到而令人退缩。尽量选择一个有50%概率的目标去努力，这将是一个好的开始。

现在有三个职位等着你选择，你会选择哪一个呢？销售副总监，应聘成功率10%；销售助理，应聘成功率100%；大客户销售经理，应聘成功率50%。

现在你知道选择哪一个最能代表你的成就动机了吗？

四、合理评估自己的身价

在中华全国员工帮助发展研究中心与eap.sh.cn合作进行的一项名为“员工工作满意度与幸福感”的调查发现，高达75%的受访员工都认为自己的薪资偏低。他们领的薪水真的不合理吗？

这是在一些企业里经常可以听到的两种声音：管理层认为

员工，欲望不可理喻地膨胀；员工认为企业，进行着资本主义式的压榨和剥削。真是公说公有理，婆说婆有理。那么到底谁有理?

中华全国员工帮助发展研究中心调查发现，在不满薪水的受访者中，薪资确实低于市场行情的只占五分之一。也就是说，大多数员工都误会企业了，他们实际上并没有被亏待。另外，其中有四分之一的员工的薪资甚至已经超过业内同等职务的市场价格，或者说他们早就拿着“超标工资”。

那么，为什么许多员工总会出现对薪资的不满足呢?

从薪资确实低于市场的那五分之一员工中进行原因分析，结果发现，他们对所从事的工作都存在这样或那样的不满意。有些人索性说，这不是他想要的工作，而只是想当作一个跳板和过渡，希望对未来的工作是一份良好的经历。

可以试想，当这些员工这样去思考和度量所从事的工作时，他们的投入程度是不是会大打折扣。所以，与其说是薪水太低，倒不如说他的兴趣与工作不符，自然也就争取不到理想的薪资。

在不满意薪资的员工中，减去20%的员工由于种种原因，薪资确实低于市场行情外，还有55%的员工的薪资并不比市场低，甚至有25%的员工薪资还高于市场行情。这是为什么呢?其实这种不满就缘于一种“错觉”，该错觉的根本原因在于：你不清楚自己到底值多少钱。

心理学对错觉的解释是，人们在面对一件事物时，由于受到其他因素的干扰，同时加上自身心理和生理上的局限性，而产生的与实际不符的感觉或判断误差。

1. 年资、经验、学历，哪个能决定薪水？

一般来说企业人资部门在制定薪资政策时，本意是让工作能力较强和工作经验丰富的员工获得更多的薪水报酬，但是由于在学历、工作时间、工作经历和技能评定等参数制定上的偏差，最终可能导致一种尴尬的局面。比如某本科学历有 8 年工作经验的部门主管，工资级别不如硕士学历有 4 年工作经验的下属。这种情况曾经在企业中并不少见。因此，现在许多企业管理者或是人力资源部门在制定薪酬标准时，都在努力做好以下几个方面的平衡：

工作难度和效率	50%
管理经验和技术经验	20%
个人学习和工作经验	15%
工作年限和贡献	15%

当身在职场中的你得知企业是这样制定薪酬平衡体系的时候，突然会发现曾经在入职面试时引以为豪的资本在实际的薪资体系中占比却很少。企业从其自身的生存和发展角度所定的规则自有其存在的道理。

还捧着“名校”“名专业”自以为高枕无忧的职场精英们已经到了打破迷思的时候，学历、年资、技术等衡量“个人质量”的因素，虽然还属于薪资结构的要素，有一定的影响力，但这种力量正逐渐缩小。

2. 漂亮头衔≠高薪

现在一些业务型企业为了在商业谈判中获得更多的胜算，有效发展人力资源的效能，所以比较重视头衔在对外观感上发挥的策略效果，给员工的头衔弹性也较大。明明是刚进来没多久的员工，却在名片上印上了主办；明明是助理或副经理级别，却印上了经理。这本是皆大欢喜的事，员工拿着有面子，领导也安心，客户也不会看不起这些新员工而总吵着要和更高级别的谈。但久而久之，员工就会产生错觉，觉得自己既然是这样的级别，却仍做着这样的工作，并认为自己当然应该有匹配的薪资。在外面走得多了，世面也见过了，心态却渐渐失衡了。

这种头衔美化是因为企业存在的面子效应，久而久之，员工却开始疑惑，大家同样叫销售经理，为什么薪资却有天壤之别呢？而企业当然不愿意看到员工最终赖上了这个“名头”，所以依然坚持在企业内部实施一套转换的标准。这种矛盾的产生看似莫名其妙，其实就是人的错觉在作祟。从员工角度来看，如果职业心态不想因此受到影响，就得时刻知道自己在现实的职业市场中值多少钱，就得有一个客观审视自己的心态，而不是受其他事物的影响，从而失去对自己价值的正确判断。

因此，顾歌认为，在面对新的工作时，与其在意自己的抬头是业务主管还是业务协管，斤斤计较于领的是专员还是经理的薪水，不如专心耕耘，把客户掌握在自己手上。否则，就算叫业务总监，也只是一个空壳子。创造自己不被取代的价值，也不受头衔迷惑，不眼高手低，这才是在多变的职场中保护自己的最好方式。

五、找个自己喜欢的工作，还是去喜欢找到的工作

其实这个问题，20 世纪最伟大的领导人之一丘吉尔已经给出了答案：不是做自己喜欢的事情，而是去喜欢自己做的事。

但乔布斯曾说："记住自己随时都会死掉，这是防止你陷入畏首畏尾陷阱的最好方法……你已经一无所有，没有理由不去追随你的内心。"这句话出自 2005 年 6 月 12 日乔布斯在斯坦福大学毕业典礼上的一段演说。但这句话的前提是，在这次演讲中，乔布斯另外讲述了他与癌症斗争的过程。他表示，一年前被诊断出癌症后，医生说他活不过 6 个月，但他认为"我现在好了"。顾歌相信，任何一个在面对生命被医生判决只有 6 个月的人都会利用短暂的时间去跟随自己的内心，而乔布斯的强大内心也正是基于苹果公司的利益目标和广大"果粉"殷切的期待。

然而许多人误读了乔布斯的这句话，断章取义地认为应该去追随自己喜欢的事，顾歌觉得这是一种片面理解。

一位母亲辛苦地怀胎十月，怀孕期间夫妻俩不断勾画着未来孩子的长相，充满着理想而浪漫的色彩。一朝孩子降临，皮肤黑黑、额头皱皱、声若洪钟、脾气怪异，活脱脱是个小老头。请告诉我，这时你觉得应该痛苦地承受，还是培养爱他的感情？

当父母让你学习各种技能和爱好，风里来雨里去，父母的期待化作了你的辛苦。这过程中有父母的逼迫，老师严苛的训斥，还伴随着随时出现的自卑、痛苦和厌倦。但当有朝一日你登上国际演奏舞台，获得各种赞赏时，请告诉我，你觉得你是依然

痛苦着，还是已经爱上了它？

当从来都觉得你还做得不够的父母，终于不再唠叨和对你产生无尽的期望，那可能是你患了病，卧床不起，此时，父母带给你的将是更多的关心、责任、付出和煎熬。这时，你觉得应该痛苦地承受，还是最终发现，自己的内心深处其实埋藏着深爱父母的炽热情感？

上面的三件事是人这一生都可能经历的，而这三件事都注定了人从来就不存在追随自己内心的可能。追随内心是一个美丽的谎言，正如“人从来不存在真正意义的幸福，人永远都在追求幸福的途中。人如果还有那一刻的快乐，是因为离幸福已经那么近了，而不是已经有了它”。

人追随自己内心的真实其实只有两点，就是追求永生和追求死亡，即人的生本能和死本能。而在生死之间，我们人类为之生存的所有活动，都是造化赋予我们的，你所有的争取和努力都是为了让自己生存得更舒服一些。这不也是一种无奈的选择吗？反过来说，如果有一天你有了一个不死的生命，你还会继续努力吗？当然这样的假设是丝毫没有意义的，因为生命总在轮回，所以人类总在焦虑死亡的临近。我们内心的真实其实就是一个并不乐观的规律定数，又何来的追随内心呢？

病中的乔布斯在说出“没有理由不去追随你的心”时，他对在职场中打拼的人们也说过另一句经典的话：“你的工作将填满你的一大块人生，唯一获得真正满足的方法就是做你相信的伟大的工作，而唯一做伟大工作的方法是喜欢你所做的事。”

所以，顾歌认为：做自己喜欢的事是一个美丽的谎言，而去喜欢你无法摆脱的现实却是必须具备的能力。

这就像爱一个人需要付出努力一样，你看到他的优点并因此而喜欢他，更重要的是包容他的缺点并和他一起改善。只有经历了这样的过程，才算懂得珍惜和爱的真正含义。

喜欢自己的工作，同样需要能力的付出。你得找到工作的意义，并去享受其中的乐趣，接受其中的不快乐并努力转化它。如果你仅仅是在期待一份为自己量身打造的完美工作，这就像期待量身打造的另一半一样不切实际，而结果只能是在等待中渐渐失去生命的光彩。

稻盛和夫的《干法》一书谈到工作哲学时，也提到“让自己喜欢上所从事的工作，就像热恋中的情人，在旁人看来目瞪口呆的举动，他们却处之泰然。工作也一样，只有迷恋工作，热爱工作，才能长期坚持艰苦工作，一以贯之，无怨无悔”，“自己就是工作，工作就是自己”。也只有达到这种程度，所做的工作才会绽放绚烂的光芒。

请相信“行行出状元”这句老话。

六、学会表达自我

顾歌在企业培训中，一些人资经理经常抱怨一些新员工不会说话，不管是对同事还是客户都显示出表达能力的欠缺，于是便向顾歌求教。我告诉他们，这不是沟通课程主要解决的问题，或者说，员工的表达能力是沟通的基础，而表达能力的完善，首先要突破“敢说”和“会说”这两关。这需要在新员工中开展类似“表达能力觉醒”的能力提升课程。

一家规模颇大的汽车销售公司的总经理对我说，一批公司作为高端汽车销售后备的新员工，在学历层次、外语能力、外形气质都不错的情况下，被要求进行一次业绩报告会，会上每一位新人要登台进行不低于十五分钟的演讲。但新员工普遍表现出来的“害羞”令总经理非常惊讶！他觉得，这群精英口语表达的生涩与胆怯，与他们本身的能力完全不相称。

顾歌对这位总经理说，你的这些精英员工不是没内涵，是没有开口的习惯。

顾歌在员工表达能力提升课程中，经常会测试员工不敢当着众人说话的原因，答案各种各样，但主要集中在“没自信、不会说、怕说错、怕丢人、怕跟人家说得不一样”。这种怕错的心态，往往是成长过程中鼓励和宽容太少所导致。其表面原因是我们现行的教育机制中，并没有把表达能力和口才作为重要的培养方向。我们的应试教育体制，更重视学生的“应知”，而不是对“应会”的掌握，教育中并不鼓励孩子多说话，而总爱说话的孩子往往容易被列为问题学生。究其核心原因，这是我们中国深远的传统文化所致。孔子曾在《论语》中写道：“巧言令色鲜矣仁”。这句话的意思就是，能说会道的很少有好人。这非常具有代表性，表明了中国社会自古以来对于说话的态度，即以“刚毅木讷”为美。

所以要让员工的表达能力真正觉醒，就得有合适的职业氛围，给予更多的鼓励及足够的宽容，让他们尝试，允许他们犯错，鼓励他们继续，这样才能让每一位职场人士最终拥有良好的表达能力。

早有研究指出，公司在面试新人时，一般情况下其实在前5分钟就有了决定，难怪很多即兴演讲都是5分钟为限。所以我们平时要注重训练，如此才能够迅速把自己最有魅力的一面表达出来。

表达，是在职场中胜出的关键。如何走好这关键一步，顾歌提出以下建议。

1. 有事没事读出声，诗歌朗朗意境高

顾歌在二十多岁时为表达困难所苦，因而一个人闲着没事的时候常常一边看书一边朗读，由快到慢，以此练习自己的口齿表达能力和语言的连贯性。虽然每个人小时候都读书，但要真正激发自己的表达能力，怎么读还是很有讲究的。首先要有意识地增加速度，也就是快读。其实就是读自己喜欢读的书，这在很多人的学校生涯中可能是做不到的。所以经常是“小和尚念经有口无心”，当然效果也就差了。再次就是读的内容要有意境，这样能让自己投入更多的感情。我觉得诗歌或名人名言是一个很好的选择。最后就是读的东西要能增加语言魅力，要有韵律，这样别人听起来才会觉得舒服。人的听觉是直接连接人脑的，感觉系统在听到悦耳的声音后，其他感觉也会迅速松弛，人就会呈现接纳的态势。这时你要去达成事业目标，当然就更容易成功。

2. 有机会就说，没有机会创造机会也要说

企业开会的时候，领导发好言，让员工谈谈想法，这时员工们往往面面相觑。这种机会浪费了真是太可惜了！在熟悉的人面前都不敢表达，那在陌生人面前又怎能突破呢？所以就应

主动表达出来，当别人不作为的时候你有所作为，那领导当然会对你多加一重印象。许多人担心说错话，这种担心完全是多余的，完全是对自己的大脑太不自信。人的大脑有一种天然的自我保护机制，思维总是朝向有利于自己的方向运转。人如果说错话，往往是在情绪压抑或难受的状态，此时情绪覆盖了理智，说出来的话往往有一种情绪的宣泄色彩。所以当自己情绪不好的时候还是少说为妙。而当自己情绪平稳，甚至状态不错的时候，就大胆地把想说的说出来，不用担心所谓的“说错话”。

3．腹稿事先打，逻辑了于胸

有一个形象的比喻：若将表达、音量、表情等形式比作计算机的硬件设备，那么逻辑思考、语言组织就等于系统的软件。所以光有光鲜的外表，而没有技巧及富有逻辑的内容，说话就很容易陷入“打嘴仗”。表达能力的基础在于一个人脑子里是否“有料”，以及个人整合信息、逻辑思考、语言组织等多种能力的综合表现。

在职场上最常面对的情境，是将外界过多的信能吸收、消化、过滤后，提纲契领地报告给领导，偏偏这种掌握重点、化繁为简的能力，是身在职场的人士最为欠缺的。

顾歌在做节目时，经常看到一些优秀的主持人看了几眼台本后，就能迅速了然于胸，并整合成丰富的语言完整地把意思表达出来。这是一种非常迷人的能力——整合力！

我问过一名主持人，这样的能力是如何训练出来的。原来他们大学里有类似的课程，就是训练学生的整合力。老师经常让学生在指定的时间内看一篇文章，然后用 2 分钟时间迅速把其中的核心内容通过流利的语言有逻辑地表达出来。事实上，再高深、繁杂的事物，背后都有个简单的道理，只要真正地掌握了事物的原理及其中的逻辑，就能以简单易懂的言语去描述它。所以语言逻辑还是得建立在对一件工作或事物的理解上。

4. 多看多感受，有志必能赢

在看电视谈话节目，或在工作中听一场报告时，你一般会因为哪一个因素而决定对表达者的好恶？当听到这个问题时，你可能很难回答，因为平时都不太关注这个。但如果你作为一个表达者，就得知道其中的内涵。

我们都知道美国是一个非常注重表达的国家，每届总统选举都是一场场浩瀚的系列演讲秀，更不要说充斥在电台、电视中的各种谈话节目。所以美国一些研究机构专门做过一项权威调查，研究听众凭借哪些元素来判断演讲者表现优劣，结论是：有55%的人看重演讲者给他们的整体印象与现场表现，38%的人听语调和节奏的美感，而只有7%的人才是以内容、词句为主。

在那些“不堪回首”的岁月里，你坐在课堂上强打精神时有没有想过：“这老师的课太无趣了！如果换作是我，怎么着也比他强些吧。”

你会强在哪里？当你这么自信地质疑老师时，一定不是因为你的知识储备比老师强，而是你一定讲得比这老师有趣，一定是根据听者的需要而讲。

所以，如果你要表达得更好，就要先提升自己的表现力，而表现力的自我培养就得依靠平时在各种场合的学习和模仿。哪些人的表现是令你欣赏、着迷或快乐的，你就去总结他的特点，就像学书法一样，一切从临摹开始！

顾歌告诉你一个提升表现力的最佳秘诀，就是古希腊哲学家亚里士多德所说过的："思考时，做一个智者，而讲话时，做一个朋友。"表达，只是用心和情感去和老朋友表达你最想说的一个故事而已。

5. 打造个人说话魅力就得学会讲故事

如果你还在摸索着自己的表达风格，不用急，随着表达的增多和时间的推移，你的风格自然会慢慢成形。但是不管你形成怎样的风格，有一个内容你一定要视为重中之重，那就是善于讲故事。

台湾卡内基中心创办人黑幼龙，他的卡内基课程曾造就无数说话、领导高手，但他说话不是口若悬河，而是慢条斯理，充满诚恳的情感，且有说不完的动人故事。

奥美集团调查发现：在演讲之后的一个小时内，人们会忘掉一半的内容，一天后将忘掉80%，一周后则是95%，而故事更容易被记住。

你会说故事吗？千万不要说你不会说故事，说故事可以说是最简单的事了，每个人都有太多太多的故事了，每时每刻都在发生的不正是故事吗？你可以讲自己挤地铁的故事，可以讲自己小时候如何被老师罚站的故事，也可以讲你第一次约会时的窘境，这些都是你自己的故事，不用担心这些和工作没关系。人生中所有的故事都是可以串联起来的。比如你从挤地铁时与别人分享一张报纸的故事中就能悟到与陌生客户之间如果要建立信任关系，也得有一种分享的心态。你能不能从小时候被罚站的故事，体会出那一刻是如何成为“焦点人物”的？联想到焦点人物得符合三个条件——“站得比别人高，与众不同，权威的特别关注”，这些在罚站中都找得到，现在的你想成为焦点人物也得满足这三点。当然，现在的自己想成为一个正面的焦点人物，那就还得加上一条，“成为众人榜样”。

我们日常生活中任何一个小故事、小细节都可以与现实工作联系起来。所以，想有一个好的表达，就先做一个会说故事的人吧！

第四章

人际关系最大的阻碍就是战胜自己的执拗

中国人复杂，处理人与人的关系让我最头疼。我体会到让我最难受的、最不好处理的事，都是因为人际关系。

——王石

一、人脉就是职业命脉

一个人要如何在短时间内有效建立深入的人脉关系，而不只是浪费时间去认识一大堆泛泛之交？要解决这个疑问，就先得知道什么叫人脉。

人脉又称为关系网。为什么称为“脉”？顾歌认为无非有两点：一是人脉和生命一样，都象征着活跃和流动；二是人脉的健康同样需要经常维护。所以人要常走动，人脉要常维护。

顾歌在入行心理学之前曾做过某五百强企业的法务，因为工作的需要常去法院。但不管是立案，还是投送证据资料，想约法官见上一面、聊上一句，都不是一件容易的事。我觉得法庭和法院更像是“庭院深深”的迷宫，而人脉就是打通迷宫的万能钥匙。

于是我联系上了一个许久不联系的同学，在一次同学聚会上我依稀听说他女朋友是这家法院的书记员。虽然我知道我的动机是什么，但当我和这位同学联系变多的时候，开始发现他身上有许多和我相似的地方。天啊，他竟然和我在上海以外的同一个城市出生，我们的老家是一个地方，而且相隔不远。有一段时间我都忘记了我与这位当年读书时并不太喜欢的同学重新建立联系的动机。我真的感觉像是认识了一个新朋友，噢，不，是一个许久不见的老朋友。我们经常约出来打球、喝酒、聊天。直到有一次他女朋友和我们一起参加一次聚会，这位同学把我介绍给他女朋友时，我认为可以为工作做些什么了。最终的结果是，这个法院从上到下，除了院长外，几乎每个庭都有了我的朋友。当时我的工作所需要接触的主要是立案庭、经济庭、执行庭，而行政庭、民事庭、知识产权庭、刑庭等都是工作上不会涉及的，但我依然有了一些处得相当不错的朋友。

我从没有让他们产生过这样一种感觉："顾歌来找我仅仅是因为他只想让我为他做些什么。"同样，他们一定会认为我是一个"为人爽朗、亲和、大方并讲信用的朋友"。

顾歌那时候可不是什么心理专家，甚至连心理学也只是知道这么一个名称而已。但我却懂得一个至深的心理学原理："你只有真心喜欢一个人，那个人才可能会喜欢你。"然后你得花时间去联系和接触，并花心思去维护。

"真挚的友情常常更像是雏鸭的印刻，只要是经常与我们在一起，我们会喜欢上几乎是任何一个与自己有着大致相同的人格特性并且会回报我们感情的人。”这是美国社会心理学家莱肯说的一句话，现在读来，觉得这真是对人脉最好的诠释了。

顾歌现在作为助人者，助人的有效与否完全建立在是否已经形成良好的人脉关系。当来访者坐在我九十度角的时候，我是准备把他当成向我求助的人，还是令我为他的故事准备动情的人呢？这两种感受将决定我和他关系的走向，也必将决定我能否让我的帮助对他产生效果。至今为止，顾歌绝大多数的心理辅导和帮助都取得了良好的效果，在这样的业绩基础上，就人脉这个话题，我可以给出下面的这条建议：在人脉关系的建立和人与人之间相处的过程中，不要让别人认为你只是在利用他们，而应该建立一种可靠的情感关系。

二、人脉不是钱脉，是互助关系

建立人脉有一些不错的方式可供参考。

首先，你先将你认识的人的名字一一列出，你可以把这份名单当成是你的人脉清单。

你认识的人的名单	认识时间	相处频率	社交行为（他对你有用）	人脉（你对他有用）	最近一次见面
王二麻子	两年	一周一次	把最大最新鲜的麻花给我留着	我可以把他没有上海户口的小孩介绍进学校读书	两天前

顾歌受聘于一些大学的EMBA、EDP等总裁课程，发现学员们踊跃参加这类昂贵课程的目标之一就是希望拥有良好的人脉资源。其实我觉得这对许多人来说只是一个收集姓名的过程。这类课程会产生联谊，有些相处会带来无尽的价值和商业预期。正如你知道赵本山参加长江商学院并成为某一期学员，于是也毅然花费近百万巨资成为赵本山的同学，你终于可以近距离看到“活的”赵本山了，终于可以签上名了。学费昂贵，但是很值得！当然你也可以到处说赵本山是你EMBA的同学，并拿着照片证明自己说的是真的。这就是人际关系，你和赵本山建立了关系，但赵本山不是你的人脉。

在职场中，两个人认识时，彼此心里可能都正想着：对方可以为自己做些什么。他们谈论着生意，并交换着名片，但除非眼前有立即可见的利益或合作机会，否则他们都会很快转往下一个目标。

许多职场中人进入职场的第一要义就是要与他人多接触，他们走到哪里都在尽量地收集名片，交换着个人信息，目的在于让别人快速接纳自己这个初来乍到者，并多多给予关照。

顾歌一直强调，真正的人脉资源并不只是收集更多的名单或名片，或想办法和别人保持接触。其实，用另一个不同的说法来代替“建立人脉”可能会更好，那就是“互助关系”。

如果要建立“互助关系”，就不只是交换名片就行了，也不只是偶尔打个电话，逢年过节时发个祝福短信，或记住他的生日或其他重要日子。你要把你当成一个对他有用的人，这样就把你重视他，变成他重视你。这样的人脉才是有效的和有质量的人脉。

顾歌曾经带领一个实验团队做过一个有趣的社会调查，在调查问卷上有一道题是这样的：

请写五个你除了亲人外经常想起的人，并将想起的频率从高到低依次排列，然后分别写上想起他的理由。

	常想起的人	想起的理由
（1）		
（2）		
（3）		
（4）		
（5）		

调查结果显示，常想起的人中65%都是对自己有用的。而另外35%中，又多数是因为恋情因素而感觉能为对方做些什么。如果排除恋情因素，那大多数能时不时想起的人都是对自己有用的人，而不是自己对他有用的人。

这个调查也证实了，人在关系需求方面其实是具有利己性的。所以作为职场中人，你在看了顾歌的书后，是不是会借用人的这点利己本能，去做一个对他人有需要的人呢？这样你才可能成为经常被别人想起的人，那么，最终你的需要也会被他人满足。

三、人脉需要怎样的心态来建立和维护

从上面顾歌所说的来看，我好像在倡导关系重质而不应重

量。其实关于这个问题，你应该翻开厚厚的名片夹，一张张看过来，看看真正能派上用场的有多少，然后再算算你花在能派上用场的那些人身上的时间更多，还是不能派上用场的人身上的时间更多。如果后者多于前者，那你赶紧调整一下吧，不是让你减少花在不能派上用场的人身上的时间，而是你该赶紧看到你能为对方提供怎样的帮助，不要总是求着对方给予你什么帮助。

顾歌在授课时，总会有人提出这样的质疑：你说人得对别人有用，那如果我对别人没用的话，问路、求助什么的都不能进行了，因为那时我对别人的需要肯定先于别人对我的需要。

这问题问得真好！回答之前顾歌得先讲个故事。

每个做销售的人几乎都知道他，他曾经是世界上著名的推销人，也是最了不起的汽车销售员——乔·吉拉德。他成功的秘诀就是让顾客喜欢他，为了博得顾客的喜欢，他会去做一些在别人看来非常微不足道的事情。比如，每一个节日他都会给他的 1.3 万名顾客每人送去一张问候的卡片，卡片的内容会伴随着节日的变化而变化，且在他所寄出的每张卡片的封面上还会写着永远不变的同一句话："我喜欢你。"用吉拉德的话来说，寄出卡片的最终目的，只是想告诉人们他喜欢他们。

吉拉德正是借助于这种方式，平均每一个工作日都会卖掉五辆车，每年的收入都超过 20 万美元，创下连续 12 年"销售第一名"的纪录。他还因此被吉尼斯世界纪录称之为"世界上最了不起的卖车人"。

1982 年，美国威斯康星大学曾做过如下实验：

实验人员让甲乙两支队伍进行保龄球比赛，两队的第一球各自击倒了 7 只瓶，这时，甲队教练走过去对自己的队员说："你们很棒，打倒了 7 只瓶子，继续加油！"而乙队的教练却开始训斥起自己的队员："怎么打得这么差，平时教你们的全忘了吗？"面对不同态度的教练员，甲队队员得到了很大鼓舞，随后的比赛中他们越打越好，而乙队队员感到非常不耐烦，越打越糟糕。甲队最终赢得了比赛。

这个实验向人们传达了这样的信息：对于自己喜欢或亲近的人提出的要求，人们接受起来会更容易，较不会产生排斥感。

这就是心理学倡导的人际"互悦机制"，也称作"对等吸引率"，即人们通常所说的"两情相悦"。在人际交往中，这是一种很自然的心理规律。

在人际交往中，如果你想得到人们的欢迎，或者支持、同意你的观点、行为，仅仅提出良好的建议是远远不够的，必须让人们喜欢你。

然而，在生活中如何让别人感受到你喜欢他？除了像乔·吉拉德一样直接对他说"我喜欢你"之外，其实称赞别人，表达羡慕可能更适合大多数表达含蓄的中国职场人。

这里还有一个有趣的小故事。

一个花匠正在为一位著名的法官美化庄园，那位法官给花匠提了不少好建议。花匠说："法官先生，您的业余爱好可真不少哇！我特别羡慕您那条漂亮的狗，我知道它在大奖赛中赢了不少蓝彩带。”这小小的赞美之辞竟然带来了惊人的效果。法官马上兴奋地说道：“是啊，是啊，养狗的乐趣真是无穷！你愿意参观一下我家的狗窝吗？”

法官花了将近一个小时领花匠看他养的狗，并介绍那些狗赢得的各种奖品。

然后，法官问花匠：“你有孩子吗？”当花匠回答：“有。”法官又问：“他想要小狗吗？”花匠急切地说：“怎么不想，如果有了，他会非常开心的！”“好吧，我送你一只。”法官说道。

接着，法官又对花匠讲了如何给小狗喂食，讲完后又热切地说：“光给你讲你会忘的，我把它写出来吧。”于是，法官写下了喂狗的方法。

最后，法官在花匠身上花去了85分钟的时间，送给他一条价值100美元的狗。这一切都是因为花匠真诚地羡慕他的爱好以及他取得的成就。

其实，任何人都会有一些值得你羡慕的地方，只需要把它挖掘出来，并真心地加以称赞，你收获的就不仅仅是一条“狗”，还有良好的人际关系，而这些会成为你每天开心快乐的重要源泉。当然，赞美要真诚，人们不喜欢夸夸其谈的、势利的人，更会提防损人利己之徒。

有人说：“假如你想说服别人你是对的，说服别人应当按照你的意见去做，那么，只是向他们提出良好的建议还是远远不够的，必须首先让他们喜欢你，否则，你的意图就会遭致失败。”这句话的确是至理名言。

顾歌在回答那个学员的问题时，一口气讲了两个故事，你从两个故事中体会到什么？乔·吉拉德给了他的主顾什么？花匠给了法官什么？而为什么乔·吉拉德和花匠好像获得更多呢？其实这不能用获得多少来衡量，在互助型的人脉关系中，我们永远都在各取所需。关键在于每个人都得主动给予，哪怕一个笑、一句问候、一句“我喜欢你”、一句“你真棒”。

所以你在需要对方时，请按照上面所说，先去喜欢对方，并表达出来，而被你喜欢恰恰就是那个人愿意帮助你的理由！

四、靠爸爸不如靠自己

职场不会一帆风顺，哪怕在互助型人脉建立的过程中，也会有疲惫、怀疑，甚至停顿。

我们虽然不认识，但有一件事你们和顾歌一定有共鸣，就是在面对挑战和困难时，都梦想着拥有一个事业成功，甚至能上福布斯排行榜的爸爸。而这样的痴心妄想，往往是陷入职业瓶颈期的最好写照。如果按照二八原理来分的话，社会上有 20% 的人是成功的，那这 20% 的人可都不一定是爸爸，有女性、有单身人士，也有可能是丁克。而事实上，能实现这个痴心妄想的一些年轻人，最多也只有 5%，那算不算很少呢？所以大多数人只能踏实地换个思路，让你的孩子实现你的痴心妄想吧。

图个好爸爸最大的帮助之一就是不用再去面对这么多烦琐的人脉关系。如果有一个好爸爸，那他一切都为你搭建好了，你只要去走动走动，不，这都不需要，别人到你这走动走动就行了。

人脉关系的需要是从人的利己性开始的。人如果自己能做所有的事，像一头美洲豹或丛林猫能独自生存一样，人际关系就是多余的。但人类的祖先没有进化出这样的能力，我们需要人际脉络来相互交换以带来好处。

同样，我们的进化过程也没有在我们的大脑中增加一个“依赖爸爸”的区域，如果有，那才叫脑功能退化呢。恰恰我们的大脑都是按照“如果没有好爸爸”的信号来建构思维模块的，因为“爸爸并不可靠”！

中国有一句老话叫“富不过三代”，因为让人走向灭亡的最终是自己的惰性，人本就是矛盾体。人需要通过合群来建立有益的关系以获得更多的生存机会，而获得更多机会的另一个目标就是让自己不再受苦受累。但如果不再受苦受累，人就会失去很多生存技能。这世界上最不稳定的就是你拥有的资源随时可能被掠夺或遭受损失。所以当你一朝资源减少，再需要利用你那些生存技能时，你会突然发现已经离现实的要求很远了。此时你的生存当然就面临重大的挑战了。这像是一个悖论循环，生存得要资源，资源令人懒惰，懒惰影响生存。所以懒惰就是在西方基督教的七宗罪之一。

很多创业和吃过苦的父母会有这样的想法，自己苦一代，让孩子幸福一代，却不曾想到，紧挨着幸福的不是更幸福，而是危机。

所以顾歌告诉你，爸爸并不可靠。请记住这句话：好爸爸就是危机。在穷爸爸和富爸爸中，如果可以再选择一次的话，顾歌一定还会接纳我的这个老实巴交、清廉正直的好人爸爸，因为他给我的不是让我懒惰的资源，而是让我勤奋的力量。

我们的大脑早已做好了奋斗的准备，职场正如一个竞技场，你弱小的身躯拖着父亲给你的巨额财富，你拥有得越多，就越容易成为众矢之的。如果你一路杀将过来，努力奋斗，那你强壮、硕大的身躯下拥有的财富就越多，这只能令人更加赞叹和膜拜。

如果人脉也是财富的话，你就知道，应该靠自己去争取！

五、初次见面或陌生拜访，第一句话应该说什么

于是，你就开始了争取自己的人脉关系之旅，但在这个旅程之初，顾歌得先告诉你，在与陌生人面对面或接听到陌生电话时的态度，往往取决于两点：第一，个人成长过程中与人是否建立起良好的亲密关系，也就是亲密指数是否比较高；第二，个人所处的社会文化中，是不是有更多防备和警示性氛围。比如“不要和陌生人说话”之类的提示。

第一点，面对陌生人时，你无法判断对方，但研究发现，一个自身亲密程度高的人往往可以调动对方的亲密指数。所以后面将测试一下你的亲密指数。而对第二点来说，你是可以事先掌握的。就目前中国的现状来说，人们普遍缺乏安全感，所以人与人之间，特别是与陌生人之间的相处，警惕性更高了。但个人亲密指数越高的人，也将比较快速和可靠地降低他人的防备而获得良好的初次认可。

顾歌设计了一个人际亲密指数评估：

1. 父母给你的感情你觉得满意吗？

   A. 很满意　B. 一般　C. 不满意

2. 在你成长的过程中，你觉得你可以得到保护吗？

   A. 当然可以　B. 不完整　C. 自己保护自己

3. 在人际相处中，你容易被人激怒或容易不开心吗？

   A. 玩就玩得尽兴开心，人家开我玩笑，我也开别人玩笑，不太会当真

   B. 看情况，有时会忍耐

   C. 我讨厌别人针对我，或和我开玩笑

4. 你觉得你在人际关系中，属于下列三种的哪一种？

   A. 独裁型，好支配和控制

   B. 民主型，善于听取他人意见，关注别人长处

   C. 拒绝型，谦逊、服从、放弃权利和不负责任

5. 在人际关系的模式中，你属于：

   A. 主动型　B. 看需要型　C. 被动型

选 A 得 2 分，选 B 得 1 分，选 C 得 0 分

分数相加后，在本章最后找答案。

你现在终于知道你的亲密指数了，正如我前面所说，你个人的亲密指数对你的人脉关系的建立和维护起着至关重要的作用。

但不管你的人际亲密指数如何，你也得从第一句话开始。知道你的亲密指数的目的在于，在以下的三套不同的对话术中，你可以根据亲密指数来选择。

	人际亲密指数较高	人际亲密指数中等	人际亲密指数较低
初次面对面	你好，非常高兴与你有这次的面谈机会，我相信这一定是一次难忘的见面。因为我感觉你是一个非常和善的人。	你好，我非常感激能有这样的机会，我想我会尽力让这次的会面变得更有意义，我也希望你能接受我。	不知道你对我初次的印象如何，但我此时有些紧张，但愿我的紧张没有影响你对我的良好感觉。
初次电话拜访	你好，如果你现在能接听我的电话我会非常感激，而事实上我的谈话一定会让你开心的。	你好，不管此时有没有打搅你，但能与你通上电话，我相信此时一定是令人愉快的时间。	你好，其实打这个电话令我有些不安，我担心让你不快。但如果你能给我两分钟，我会非常感恩的。

如果你仔细区分就会发现，这一设计是按照自信程度的不同来规划三种初次对话术的。

这三种不同的对话术，90% 的接受者表示有兴趣继续听下去。那么，顾歌相信，这三种对话术一定有其存在的合理性。

六、利用你天生具有的能力

当与人建立了良好的人脉关系后，如何长久地维护并保持？一般来说，最困难的在于人的内心想法难以探究，如果突破了这一点，人脉关系就更能被有效把握了。

比如你问别人你现在在想什么，你相信能得到怎样真实的答案？不是别人不愿意告诉你或要对你说谎，很多时候，我们自己都不知道自己在想什么。但如果你关注对方的情绪反馈就容易多了。

比如，领导让你的美女同事兼朋友到办公室去一趟，并且待了挺长时间，出来后坐在办公桌前久久不说话。这时你问她什么事，可能她不知道能不能说或根本不想告诉你，这样反而会造成关系的尴尬。

但如果你按顾歌的建议去问或许会更好：你现在有什么情绪啊？你现在有什么感觉啊？或者写张字条递给她，上面写着这几样情绪，让她做选择并打钩：

惊喜	痛苦
平静	愤怒
紧张	恶心
担心	恐惧
悲伤	无奈

其他：

这样你就能在保护了别人隐私权的情况下，也大概知道了别人身上正发生着什么。

下面考考你的情绪敏感度。如果同事在恶心、愤怒及恐惧这三项上打了钩，这代表什么呢？

七、人对关系的依赖已经有些年头了

任何灵长类动物都是群居性的，合群性成为他们避免被食肉动物捕获的重要本能。群体中的其他同伴在分工合作中可以提供更多的预警和其他支持，除了共同抵御外侮，在团体内，灵长类动物还需要建立自己的利益小团体，以对抗内部资源分配不均的问题。

人类的智慧，表现在当人类分支与黑猩猩分支分道扬镳后，人类的数量开始激增。当我们强大到再也不用担心食肉动物时，我们开始把防备的目光转移到了与我们争夺生存和繁衍权最激烈的同类身上。于是我们更需要通过结盟来让自己看上去非常强大。任何政治都是在这样的背景下产生的，当然也包括我们下面将要说的办公室政治。

八、你不得不知道的办公室政治

不要听到办公室政治就皱眉，皱眉只说明你没有能力去应对；也不要听到办公室政治就表示无所谓，无所谓只说明你经历少且缺乏能力。是的，办公室政治需要在思想上重视，行动上正视。

你认为办公室政治是怎样产生的？请在下面的选项中打钩：

□闲言碎语

□八卦是非

□搞人手段

□竞争献宠

□谣诼之言

□小团队聚会

其实上面都是办公室政治的现象，不是原因。下面是顾歌绘制的办公室政治原因图。

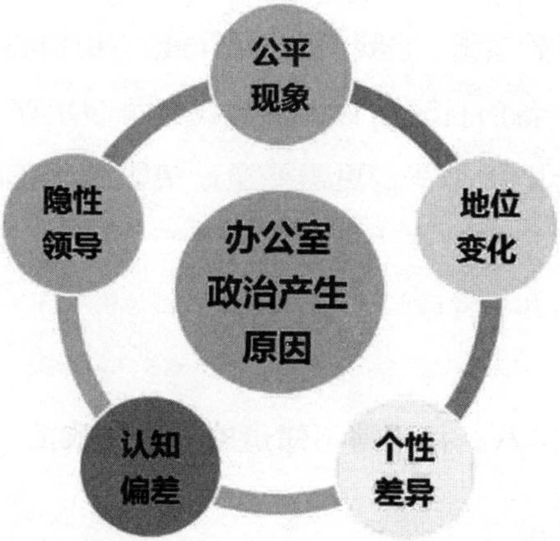

从图中，可以看到办公室政治大多有五个方面的原因。

隐性领导。一般来说，只要企业中存在隐性团队，就会在团队中出现一个或几个“隐性领导”，他们往往是员工意见的汇总者。现代管理之父泰勒曾经说过：“如果你管理一个拥有1000名员工的公司，你的工作就是要找到其中大约100名隐性团队领袖的意见。”隐性领导和他的团队是公司制度潜在的抗衡者，特别容易在公司这个肌体出现免疫力问题时引发溃疡。

认知偏差。是指职场环境中，当事员工根据一定的现象或虚假的信息而对他人做出判断，从而出现判断失误的情况。一般来说，认知偏差包括错觉、首因效应、近因效应、晕轮效应等。

所以在职场中，避免卷入办公室政治的一个方式就是，要认识到你看到的往往不是真实的，而你分析表面下的动机是什么，那才可能是真实的。

个性差异。顾名思义就是人与人之间不同的人格特质，在职场中也同样讲究物以类聚、人以群分，而这个“类”和“群”指的就是人的个性。人的个性不是一成不变的，而是有对环境的适应性。个性是每个人区别他人的标签，按照美国心理学家奥尔波特对人格特质的划分，可以将一个人的个性划分为首要特质、核心特质和次要特质三种。这充分表明一个人的个性是多层次和立体的，而且在不同场合，随着角色的不同，个性呈现也有区别。所以既不要把一个人定势化或贴标签，也不要让自己过于刻板和执拗，要善于变通，这也可以化解一部分职场矛盾，从而降低办公室政治出现的概率。

地位变化。职场中几乎没有一个人能平静面对曾经与自己平起平坐的人突然拥有比自己更高的权利和职位，这类同侪竞争在动物界都会以生死战斗作为结局。在人类的职场，虽少见硝烟和刀光剑影，但竞争态势丝毫不弱。这一切都是因为对稀缺资源的争夺。当然孤军奋战是危险的，拉上几个“战友”，形成一股势力，办公室政治自然形成。

公平问题。有一句话：“上苍真的很公平，命运在向你关闭一扇窗的同时，又为你打开了另一扇窗”。世上的任何事都是多面的，我们看到的只是其中的一个侧面，这个侧面让你痛苦，但痛苦往往可以转化。任何不幸、失败与损失，都有可能成为对我们有利的因素。

李嘉诚有这样一个人生经验——你想过普通的生活，就会遇到普通的挫折。你想过上最好的生活，就一定会遇上最强的伤害。这世界很公平，你想要最好的，就一定会给你最痛的。能闯过去，你就是赢家，闯不过去，那就乖乖做 普通人。所谓成功，并不是看你有多聪明，也不是要你出卖自己，而是看你能否笑着渡过难关。

李嘉诚说得非常聪明，其实公平与否与自己的需要相关，你需求越大越多，那就越容易受阻。

我们说了激励人心的话后，还得落到实处。现实中，在面对公平话题时，很少有人能心平气和地面对之。正如崔永元说过：“我厌恶所有的不公平。”

但顾歌知道，只要还有利益和阶级存在，人类就永远不可能消除“不公平”这档子事。所以崔永元们就得永远“厌恶”下去。

与其去争论如何面对公平，顾歌倒是更欣赏下面这个更实际些的故事。工人向朋友抱怨说：“活是我们干的，受到表扬的却是组长，最后的成果又都变成经理的了，不公平。”朋友微笑说：“看看你的手表，是不是先看时针，再看分针，可是运转最多的秒针你却看都不看一眼。”——在生活中，感到不公平就要付出努力，抱怨是没有用的。

九、在办公室的政治洪流中，做旁观者还是政治家

职场中一个人最终能否成功，还在于他影响力范围的大小。一个董事长，他的影响力涉及整个公司；一个组长的影响力涉及自己的小团队；而一个普通员工，他能影响的只有自己吗？顾歌告诉你，在职场中再普通不过的人，也能有效推销自己的想法并被他人接受，甚至改变自己的命运。这一切的关键不在于你的想法本身的好坏，而是你是否具备“政治素养”。

政治能力并非与生俱来，必须靠后天的学习。有系统地判断政治情势，建立联盟，引导他们接受你的想法，整个过程完全光明正大。

想在职场政治中有所建树的你，可以根据顾歌建议的方法，逐渐培养个人的政治素养。

1. 先懂他人的需要再表达你的想法。你希望其他人以你的观点思考你的想法，你就得洞悉需要改变的那些人想要的是什么，他们的需求和你的想法之间有什么关联。你必须预先想到他人现在的状态并对应这个状态寻找他的需求。

2. 建立良好的职业联盟。一个好汉三个帮，在组织里，如果你势单力薄，就会面临落单和被漠视的境地，任何一个有政治野心的人，都不会放弃对关系的渴求。许多职场人固执地认为，只要客户喜欢你，就等于天下大吉了，这是一个非常错误的观点。顾歌就亲眼看到过一些业务和工作能力非常优秀的英才俊杰不

得已卷铺盖走人。这些悲凉的身影背后，留下了一长串的问号，为什么总是能人受伤？其实根据心理学研究的规律，如果有一个总是受伤的好人或能人，那这个人注定是要被消灭的。一个人能把事迹或基因留存在这世界上，首先是要有强大的生存力。生存是职场环境乃至人类的任何场景中最为关键的能力。让自己身边有朋友有兄弟有帮衬，那势必会受到重视。

3. 有与大众共同的目标。大众的目标是什么？大众如何实现目标？如何使你的目标与你需要获得支持的人们的目标相一致？正如美国总统竞选一样，每一次精彩的总统辩论赛，都在尽力挖掘民众希望达成的生活目标，如果需求是现在就要的，那么目标就是一种理想和愿景，这一定是高于当下的需求的。所以你还得充满想象力，因为他人的目标有时不是那么明确的，于是你得帮他们设定和大胆地假设。

4. 你得用诚恳的态度去打动人，而不能光靠语言去说服。职场中有两种极端的现象，能说会道的都爱耍嘴皮子，而不善言谈的都沉默寡言。莎士比亚曾经说过一句话："当你用真挚诚恳与我相对，我不用你说一切，我自会照办。"

5. 注重小细节亦能造就大改变。如果你要说服别人支持你，那就应该先从大的架构开始说明，然后再详细解释战术细节。换句话说，如果对方不同意你的策略目标，那么战术细节就是成功说服对方的关键。一开始先解释细节也可能是比较容易的做法，让对方信任你，理解你的想法，最后达成共识，这样就有机会逐步说服对方。

你必须知道何时该把焦点放在细节问题上，何时该专注于大方向的原则。

主动培养自己的职场政治能力，这是未来成为一个好的管理者及领导的关键性基础。对职场政治家来说，办公室政治恰恰是自身成长不可多得的摇篮。

十、人际关系得克服执拗的“思维定式”

哪怕是社交公关高手，也不会说人是好相处的动物。

当李先生坐在我面前，痛苦于他被同事戏弄、嘲笑时，他最大的疑惑就是，作为一名优秀汽车销售员的他，为什么就搞不定这些天天相处的同事。而最令他受不了的就是，同样是上海人，却被这些浦东的同事嘲笑自己是贫穷的浦西人。要知道在浦东开发以前，那可是“宁要浦西一张床，不要浦东一幢房”的时代啊，真是风水轮流转。李先生有太多的无奈，但销售又是他喜欢的工作。

顾歌问他，当说到“宁要浦西一张床，不要浦东一幢房”这句话的时候，有什么感受？李先生说：“当然很爽，解气。”

“那试想一下，当年听到这句话的浦东人是什么感觉？”我问道。

“那应该是不会高兴的。”他说。

“应该和你现在听到他们嘲笑你是浦西人的感觉差不多吧？”

他点点头。我继续问道：“那如今对浦西人的贬低和浦东人当年受的浦西人的贬低有没有关系呢？”他继续点头表示接受。

“那你觉得他们对浦西人的看法，是针对你，还是因为曾经浦西人对他们的态度？”

李先生低头沉思了一会儿，抬起头说道：“是啊，如果说我的话，也用不着把地域偏见带出来，那当然是针对历史上浦西人对他们的贬低，是一种发泄。”当他这样表达时，他已经明显轻松了。他是这家位于上海浦东的汽车销售店中唯一的浦西人，可能将会承担本不应由他来承担的“罪责”。但最终他愿意以实际行动，用实力证明浦西人的价值。

以上案例的核心是，在人际关系中，你能看懂对方的真实意图和想法吗？如果你能看得懂，那你就已经成功一半了。我们的生活中总会遇到那些“自以为是”的“浦东人”。你作为职场人，就得知道这是一种怎样的思维模式，当然也得去避免和克服类似的问题在自己身上出现。

这种思维模式就是“思维定式”，是指在人们头脑中存在的，关于某一类人的固定形象。人的思维定式多得数不胜数：不同年龄、不同职业、不同社会地位、不同籍贯、不同民族、不同性别的人，在人们头脑中都有一个固定形象。如知识分子是戴着眼镜、面色苍白的“白面书生”形象；农民是粗手大脚、质朴安分的形象；山东人常被认为豪爽正直且能吃苦耐劳；上海浦西人往往住得拥挤狭小等。这其实是一种“社会刻版印象”。人类在社会活动中，常会自觉地根据人的外表行为特征，结合自己的思维定式，对人进行归类，以此来评价一个人。如见到一个肌肉发达、身材高大、穿着运动服的人，就很自然地认为他必定是一个运动员。

人头脑中存在的定型是人们以往经验的反映，但人又是时刻处于变化之中的，正所谓“士别三日，当刮目相看”。例如，以多年前的浦东人来对照现在的浦东人，就有着天壤之别。以不变的固定形象为依据去认识千差万别的、不断变化着的人们及其行为方式，显然会使我们的认识出现偏差，导致做出错误的判断和决策。

所以，“思维定式”也是人际关系中的一种使人产生偏见的社会心理效应。职场人士必须在实际生活和工作中自觉克服这一效应给我们带来的消极影响，力求历史地、全面地、正确地认识我们周围的人和事，减少判断和决策的失误。

附：人际亲密指数评估结果

10—8 分，你人际亲密指数高，显示你对人有天然的好感，应该可以成为受欢迎的人。

7—5 分，你人际亲密指数中等，显示你对人的好感度为稍好。

4—3 分，你的人际亲密指数低，显示你对人并不怀有好感。

2—0 分，你几乎没有人际亲密指数，因为你对人充满敌意和挑战。

第五章

沟通只针对妥协的需要

人类的祖先最初讲的是同一种语言。他们在底格里斯河和幼发拉底河之间，发现了一块非常肥沃的土地，于是就在那里定居下来，修起了城池。后来，他们的日子越过越好，决定修建一座可以通到天上去的高塔，这就是巴别塔。他们用砖和河泥作为建筑的材料。直到有一天，高高的塔顶已冲入云霄。上帝耶和华得知此事，立即从天国下凡视察。上帝一看，又惊又怒，认为这是人类虚荣心的象征。上帝心想，人们讲同样的语言，就能建起这样的巨塔，日后还有什么办不成的事情呢？于是，上帝决定让人世间的语言发生混乱，使人们互相言语不通。后来人们就把巴比伦叫作“冒犯上帝的城市”。

——转述自《圣经·旧约·创世记》第 11 章

一、被滥用的沟通

在下面的几种对话中，你认为哪个选项是沟通呢？

A. 甲方：你好啊！

乙方：有什么事直接说吧。

甲方：我能占用你两分钟的时间吗？

乙方：对不起，我在忙，改天吧。

B. 甲方：领导，我要向你提一个意见！

乙方：哦？

甲方：我觉得你有一个最大的问题，就是太不注意好好休息了！

乙方：哎，小甲，领导我就这毛病难改啊，包容一下嘛。

C. 甲方：如果我是莫言的话，我肯定会拿陈光标的房子。

乙方：这是为什么？

甲方：白送的啊。

乙方：那人家为什么要白送你呢？

甲方：你怎么听的，我说的是假如我是莫言……

D. 甲方：我让你三天之内完成，现在第几天了？

乙方：对不起，领导，我……

甲方：给我马上弄出来，我现在就要！

乙方：好的，领导，我马上给你。

E. 甲方：上次听了顾歌的沟通课，今天我们就沟通沟通吧。

乙方：好的，领导的沟通力当然没话说，顾歌说不定不如您呢。

甲方：不要乱说，人家是名师，人还是要谦卑点。

乙方：是的是的，你看领导你，这就是沟通力啊。

甲方：啊，来吧，我们就下个月的工作计划开个通气会。小乙，你就先汇报吧。

F. 甲方：上次上沟通课，测下来我沟通力差，兄弟们，你们觉得我沟通能力怎么样啊？我口才这么好，上次学周立波，人家硬没分出来我学的是谁，这真是说明了我的厉害啊……

乙方：你是挺能说的，沟通怎么会不行呢？

G. 甲方：领导你就吩咐吧，什么事我们都有个沟通，你就放心吧！

乙方：沟通不错，但对方价格压不下来总不是办法。

甲方：领导放心吧，我已在想办法做公关。他们的总负责人老李记得吧？我和他老婆家的小姨子经常打麻将。我已经准备好礼物，那小姨子送过去了，就能搞定那事儿。

乙方：这好啊，你办事还是可以让人放心的。

H. 甲方：你知道，我现在感觉非常不好！

乙方：怎么了？和我说说。

甲方：和你说有什么用，你能帮到我什么？

乙方：说说吧，我们是朋友，我希望我能帮到你呢。

甲方：这个月指标还是没有完成，你说你怎么帮我。

乙方：唉，兄弟，走，我们出去吃饭，我请客，边吃边聊……

I. 甲方：我今天好好和你沟通你怎么不听呢？你想怎样吧？

乙方：我也想和你沟通的啊，我不在沟通吗，我不沟通能这么耐心吗？

甲方：就你这态度叫沟通？你站一边儿去吧，少让我看到你。

乙方：你才一边去呢，你和我说话客气点，我耐心也是有限的。

这样的例子真是不胜枚举。你认真看了吗？觉得哪一个是真正的沟通呢？

为什么篇首顾歌要把《圣经》中的这个故事搬出来呢？这个故事其实包含着沟通的全部意义。

人类有着一个共同的目标——上天上去，在这个共同目标的指引下，人类在实施的过程中，通过语言及行为把自己想表达的信息、思想和情感在个人或群体间传递着，并且逐渐达成共同的契约——建设通天塔。其实任何沟通的过程都应该有三大要素：1. 共同而明确的目标；2. 达成共同的契约或约定；3. 有针对性地表达信息、思想和情感。

根据上面这三个要素，再去对照顾歌举的这些例子，你觉得以上的对话哪些属于沟通呢？

二、沟通不是说服

顾歌讲授过许多沟通课程，我问那些采购沟通课程的经理选择课程的动机，他们说想让销售员用沟通技术去搞定客户，让售后代表用沟通技术去搞定投诉，让客服热线人员用沟通技术去化解客户提出的问题。

你瞧瞧这些经理的善良动机，他们肯定把沟通当成了说服。如果你对说服并不了解，下面的例子可能会对你有帮助。

新来的领导特别注重企业文化建设，除了要求布置办公室文化墙，还专门成立了公司报编辑部，扩大网站功能，要求每个员工每天都要登录公司网站，在公司论坛里发表自己写的一篇文章，至少是一句话。

这位新领导把自己的目标和想法灌输给公司和员工的过程就是说服。

以此类推你就知道了，领导开会也多是一种说服的工作。一些演讲，比如美国总统的竞选演讲，也是一种说服。销售员打电话拜访客户，最终的目的也是为了说服他们。

说服和沟通就像兄弟俩一样，都来自“交流”家族，但兄弟俩是有明显区别的：一个主观，一个客观；一个强势，一个随和；一个是我希望你做什么，一个是你们看他俩是不是应该这么做。而且很多时候，说服往往赶在前面开疆辟壤，而沟通则紧随其后稳定局面、维持关系。

只有把这两者的关系弄清楚了，知道在什么时候应该用什么技术，有的放矢，也就不会再有这么多无效沟通。但大多数管理者，甚至大多数沟通培训师都根本没搞明白其中的区别和关联。

美国社会心理学家乔森曾经说过："无效的说服力量等同于邪教，有效的说服就是我们所说的教育。"

在企业中，领导对员工更习惯使用的是说服（教育），而不是沟通。因为这种职位上的差异，会激发出人类天然的优势或弱势感觉。人在处于优势状态时，自然会使用与优势最相匹配的交流方式，那就是说服。

顾歌曾经在一家企业为他们的中层干部开展员工辅导的轮训，在听我讲述时，他们明显被我说服了。于是我让他们互动，其中一个做领导、一个做员工进行角色扮演。扮演时，他们大多数人按沟通的套路应对了没几句，就又把"说服"的习惯拿了出来，比如"公司对你这么好，你怎么会没感觉呢？""你也要看看自己身上的问题啊，不要总是看领导的缺点啊，这样怎么搞得好关系呢？"等等，这些带有教育意味的话语显然不是沟通。事实上，很多沟通课程传递的理念和技巧在现实管理过程中很难被实施和应用。顾歌发现，其中的根本原因就在于误把说服当成了沟通。

其实如果把上面案例中的课程更名为"如何说服员工"，可能更适合这些中层管理干部。

顾歌认为上级对下级、新产品销售对陌生客户的拓展，首先应掌握如何说服对方的艺术，然后再开展沟通技能的培训。先后开展两个课程，才能有助于内外工作的开展。

而在职场中的员工之间、上下级之间、部门之间及与客户的日常关系维护等，都应该接受沟通技能训练。

顾歌在下面把说服和沟通各自的原则列出来进行比较，方便大家进一步区分两者的关系。

说服		沟通	
原则	应用	原则	应用
权威性	建立专家形象，因为人们更相信专业者	平等性	避免和减少差异性，增加认同感
偏好	展示自己的优势，并影响你的审美和需求	寻找共性	找到共同点，争取共同的语境
社会证明	用他人的例子来证明自己的思考、感觉和行动	目标明确	沟通是因为双方被共同的目标所吸引
互惠性	告诉你可以得到的回报	互动性	各自公平地呈现观点
一致性	人们倾向于遵守自己公开做出的承诺	双重性	目的既融洽了双方的关系又为了达成目标
珍奇性	机会难得的紧迫性，让对方感受选择的价值	针对性	针对具体环节、流程和分工

下面顾歌出两道题考考你。

1. 先生，冒昧打扰，我们能交流两分钟吗？我们这款产品非常适合您，刘德华等明星也用这款产品，您如果用的话，气质一下子就会显得高贵，立马能烘托出身份和品质。现在这款产品正在搞活动噢，得抓紧机会啦。

请问：这是沟通还是说服？

答案：当然是说服啦，完全符合说服的原则。记住，下次遇到这样的话，要会甄别噢。

2. 小王在这次的公司岗位调整中，从行政部调整到了市场部，虽然工资涨了，但他要经常出差。然而他的孩子刚出生，所以他赶紧来找老板。

小王：老板，有件事我想和你沟通下，我觉得组织应该了解我的情况，孩子这么小，却把我安排到市场部，你说这让我怎么有心思面对未来的出差。老板一直说对员工要人性化管理，反正我这次没感觉到这一点。你看怎么办？

老板：小王，你的工作一直表现不错，也向公司多次表达你有成长的愿望。公司这次调整也是考虑了综合性因素，想根据你实际的能力有心培养你。你的情况我也考虑到了，我也会让你的经理考虑你孩子小的问题，会适当照顾到你现在的实际状况。你要相信组织，也要感受到我们对优秀员工的政策倾向，我认为你在新的工作上，会发挥出更大的才干。

从上述的对话中，分析一下哪些是说服，哪些是沟通。

答案：小王是想说服老板，在表达上不符合沟通的要求。用这样的方式想说服老板，是一件极冒风险的事。（而小王运气不错，老板是一位沟通高手，表达得有理有节，除了迅速表达出双方的共同目标（满足小王成长的愿望）外，还迅速找到对方的当下目标并产生了共情（你的困难我们也考虑到了）。在交流中态度平和平等，一定会给小王带来良好的感受。

如果你是小王，遇到这个问题会怎样表达呢？自己训练一下，然后再进行感受，逐渐训练自己的沟通能力并使之提升。

三、“霸气”的坐标

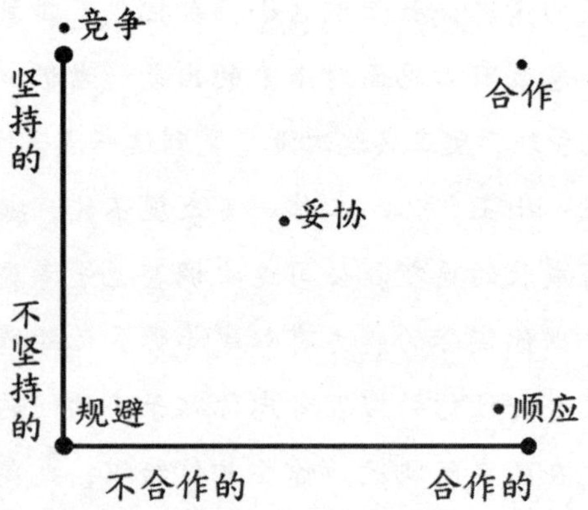

这张坐标图是美国著名的行为心理学家托马斯和他的同事克尔曼提出的人际冲突模型。托马斯提出一个重要的假设，就是在人类之间冲突是最主要的议题，“我们总是处于冲突的旋涡中，只是有些明显到让你感受到，有些存在着，你却一无所知”。在人类感受到冲突时，一般会有两种可能的策略可供选择：关心自己和关心他人。其中，“关心自己”表示在追求个人利益过程中的武断程度（或坚持程度）为纵坐标；“关心他人”表示在追求个人利益过程中与他人合作的程度为横坐标，由此定义了冲突行为的二维空间。于是，就出现了五种不同的冲突处理的策略，分别是：竞争、合作、妥协、顺应（迁就）和回避。

如果结合我们的沟通主题，你就能发现，面对沟通选择时，完全可能采取不同的态度。

1. 选择竞争型冲突，往往有武断和坚持的资本，比如拥有产品的唯一性或稀缺性，市场上供不应求。这时供货方就可能选择竞争型冲突模式来应对买方主张的价格冲突。当然，此时卖方就没必要与买方进行沟通，因为他足够强大。这种情况在企业内部也是显而易见的，比如顾歌前面所说的，一般来说上级对下级很难用到沟通，也就是这个道理。

2. 选择顺应（迁就），往往是面对没必要沟通的强权者，他们没有讨价还价之力，唯有顺应和迁就，你说什么就是什么，哪里有什么沟通。这种情况往往在求人办事的时候，或者在面对强势的领导时，这些场景下，你要活得好，就不得不弯腰。

3. 选择回避，往往是途径就在面前却视而不见，回避的人不管表现得是高傲、平常或是低俗，都是把此刻“毋须面对”作为应对冲突的方式。比如你可以看到，当你对一个招聘者第一次面试提出意见和要求时，他就再也没有来过。顾歌还遇到过更绝的，某人工作都一个多月了，有一天因为一件工作没做好被他主管批评后，从此杳无音讯。当然，还有一些回避冲突的选择是一种战术策略，比如面对气势汹汹的对手，就先冷一下，然后再选择下一步方案。

4. 选择合作，这往往是在沟通后，达成一致意见而作为结果呈现的。这是最美好的结局，但一般来说合作都是短暂、临时的，大多的时候，人类之间的关系总是在冲突中不断地潮起潮落。

5. 选择妥协，此时是沟通大有用武之地的时候，正如龙永图所说："不管沟通也好、谈判也好，其实都是一种妥协的艺术，双方都在争取中相让，这才能让事业朝向共同的目标前行。"这是龙永图在中国艰难的"入世"谈判过程中，接受记者采访时所说的一段话。其实沟通和谈判是用在不同场合，但有着不同称呼的一码事。沟通就是让双方在都需要对方的前提下，都有所让步，逐渐统一到共同目标的一个交流过程。

在中国有一个有趣的现象，就是中国人比较讳谈"妥协"。中国人向来更多的是臣服、顺从的传统，而少妥协、让步的观念。一提妥协，就与投降、叛变联系到一起，被视为大逆不道。其实妥协是现代政治的重要规则，也是民主政治的重要内容。正如民主理论家罗伯特·达尔所说的"民主的基础是妥协"。不懂得妥协就是不懂得现代政治，尤其是民主政治的内涵。

现在顾歌从政治理念中，把妥协引入职场，并与沟通捆绑。只有这样，我们才能摆脱具有伤害性的强势和卑躬屈膝式的顺从，让职场拥有更多公平的对话，并引导职场人有妥协地向目标前进。

四、沟通遇阻，和解先行

主动和解是把双方拉到沟通模式中的最好方式。职场中，当双方冲突得非常严重，双方各执一词，都表现出强硬不让步的姿态时，顾歌建议就得用和解来化解双方的“激情”。

和解是我们经常听到的名词，但应该怎样完整地理解它呢？和解其实就是一个逐步主动减少紧张的过程。此时就是一方预先或双方同时调整自己的心态，重新走到沟通模式中。

顾歌在这里有一个比较好的方法可以在冲突加剧而无法正常沟通时使用，就是发起和解的一方或第三方，在出现冲突加剧后，不要去提冲突事件的原因，而是直接关注于目标和紧张的情绪。可以说这么一句话：“现在的紧张气氛不利于目标的达成，如果我们大家放松些可能会更好。”也可以说：“看来我前面太紧张了，大家都放松一下，或者调整一下再来看这事吧。”

上面两种声明都是和解之音，而事实上，如果谁先发出这样的声音，往往在后继的沟通中容易处于相对优势和主导的地位。

当然这里还有一个非常经典的例子，说明有时我们的和解也可以如此富有智慧和感情色彩。

1985年12月4日，在联合国的一次会议上，里根和时任苏联总书记的戈尔巴乔夫进行了一场关于军控的辩论。当时双方各执一词，会场空气非常凝重，会议几乎要无果而终。此时，里根总统突然说了下面的一段话。

“我忍不住要对戈尔巴乔夫先生说：如果现在有一个来自其他星球的异族生物前来攻击地球，那么我们在这一会议上所采取的行动将会变得更加简单明了。我们将很快会发现我们同是人类，共同生活在这个地球上的人类。”

当里根总统说完这段话后，会场响起了久久的掌声。而后面的辩论和军控谈判就变得轻松多了。里根总统用他惯常的幽默、睿智和情感，主动和解了紧张的冲突。

五、沟通时要适当使用登门坎技术

美国社会心理学家弗里德曼与弗雷瑟曾做过一项心理学实验，他们带领学生到美国西部没有高速公路的两个居民区，挨家挨户地劝说人们在房前竖一块写有“小心驾驶”的大标语牌。他们在第一个居民区直接向人们提出这个要求，结果遭到很多居民的拒绝，接受的仅为被要求者的17%。而在第二个居民区，实验者先请求众居民在一份赞成安全行驶的请愿书上签字，这是很容易做到的小小要求，几乎所有的被请求者都照办了。他们在几周后再向这些居民提出竖牌的有关要求，这次的接受者竟占被请求者的55%。为什么同样都是竖牌的要求，却会产生如此截然不同的结果呢？

“登门坎效应”指的是如果一个人接受了他人微不足道的一个要求，为了避免认知上的不协调或是想给他人留下前后一致的印象，就极有可能接受更大的要求。顾歌将此解释为“得寸进尺”。

心理研究证实，人们拒绝难以做到的或违反个人意愿的请求是很自然的，但一个人若是对于某种小请求找不到拒绝的理由，就会增加同意这种要求的倾向；而当他卷入了这项活动后，便会产生以行动来符合各种要求的态度。这时如果他拒绝后来的更大的要求，自己就会出现认知上的不协调，而恢复协调的内部压力会促使他继续干下去或做出更多的帮助，并使态度的改变成为持续的过程。运用这个方法来使别人接受自己的要求的现象，心理学上叫作“登门坎技术”。

如果在日常生活中学会运用这样的技巧来与人们进行沟通，就更易得到对方的配合与支持。比如在职场中，主管在考勤时，发现有人上班迟到早退。此时用严厉的言语训斥他，或粗暴地责令其接受公司处罚，这样的态度很容易造成员工心理上的抵触，从而人为地增加了工作的难度。这时，不妨考虑根据“登门坎效应”的原则，换一种沟通方式与该员工进行交流。这里提供一种思路供参考，如抓住该员工后，首先微笑地示意他能不能说一下迟到的理由，然后进行适当的安抚，当然也少不了介绍一下公司的规章制度，以及总是迟到早退会导致什么样的不良后果。总之，尽量从当事人自身安全的角度来劝说，使他真正意识到自己的问题所在。

只有经过这样的铺垫，双方才能就迟到这个问题做进一步的沟通，并促使对方心悦诚服，在未来的工作上采取主动配合的态度。

六、沟通是一个身心互动的过程

1．沟通从关心开始

在这一点上，顾歌认为沟通的开始一定要从对人的关心着手。沟通的宗旨是通过表达来与他人达成更多共识。其实无论主题、目的为何，任何沟通必定要从对方的需求与立场出发。沟通时，时时把别人放在心上，自然会知道何时该开口，何时又该保持缄默。当不知哪些话该说，哪些话不该说时，正是说明你对对方还不了解，此时，索性放下主题，谈谈每个人的特点。

比如你这时可以倒杯水，调节一下气氛，然后问对方，平时他的家人怎么评价他的？或者他觉得人们的哪些特征是最容易让人记住的？

2. 肢体语言的沟通

我们说沟通的模式有语言和肢体语言这两种，语言沟通的主要是信息，肢体语言沟通的主要是人与人之间的思想和情感。沟通过程不可能只用到语言，我们还要重视沟通的副语言——肢体语言带给我们的丰富内涵。肢体语言包括我们的动作、表情、眼神等，但实际上，我们的声音里也包含着非常丰富的肢体语言。我们在说每一句话的时候，不同的音色、音调、音强都是肢体语言的一部分。

手势：柔和的手势表示友好、商量；强硬的手势则意味着，“我是对的，你必须听我的”。

脸部：微笑表示友善礼貌；皱眉表示怀疑和不满意。

表情和眼神：盯着看意味着不礼貌，但也可能表示兴趣，寻求支持。

姿态：双臂环抱表示防御；开会时独坐一隅意味着傲慢或不感兴趣。

声音：演说时抑扬顿挫表明热情；突然停顿是为了造成悬念，吸引注意力。

3．沟通需要一些引导小策略

很多人会忽略一些沟通上的小细节，比如在什么场合沟通比较好。余地虽然很大，但总体来说，对于一些可能比较激烈或冲突容易呈现的话题，沟通时最好选择在光线比较柔和的场所，彼此在柔和的光线下看到对方的表情也容易减少防御，从而产生更多的安全感。心理学的实验也证实了这一点，身处柔和微暗的环境，沟通双方产生亲近感的可能性要远远高于身处光线比较明亮的场所。心理学家将这种现象称之为“柔光效应”。这就是顾歌等一些专业心理师的咨询室的灯光为什么是柔黄色光的。

七、你会在沟通中问问题吗?

1．该怎么问

提问方式对于建立良好的沟通基础十分重要。“为什么”“什么”“怎样”“什么时候”等词语是很有力的，凭借这些词语你可以从自身或他人那里探寻进行有效相处的途径。

在提问中经常会涉及“封闭式提问”或是“开放式提问”的情况。封闭式提问就是给你做出选择的提问，比如：“你工作完成了多少？”这个提问让人感觉你只是在问别人的完成量。但当同事回答了数量后，你又感觉好像更想知道对方完成的质量怎样，却不好意思这么问。

所以顾歌建议你多用一些开放式提问，也就是不给他人预先设定好回答方向的提问，比如：“你工作进展如何”？这就比前面“工作完成多少”的范围要大得多。

再比如：“你饭吃了没有？”回答只能是“吃”或者“没吃”。而如果你问：“前面干什么去了？”回答就可能是包括吃饭在内的很多内容了。所以你若想让他人具体回答，就需用封闭式问题发问，想听到更多的内容，就得用开放式问题发问。

2．该问什么

恰当的提问往往可以打开知识和理解之门。提问的艺术在于知道什么时候该问什么问题。第一个问题应问你自己：如果按一下神奇的按钮，你就能得到任何想得到的信息，那么你想了解什么呢？对这一问题的回答会帮你迅速组织一个恰当的提问。如果计划召开会议，那么请准备一页纸，列出你想问的所有问题。开会时，在已得到回答的问题旁打钩。别人讲话时你若想起了新问题，先把它们记下来，过一会儿再问。

顾歌建议你在开会前最好预先列出所有问题。

3．选择问题

事先准备问题时，时时注意哪种类型的问题有助于你实现自己的目标。也许你想组织一次讨论，了解具体信息，达到一定的目的，或者以提问的形式下达命令。这时候，事先准备好的问题是远远不够的——他人对这些问题的回答未必完整，这些问题本身也会引发出一些新的问题。你要一直问下去，直到得到满意的回答为止。在提预先准备好的问题时，注意回答中的蛛丝马迹，以便稍后根据它们提出一些新问题。

4．为得到不同回答而选择问题

问题类型	举例
开放性问题： 这种问题并不能促使对方做出特定回答，但能引起讨论。	问：若为全体员工开设一个餐厅，你认为如何？ 答：从多方面考虑，我认为这是个好主意。
封闭性问题： 具体的问题，一般用“是”或“不是”回答，也可辅之以适当细节。	问：你读过公司的内部杂志或简讯吗？ 答：没有。
探查事实： 提问的目的是获取关于某一特定主题的信息。	问：交回“员工意见调查表”的员工比率是多少？ 答：发出2000份问卷，收到1400份答复，回复率为70%。
追踪问询： 旨在获取更多信息或引出新观点。	问：同上一次相比，这次调查的结果怎么样？ 答：65%左右处于平均水平，这表明员工士气尚可。
反馈： 这类提问旨在获取某种类型的信息。	问：你认为公司内的沟通状况是否有所改进？ 答：我认为有所改进。在最近两周一次的会议上，通过同经理交谈，我受益匪浅。

第六章

减压不用说教，只有去做！

人活着就要记住，人生最痛苦最绝望的那一刻是最难熬的一刻，但不是生命结束的最后一刻；熬过去、撑过去就能开始体验未来的生活，获得一种对生活的无限热情和渴望。

——陈忠实《白鹿原》

一、是什么在消耗着员工的热情，甚至生命

在一次企业中高层管理干部的培训中，顾歌问学员平时员工加班的情况，因为有大老板在，所以大家相互看来看去，都是欲言又止的样子。我很好奇，就掰着手指问，一周加班两天？没反应。三天？有人摇头。我不甘心，继续问，四天？有人苦笑着说，不是。此时我已经相当纳闷，难道是五天？有个经理实在憋不住说道，正常应该是五天，但我们的员工基本是六天工作，当然也就是六天加班。

啊？我嘴巴张了半天没合上，过了半晌，我刨根问底地问，这是难得的吧？这时他们一个副总像是挂不住脸了，接过话题

说："其实呢，我们现在也在努力想办法调整加班的现状。员工有情绪，加班效率偏低的问题，已经引起我们高层的注意，所以这些情况会有所改善的。"

顾歌虽然是法务人士出身，但此时没想到《劳动保护法》，想到的是，这些员工真够命苦的。换成是顾歌自己，可能表现得比他们更脆弱呢。

其实加班的情况对于这些企业来说，要改还真的挺难。因为在类似的企业文化中，只有那些废寝忘食、经常加班的员工才是领导的座上宾，可能获得更多的鼓励和夸奖；相反，谁要是每逢加班就请假，经常想着按时下班，则可能被视为"不够敬业"，不但自己不自在，也会遭到领导的侧目。有人将这种"企业文化"总结成"以经常加班为荣，以按时下班为耻"。

其实近几年的统计证实，一些企业里时不时会出现三十岁上下的职场精英"过劳死"的现象。这就是工作压力过大造成的。

已经有大量的实验和统计数据证实，防止了"心理衰竭"才能真正扼制"过劳死"现象的频发。而"心理衰竭"的重要诱发因素就是频繁的"加班加点"。你已经连续不断地付出能量，真想立刻回家休息，但是还得面对、应付和处理各种各样的事情。于是，你感到心烦、不满、压力重重……这样日复一日持续不断的体力和心力付出，消耗着你的热情、耐心和工作动力，最严重的情况下就会出现"心理衰竭"。

下面的环节太重要了，你现在拿出笔来，认真地面对下面的提问，只有认真做了，才可能防止"心理衰竭"噢！

下面三种情况中，就每种情况结合自己的实际状况给自己打个分吧，分值是1-10分，感觉和题目表述越相近的分数越高，越不相近的分数越低。现在开始吧！

A. 容易生气，易激惹，感到虚弱、紧张、麻木，感到自己如“蜡烛燃尽”，对工作抱“抵制”态度。

自评：

B. 对周围人非常冷漠、疏远、不关心。

自评：

C. 感到无助、绝望、愤怒，工作表现差，并因此损害了自尊，急于换工作或离开。

自评：

以上三项“心理衰竭”的指标，A代表“情绪衰竭”，B代表“自我感丧失”，C代表“个人能力下降”。此三项是“心理衰竭”的内容。

如果你的单项自评高于4分（含4分），那这一项就应该引起你的关注了；如果你的三项总分在12分（含12分）以上，那你的心理就已经出现症状。症状的轻重表现为：

30—26分，重度“心理衰竭”，请速看心理医生；

25—21分，相当重的“心理衰竭”，你得严加重视并及时调整，每天有质量的睡眠时间不低于七小时并做顾歌提议的放松运动（见后一节）。

20—17分，中度“心理衰竭”，希望你可以少加些班了，每天增加睡眠、休闲及运动的时间；

16—12分，轻度“心理衰竭”，适当调整节奏，平时要增加休息时间了。

顾歌在压力培训时一直把“心理衰竭”的人比喻成一杯不断向外倾倒的水，水越倒越少，但没有及时地补充，最终能量消耗殆尽。

当问题已经出现时，如何防止和及时制止“心理衰竭”？

答案是：要及时增强自我的控制力，努力获得团队和社会支持，得到情感关爱，并争取到相关的人对自己的理解。

进行自我的控制，就是给自己设定每天的工作目标的同时，也设定一个健康目标，这样才不至于工作一忙，就忘记了还有健康这件事。只要心中还有健康意识存在，对工作节奏的控制，无形中就会得到加强。

获得团队和社会支持，即把自己可能或已经出现的问题及时通报给团队及其他社会相关人士知晓，这叫问题通报，是获得他人关爱的重要一步。你不说的话，就别期待他人能从你拼命的工作中意识到你会出问题，因为没人会为你做这样“触霉头”的假设。

得到情感关爱。在感觉“心理衰竭”已经临近时，如果有一份爱的呵护，人会因此获得力量，当然爱也是驱散衰竭的强有力的偏方。

争取到相关人的理解。有时我们拼命工作总是在弥补一些过失，也可能是在争取着工作上相关人员的尊重和认可。其实争取的方式有很多，拼命加班工作虽然是一个最直接的方式，但如果面临衰竭的威胁，你就得以其他方式来替代工作。其实可以和需要争取其理解的人一起吃个饭，出来聊聊天，有时一些有效的谈话，往往比通过工作证明更有效。

二、没有压力的公司

长期的压力累积，对工作者的身体是一大伤害。2002 年 10 月发表于《英国医学期刊》的一份研究报告指出，长期处于工作压力之下的人，心脏病发病概率是常人的两倍。如果你总是感冒不断、时常胃痛、不容易入睡、背部或颈部肌肉酸痛、注意力不集中、容易动怒，这代表你的压力已经到了极限。

美国曾经有项针对五百强公司员工的健康程度、幸福感及企业忠诚度的调查。接下来，我就“带你去”一家“员工身心健康、幸福感及忠诚度综合排名”位于前十位的人人熟知的企业参观。

当你走进这家公司的办公区，发现这里丝毫没有大公司的那种紧张严肃的气氛，所有的员工看上去都很放松。他们享受着许多公司不具有的特别待遇，比如可以在公司里接受免费的按摩，可以打乒乓球、游泳，或者到冰激凌吧里小憩一会儿，还可以免费吃到由公司大厨用有机原料做的饭菜。不仅如此，参观团的人还介绍说这家公司的雇员们被鼓励将其五分之一的工作时间用于任何形式的户外活动。你会不会觉得这家公司的员工效率有点低，甚至员工的工作状态很散漫呢？但如果我告诉你，这就是位于美国加利弗尼亚山景城的GOOGLE（谷歌）公司总部里的真实景象，你又会作何感想呢？

谷歌作为世界最大的搜索引擎，在全球范围内拥有无数的用户，堪称是互联网巨头，但是与很多IT企业不同的是，它并不是一家靠“加班文化”提升效率的公司。然而谷歌却依靠着这种被一些批评者看作是休闲甚至散漫的工作方式，成功地将一批年轻的技术精英凝聚起来，并使其能量得到最大限度的释放，从而使公司获得飞速发展。

参观后，你来时不情愿的脸，现在已经显得更不情愿了。这么好的工作，什么时候可以落到自己头上呢？

这样让员工感受到自由和快乐的公司其实并不止GOOGLE一家。比如顾歌曾在上海张江一家名为AZ的制药公司讲课，这家企业中的科研人员也差不多是这样自由的。正如我在课堂中做过的一项调查那样，我让每一位听众写下这家企业带给他的感受，用几个词来描述，把感受最深的写在前面，依次类推。

这家企业员工给出的回答中，最多也是最强烈的感受竟然就是“放松”。

没有这个故事，你是怎样也不会相信谷歌这样一家世界五百强排名第277位的网络公司，竟然三分之一的科技创新是在员工处于“休闲放松”的气氛下做出来的。

我们每个人都经历过艰苦的学习生涯，坐在课堂里读书的场景对许多人来说都是不堪回首的。读书从来不是创造、启发、爱好、开心、兴趣等正向名词的代言，而紧张、痛苦、焦虑、压抑、被迫和无奈恰恰是学生生涯的最恰当写照。这是为什么呢？

大脑是我们人类思维的总司令部，学习是大脑的一种功能。很多人都知道大脑有自己的运行规律，它集中精力的高效时间一般为25分钟左右。所以我们学习一段时间就需要休息一下。

但大多数人并不知道另一个规律，就是大脑只有在放松的情况下，它才能快乐，而快乐是脑力持久的最重要因素。但我们学生因为“专心”的要求，就得坐得笔直，全神贯注，浑身上下肌肉绷紧地学习。在这样的紧张状态下，不多一会儿，大脑就会开始产生疲惫和厌倦，不管你当下在做什么，大脑就会产生一种拒绝接受的信号。这就是很多学生看似是在认真听讲，但思绪早就到了九霄云外的根本原因。

所以要让大脑对学习和工作充分接受，提升学习和工作效率，最需要的不是“专心”，而是“放松”。

而这样的创造型科技公司，用到的就是“放松”的工作原理。

三、单调的工作本身就是压力

谷歌公司的工作真是可遇不可求，因为这样的公司真正懂得用丰富的工作形态来解决员工压力，从而提升员工的幸福感和忠诚度。而顾歌看到的许多职场人士，往往是在一项工作做了一段时间后，就开始大呼没感觉，甚至每天犹如行尸走肉般，麻木而缺乏激情和创造力。

顾歌认为，这种状况不得不说和中国人的性格中缺乏一定的“自燃性”人格有关。

什么叫“自燃性”人格？顾歌给的定义就是：凡是在没有

外界刻意的激励作用下，由自身的心理作用及一定的外界感染间接影响而达到自我激励、自我调整和自我成长的人，便是具有“自燃性”人格的人。

放眼职场，这种“自燃性”人格真是寥寥。顾歌在之后的章节会探讨该如何提升个人的“自燃性”。

但就目前职场员工的工作心态来看，其压力积累的原因除了企业给予的压力缓解的方式太少外，员工自身也多乏力去寻找有效的解压方式，有些听之任之。下面顾歌介绍一个有意思的心理学实验，让身为职场人的你能知道改变单调和乏味、增加新的生活刺激是多么重要的一件事。

1954 年，加拿大蒙特利尔麦柯杰大学的心理学家们进行了一场名为“感觉剥夺”的实验研究。他们在付给参与实验的大学生每天 20 美金的报酬后，就让他们挨个待在缺乏刺激的实验环境中。实验会让实验参与者戴上特制的半透明的塑料眼镜，使其难以产生视觉；而在这个独立狭小的空间里，实验者只能躺着，空调单调的声音充斥其听觉。实验空间除此没有其他任何东西。到了开饭的时间，工作人员会准时给实验者用餐。

许多人在听到这消息后，都为了当年那非常值钱的 20 美金踊跃报名，认为这活真好，既可以当作休息、睡觉的时间，也可以做些冷静的人生反思。但事实果真如此吗？

实验开始后，没过几天，报名参与者越来越少，而正进行着实验的学生们也纷纷退出，没有人能坚持超过七十二小时，绝大多数都是在二十四小时内就退出了。

实验中提前退出的学员们都反映，在实验进行了几小时后，他们开始感到恐慌和难受，努力想睡觉，但怎样也睡不着，于是有些就开始吹口哨，有些开始自言自语，甚至开始叫喊，以分散这种莫名的难受。更为可怕的是，实验到最后，有一半的人表达他们都出现了不同程度的幻觉。有些是视幻觉，也有听到各种声音的听幻觉，以及感觉有铁板压在自己身上的触幻觉。

在实验过后的几天里，参与实验的学生有些出现了双手发抖、不能笔直走路、应答速度减缓及对疼痛敏感等症状。通过对这部分参与者的脑电波分析证明：实验参与者的日常活动严重失调，而对刚刚结束的实验者进行智力测验，测验的结果也很不理想。直到实验结束后数天，他们的正常机能才逐渐恢复过来。

这就是著名的“感觉剥夺”实验。这个实验表明了，只有不断地从外界获得新的刺激和信息才是人的身心活动正常进行的必要条件。人的身心发展离不开与社会的广泛接触和联系，而自闭和单调的环境带来的只能是身心的疲惫和失调。只有丰富的、多变的环境刺激才是人类有效率地生存和成长的必要条件，在被剥夺感觉后，人会产生难以忍受的痛苦，各种心理功能将受到不同程度的损害。

这个实验其实给许多还死守着“工作时间乘以工作效率等于工作总量”的企业提了一个醒。当这些企业的管理者还在以取消一些活动来延长员工的工作时间的时候，却不懂得单一的时间延长不可能提高劳动生产率。员工则会因为长时间从事单一的工作，大脑得不到有效的休息而产生抑制，从而造成原有工作效率的下降。当然时间一长，就会引发职业倦怠。

顾歌通过这个实验，再结合许多职场人士感受到的工作的紧张、单调和乏味，建议每一位日复一日做着重复工作的职场人，如果你要让自己的身心保持良好的状态，就要争取做到以下几点：1. 工作不能改变，你就改变工作；2. 单调无法突破，你就寻找刺激；3. 争取业余活动，吸取人际营养；4. 加大运动支出，保证良好睡眠；5. 经常给出建议，权利自己争取。

四、准确捕捉压力源

联合国卫生组织曾就全球人类压力分类做过一项调查，调查显示人类按生活变化水平评估的前25个压力源依次是：配偶死亡；离异；夫妻分居；坐牢；亲密家庭成员死亡；个人受伤或患病；结婚；被解雇；复婚；退休；家庭成员健康变化；妊娠；性功能障碍；经济状况改变；与配偶多次吵架；重要抵押或负债；房屋贷款；工作责任的变化；子女离家；婚姻纠纷；个人取得显著成就；配偶开始或停止工作；入学或毕业；生活条件的变化；个人习惯变化。

上述压力源中，哪一些是你自己正在面对的呢？而你有没有发现，来自生活的压力源明显多于职场的压力源。正如弗洛姆所说“生活是痛苦之源”，如果把人类面临的一切用“冰山理论”来说，浮于海平面的仅是你能见到的八分之一，而冰山浩瀚的八分之七却是埋在海平面以下。不为人所见的部分，那就是生活的本质。

而对于职场来说，最常见的工作压力来源包括工作量负荷过重、人际关系、裁员的威胁、业绩要求等。

1. 工作负荷

工作的要求已超过你能做的，例如工作量、效率、达标率、跨领域能力等。为了达成超过自我认知的要求，人必然会产生压力，导致身心失衡。虽然我们从小接受的教育就是面对困难要全力以赴，但人要知道自己的极限。这就是一个倒“U”形图，适当的压力可以提高一个人的工作绩效，如果一旦压力突破你的极限，压力就会与工作绩效成反比。如何才知道自己的压力已经到达一个极限，请完成下列测试：

1分：完全不是这样的；2分：一般（或说不清）；3分：完全是这样的。

测试题	1	2	3
A. 我很难在生活中感觉充实、喜悦或平静			
B. 只要发生我不喜欢的状况，就想责怪他人			
C. 我没有明确的目标，属于走一步算一步型			
D. 我经常难以控制自己的情绪			
E. 我感觉自己不太有价值或是一个不重要的人			
F. 我记忆力不好			
G. 我经常感觉躁动不安			
H. 我不愿意听到对自己的批评或不好的评价			
I. 我很难自我解嘲			
J. 我并不喜欢目前的生活			

以上十道题按三个选项中最适合的选项进行选择，做完后将相应的分数相加。你能得几分呢？把你的分数与下面的结果对比一下吧！

10—15分，你的心理压力处理得还不错，目前压力在一个合适的区间。此时的工作不会给你造成太大的负担。

16—22分，你的心灵压力已经颇大，请留心了。不要让自己过于埋头工作，喘口气，抒发一下心情，这在此时可是非常必要的。

23—30分，你的心理压力过大，已经发出危险讯号，你得赶紧放下手上的工作，向专业人士求助是一个不错的方法。

如果你此时的压力指数在22分左右，那你已经到了一个压力极限，此时如果及时调整，对工作不会有太大的影响；如果听之任之，任由压力继续，那将在很大程度上损害你的工作绩效。所以，此时你要适时向同事求救或说不，否则，无法负荷的压力将成为持续痛苦的来源。

2. 人际关系

贪心吝啬的老板、钩心斗角的同事、色迷迷的男生、神经兮兮的女生，这是很多人面对工作伙伴时常伴有的负面心态。

艾玛是一家日资金融机构的人资经理，她最近最大的压力源就是与人力资源总监的矛盾。因为是上下级关系，她总是压抑对总监的愤怒，但她并不清楚她愤怒的真实原因是什么。而自从对她的老板不满后，她感觉周围的同事也开始与她作对。她感觉四面楚歌，工作环境几乎令人窒息。

事情的起因是那个总监最近对她的某个项目计划很不满意，

多次修改和回退，提出的评语也非常犀利。她认为是总监故意挑毛病，认为这是她从来没有遇见过的“奇耻大辱”。她内心越来越抗拒，工作情绪也越来越焦虑和具有攻击性，在其他同事或其他部门的同事面前都表现出情绪不佳状态，于是形成恶性循环。

这个个案的压力源就是典型的由工作场所的人际关系所导致的，而有一个核心的观念导致了她内心矛盾的巨大冲突，即“奇耻大辱”。这种极端负面的“断章取义”式的认知会蒙住一个人的双眼，使人无法看清事实的真相。

我们许多人都带着个性生活在职场中，不可能一帆风顺，别人对你更不可能百依百顺，而我们个性中的完美主义倾向就成了我们社交活动中最大的阻碍。

所以在职场中想拥有良好的人际关系，就首先得预设，你将面对一个充满压力、挑战和挫折的人际圈，而且你无处遁形，一定要坚持面对。这就得在建立良好的认知的情况下，迅速从对方的角度看世界，而不是仅关注自己的感受。

上面的这个案例中，顾歌就让她假定了十种总监如此对待她的原因。她突然发现，其中绝大多数不是冲着她来的，而是针对这个项目的急迫性和重要性。而这样重要的工作交给她，正是因为她平时工作认真且成绩得到了总监的认可。同时顾歌建议她，在项目完成后，就工作过程中她自己的压力感受专程和总监进行一次书信或面谈对话，并建议她把与顾歌的谈话作为自己思考的参照。因为顾歌和她共同认为，将这样的过程与总监探讨，一定会让企业更关注员工的压力感受，从而在繁忙的过程中依然保持良好的人际关系。

3．工作不确定感

现今商业与职场变动很大，会不会突然被裁员？老板会不会突然调离，而自己的职位也变得岌岌可危？公司会不会突然被卖掉或被收购？这些未来可能发生或根本不会发生的重要事件，常引发上班族的焦虑情绪。

对未来的期待与莫名的担心就像是一对孪生兄弟，在人生的路上总是如影随形。期待越多担心越多，从而导致压力增大。这样光去想，什么都不行动，就能让人消耗许多能量，当然对事情的发展毫无帮助。

俗话说“艺高人胆大”，人的能力越大，或者说工具越多，当然他可操作的余地也更大，胆量也就随之而大。所以面对未来的担心，更合适的方法就是把对未来的担心变成现实的努力，转化成学习更多技能的动力。这样在面对未来的不安时，也会因为自己能力的多样化，而可以很好地说服自己。

五、针对不同的压力施展不同的方法

压力从时间上划分，可以分近期压力、中期压力和长期压力，而三种压力在处理方式上都不太相同。这样的分类可以让我们有针对性地来处理这些恼人的压力。

1. 近期压力的应对

近期压力应对策略		
情境	上台演讲、工作汇报、客户提案、重要谈判、面试、临近最后期限、突发情况抉择	
应对策略	稳住情绪以慢制快	
具体方法	调整身体姿势	研究证实：某些特定姿势确实会对人的情绪变化有影响。例如，深呼吸可以舒缓紧张情绪、放松肩颈肌肉，从而减轻身心的焦虑。
	记得保持微笑	微笑会控制住愤怒神经，大脑会发出指令，释放抗压荷尔蒙或称为内啡肽的大脑物质，让人感觉轻松愉快。紧张时要放慢说话速度，这样可以避免呼吸和心跳加快而导致更加紧张。
	越紧急越要刻意延缓决策时间	可以学学美国前总统奥巴马。每当他要作出紧急而关键的决策前，均会闭眼沉思几分钟，好让自己的思绪静下来，然后再开始思考如何做出重大的决定。
	越接近最后期限，越要放慢速度	一般人常犯的错误便是越接近最后期限，越是想要及早做完。然而，在极大的时间压力下，人往往无法清晰地思考，反而更容易出差错，拖累进度，导致心理压力更大，形成恶性循环。

2．中期压力的应对

中期压力应对策略		
情境	转换新工作角色、改变新工作环境、新主管上任、接下重要项目、组织变动等	
应对策略	做好规划，降低不确定性，建立支持系统	
具体方法	主动表达	中期压力多来源于转换新的角色或新任务，来自于对新情境的陌生与无法掌控。这时不如主动表达，说出自己的担忧和压力所在，并获得上下级同事对你的期望及鼓励。
	事先做好规划，越详细越好	为了降低不确定性所带来的压力，你得事先做好规划，详细列出每个阶段必须要解决的问题是什么？解决的方式有哪些？花费时间是多少？这些都想清楚了，就可减少不必要的压力。
	建立外部资源，协助解决问题	压力管理很重要的一点是建立有效的支持系统，动员可用的资源。你不需要把所有压力往自己身上压，每个人必定有能力不足、无法解决的问题，想清楚并列出来之后，再寻求外部资源，找出哪些人可以帮助你解决这些困难。而在过程中遇到难题，随时有人可以提出建议。
	从“整体”进行考虑	人算不如天算，你要清楚任何决策都不可能令人百分之百满意，所以不用为了可能的问题而伤神；应该以长期且整体的角度来看待所有决策，不强求面面俱到。

（续表）

<table>
<tr><th colspan="3">中期压力应对策略</th></tr>
<tr><td>具体方法</td><td>保留弹性，做好最坏打算</td><td>你在做计划时，应当做一个假设，就是当“事先的计划有所变化或出乎意料时”我们该怎么办？所有防范措手不及之事的最好办法就是预先设立 A、B、C 或多套方案，准备充分才能提升应对压力的能力。</td></tr>
</table>

3. 长期压力的应对

<table>
<tr><th colspan="3">长期压力应对策略</th></tr>
<tr><td>情境</td><td colspan="2">工作性质导致长期处于高压环境，工作与生活的不平衡，职场人际相处遇到问题。</td></tr>
<tr><td>应对策略</td><td colspan="2">刨根问底，解决根本原因，找到适合自己的减压习惯</td></tr>
<tr><td rowspan="2">具体方法</td><td>想清楚自己到底要的是什么</td><td>若长期处于高压下，你就得评估一下，是不是真正喜欢这个充满压力的工作。如果你喜欢这份有成就感的工作，那么压力就是你必须付出的代价，你就会去找到对应的减压方法。如果这工作不是你真正想要的，那么就得仔细思考是否有必要长期承受如此高压。</td></tr>
<tr><td>分辨清楚是你的问题，还是别人的问题</td><td>职场中人际关系属于长期压力的类型，你得面对同事间的人际矛盾，逃避只会延长压力的存在。先审视自己的问题，看清自己的人格特质，再设定止损点。然后去了解对方的需求和个性，最后再和对方沟通。</td></tr>
</table>

（续表）

长期压力应对策略		
具体方法	扭转性格缺点	压力往往来自于自己的负面思考、凡事要求完美，或是缺乏自信等不良习惯。按顾歌给出的方式有意识地下定决心一步步修正自己，才有可能真正处理好压力。
	减压应该成为你的好习惯	有压力不是问题，重要的是你如何找到适当的步调，适时排解压力。减压也可分短、中、长期规划，例如每天有多少时间让自己放松，一周或一个月可以规划什么样的放松活动，半年或一年又可以做哪些活动。事先拟好计划，更可以让自己工作时更有冲劲，更能承受压力。
	我们经常需要喘口气	把压力化为动力的关键，在于如何去面对它。假如工作就像一台计算机，当忙乱的工作让它突然卡住死机了，你再拍它也无济于事，那就请你重新启动吧。而我经常做的就是关机一会儿，安静一下，再继续！

六、面对压力最好的“6S 自助”理念

顾歌创立的“生活 6S 心理自助法”（Sleeping、Sport、Speaking、Slowdown、Stop、Standby）可以帮助你很快缓解日常的恐惧、焦虑、紧张等不适心理，如果你能坚持做到，那就相当于请了一个很不错的心理医生一直陪伴在身边了。

1. 良好的睡眠（Sleeping）

多数人每晚需要八小时到十小时的睡眠，但每个人天生有体质差别，有一些人对睡眠的需求时间更多，有一些就比较少。怎样才算是最符合自己的时间呢？有一个很方便的方法，其实你只要坚持一个月的记录就行。你在枕边准备一支笔和一个本子，每天记录上床的时间和起床的时间，给自己每天的睡眠感受做“好、一般、不好”的三项评估。一个月统计结束后，把不好的天数去掉，把一般和好的两项天数的睡眠时长相加再除以一般和好的两项天数之和，就得出适合你的睡眠时间了。

日期	上床时间	起床时间	睡眠质量自评		
			好	一般	不好

你算出自己的睡眠时间了吗？顾歌把它称为“自然睡眠”。在算出你的“自然睡眠”后，如果你能满足它，那就会保持良好的身心状态；如果不能满足，那你的身心机能就会面临挑战，直至压力的产生。

但我们在繁忙的工作中，难免会牺牲自己的“自然睡眠”，如何能够克服并避免因此而出现的压力呢？那只能从快速入睡和睡眠质量中去把握了。

顾歌建议：临睡前不要去想明天的工作及生活中的不如意，如果失眠，可尝试“思维中断法”。

“思维中断法”的过程分以下几个步骤：

A. 进入放松状态；

B. 关注那些使自己烦恼的想法、念头或思维活动；

C. 告诉自己，当心里喊“停止”时，就大声命令自己“停止”，并停止想那些东西；

D. 只要出现负面的想法就喊“停止”，将自己从负面的，甚至是强迫性的思维观念中拉回来；

E. 重复上述步骤十次，然后放松。

2．适当的运动（Sport）

选择消耗量不大、健体又能养身的运动，比如太极，能让自己内心平静而强大。顾歌在这里教大家一个看着文字就能学会的顾氏减压操。

（1）猴子摘桃式

取坐姿或站姿均可，上身挺直，想象树上有一只桃子，用两只手向上用力去抓取，同时吸气，坚持八秒后，手放下，并吐气；然后再把手高举，向上用力抓取并吸气。这样往复八次。

功效：可以让自己神清气爽，瞬间充满力量。

（2）长发写字式

想象自己一头长发，饱蘸墨汁，然后在地上写自己的名字或你想写的任何人的名字，但不要太长。如果是坐着，就以头带动颈；如果站着，就以头带动身体和腰。写好一遍后，停一下，然后再写。一次写四遍。

功效：对久坐办公室的员工进行的放松颈椎和腰椎的运动。

（3）口吐莲花式

坐着或站着，用鼻长吸一口气，然后头抬起，嘴张开，向上用“哈—哈—哈”音间断三次吐气，有人时用静音，没人时就可以喊出声来，然后再吸再吐。这样做八次。

功效：增加肺部功能，对郁结不化的情绪有奇效。

（4）僵尸睁眼式

闭上眼，先让眼球从左到右转三圈，再从右到左转三圈。然后突然用力睁眼，眼球向上翻。连续做八次。（顾歌提示，这一招不要对着他人做，会把人吓着。）

功效：舒缓疲惫的眼睛，让自己的眼神经松弛，还能使脑神经放松。

（5）YY 放松式

想象任何一个美好的事物，曾经发生的，希望发生却还没发生的，或者未来最美好的人生蓝图。大胆去想象。时间不限。

功效：最好的大脑体操，令紧绷的神经放松，有效化解神经衰弱。在睡前做可以让自己迅速放松入眠。

3. 良好的自我表达（Speaking）

顾歌认为有一个倾诉对象是非常重要的，这个倾诉对象的标准是能不批判地听你说完你想说的内容，而且不会出馊主意。你有吗？如果没有，而且有太多想说的话，看来还是只有顾歌可以满足你这个愿望了。

但你还得学会自我倾诉，顾歌一般会建议你通过自由写下令你困扰的事件的方式表达情绪。这种自我表达也是一种减压方式，对减轻压力有不错的作用。

顾歌几乎让每一位咨询者都会写下自己的困扰，常用的引导语是："我希望你能想起非常困扰的那件事，努力清楚地想起这件事给你的感觉是什么，然后写下对它所有的想法和感受，并且写下这对你来说造成了怎样的影响，越详细越有帮助。"你可以写下自己的困扰和压力吗？写下你对它的感受吧。

4. 适当放慢生活节奏（Slowdown）

目前全世界最幸福的国家都集中在中欧，那欧洲人是怎样生活的呢？下面一段文字可以帮助你了解他们的生活方式，而这正是我们可以学习的。

欧洲人活得特别悠闲，双休日加几个星期的长假，一年下来，也就只剩一半时间干活了。所以，欧洲人给我们留下的印象就是：在湖边垂钓，在海边晒太阳，或是驾车兜风、户外运动……这些都令我们羡慕。不过，人家悠闲也就罢了，凭什么比我们富强呢？其实仔细研究，一定能发现在欧洲人的悠闲之下，对生活有细心的安排。

欧洲人每样工作都安排得有条不紊，不少人的计划都要将一天的事情都排满，有些事情甚至是以小时计算的。

欧洲人可能会给你一个电话或传真，告知大半年后的某年某月将会访问贵公司，当他们真的如约出现的时候，一定会让你吃惊，因为你早将这事忘到九霄云外了。可欧洲人都支持这种"预约"行为。横贯整个欧洲大陆的火车票，如果提前半年预定，可获得半价甚至三折的优惠。欧洲人不喜欢拿手机，因为手机不是用作计划，而是用作随机应变的。他们做任何事情都是成竹在胸的，不太会有什么改变，可我们如果没有手机在身，还真有点别扭呢！所以，欧洲人看似干活慢条斯理却总能落在实处。

所以，顾歌认为，放下紧张和压力得做到这句话：悠闲的背后是秩序，忙碌的背后是计划。

5. 停止自我责备和抱怨（Stop）

“突然中止”技术在平时的人际冲突、重复无意义的强迫思维等状态下是非常有用的。顾歌建议大家使用“突然中止”技术，就是在出现无法控制的不良状态下，通过外部手段人为阻断不良思维。具体的操作步骤非常简单，平时可以自己训练，只有平时训练娴熟，在实际用的时候才能熟能生巧、顺其自然。当然，如果身边人出现类似不能停止的不良想法时，也可以用此方法帮助他。

第一步，放空自己的思想，让自己用放松技术放松，让自己短时间内处于一个完全放松的状态。

第二步，进入放松状态后，一旦头脑中开始出现清晰的想象，自己的双手马上用力拍一下手掌，同时嘴里大声喊“停”。这一过程是训练“停”这个字对自己的控制作用。

第三步，用呼吸法使自己进一步放松，先深深吸一口气，约5秒钟的时间，然后再吐气，同样维持5秒钟。这样的呼吸节奏正好符合心跳的速度。根据生理学家的研究，两者的协调性可以抑制脑部的情绪中枢产生不好的毒素，有效化解负面的情绪感受，消除压力。

每一次进行压力“突然中止”法，重复上面的过程20次。实践证明，多次重复这种方法可以有效减少冲动、重复性思维等压力源。

6. 永远有一个可靠的备份（Standby）

1631年，英国剑桥商人霍布森贩马时，把马匹放出来供顾客挑选，但附加一个条件，即只许挑选最靠近门边的那匹马。显然，加上这个条件实际上就等于不让挑选。对这种没有选择余地的所谓的“选择”，后人讽称其为“霍布森选择效应”。

从社会心理学关于自我选择的角度来说，“霍布森选择效应”显然是职场人士的一大忌讳。谁如果陷入“霍布森选择效应”的困境，谁就不可能进行创造性的学习、生活和工作，当然也会给自己增加无形的压力。

其实，道理很简单：好与坏、优与劣，都是在对比中发现的，只有拟订出一定数量和质量的可能方案供对比选择，判断、决策才能做到合理。一个人在进行判断、决策的时候，他必须在多种可供选择的方案中进行取舍。如果一种判断只需要说“是”或“不”的话，这能算是判断吗？

只有在许多可供选择的方案中进行研究，并能够在对其了解的基础上判断，才算得上判断。在我们还没有考虑各种可供选择的方案之前，我们的思想是闭塞的。倘若只有一个方案，就无法对比，也就难以辨别其优劣。因此，没有选择余地的选择，就等于无法判断，等于扼杀创造。

于是，对有效率的职场人来说，其头脑中总是有多种“备选方案”，总是高度重视“多方案选择”，因为他们始终认为要有许多种可供采用的衡量方法，这样才可以从中选择一种适当的方法。正如一句格言所说的：“如果你感到似乎只有一条路可走，那很可能这条路就是走不通的。”

七、减压还得调整心态

许多时候，当我们在面对毕生最重大的选择时，会突然心生恐惧。比如学生在面对高考时，员工在面对竞标时，运动员在面对最后一个决胜球时，都容易充满压力，甚至会因为压力而莫名其妙地失手。压力就是这样，一半天使一半魔鬼，在一个把压力变成动力的成功者背后，总有一个被压力压垮的失败者。

下面举一个曾经让我惊心动魄的例子，那就是许多人都看过的 2012 年夏季奥运会赛程中，我国羽毛球运动员林丹和马来西亚国手李宗伟的一场巅峰对决。

> 2012 伦敦奥运会羽毛球男单决赛，在林丹和李宗伟这对老对手之间展开。双方在两局后，大比分 1∶1 战平。进入决胜局，如果林丹获胜，他将是奥运羽毛球史上第一个连续两届获羽毛球男单冠军的人。这份荣耀更是全中国的期待，所有的压力都落在林丹的每个球上。但李宗伟的实力并不弱于林丹，甚至在小球的处理上还略胜一筹。在最后一局的几轮往复之后，双方战成 15 平！这时两人的体能都消耗比较大，对球的控制也没有第一局来得准确。关键时刻李宗伟连续得分，以 18∶16 领先两分。场上的国羽总教练李永波也怒吼着为林丹加油。此时谁也不知道林丹在想些什么，但此后他连续得分，关键时刻将比分追成 18 平！

在大家庆幸之余，林丹又再次回球失误，送给李宗伟1分，李宗伟19：18领先。所有支持林丹的观众压力都已经大到了极限，现场除了双方运动员拼球的声音外几乎没有了声响。此时，李宗伟回球失误，两人战成19平！许多人因为压力太大，都不敢看下去了。最关键的时候林丹抓住机会顺势获得一分，20：19，林丹首先拿到决赛赛点。全场比赛最精彩的时刻来到，在最后一个多拍环节之后，李宗伟回球失误，林丹21：19获得伦敦奥运会男单冠军！

后来，在国内的一档娱乐访谈节目中，有人问起林丹当时有没有压力，林丹的回答是："如果让我自己选择的话，我是不愿意再看最后时刻的回放的"。这句话说明，运动员当时压力巨大，甚至都已不愿回顾。但林丹挺过来了，压力化成了天使眷顾了他，而李宗伟最后的失误，正是他在压力面前提前垮了下去。

在高压面前，人的动作容易变形和失控，如何才能有效克服这个问题，或者说如何看待压力？顾歌独创的"愤怒控压法"，就是用愤怒去替代高压，这说起来有点"以毒攻毒"的味道。其原理在于：压力会让人紧张、害怕和退缩，这是导致行动变形并失控的根本原因。但愤怒却会令人激素水平提升，令人血脉贲张，从而克服恐惧心态。这就是为什么在面临生死之战前的战争动员时，人们都会把敌人说成万恶不赦，因为只有激发了愤怒情绪才能克服压力带来的惧怕和退缩。

有一个例子正是这样的，中日的两个城市的青少年足球队进行一场友谊赛，上半场，中国队以1：2落后，中场休息时，教练的训导语是这样的："前几天队里组织大家看了电影《金陵十三钗》，你们记住，你们是中国青少年，现在面对的是日本队，你们得战胜他们！"

这教练使用的方式就是激怒式，在愤怒被点燃后，下半场中国小队员们果然个个表现神勇。敢冲、敢撞、敢抢、敢传，最终5：3直落四球，玩了回大翻盘。

虽然林丹在与李宗伟的巅峰对决中，并没有用顾歌的"愤怒控压法"，但就冲着李永波易怒的性格和在场边的不断怒吼，我相信这股"愤怒"也一定会感染林丹。但有一点是肯定的，那就是李宗伟没有愤怒，因为他的失误最终暴露了他的胆怯。

顾歌的这种"愤怒控压法"在理论及实践上都得到过验证，但在使用上却要注意，不到最后关键时候不要使用，不然你就可能成为双眼时时冒火的"愤怒的小鸟"了。

八、减压放松技巧

顾歌以为压力分为近期、中期和长期三种压力，不仅会影响人们的生活质量，降低工作、学习的效率，有时还会引发着一些生理症状，如血压升高、头痛、气喘、肌肉紧张、呼吸快而浅、心跳强而快、手掌出冷汗、腹泻、失眠或嗜眠等。除了上述的一些减压方法和技巧外，如果你经常对身体各部分主要肌肉进行系统放松练习，则可以抑制这些伴随紧张而产生的生理反应，从而减轻心理上的压力和紧张焦虑的情绪。

此外，放松技巧还可以用于治疗失眠、抑郁、疲乏感、肠炎、肌肉痉挛、颈背疼、高血压、轻微恐惧症、口吃等。中医认为通则不痛，痛则不通，其实说到底就是放松与否，只有放松才能畅通无阻。让顾歌带你进入放松的世界吧！

1．练习要点

放松调节法的要点是：首先要学会体会肌肉紧张的感觉，即收缩肌肉群，注意体会这种感觉；再放松肌肉群，注意体会相反的感觉。要逐步放松以下 4 组肌肉。

（1）手、前臂、二头肌。

（2）头、脸、喉、肩，包括额、颊、鼻、眼、腭、唇、舌、颈。

（3）胸、胃、背。

（4）大腿、臀、小腿、脚。

每天练习 1~2 次，每次 20 分钟左右，每块肌肉收缩 5~8 秒，然后放松 20~30 秒。但这只是一个大概的时间，切不要由于过多注意计时而分散了自己的意念。

2．练习方法

第一阶段：选择一个安静而不受干扰的地方，躺着或坐着均可，闭眼。练习时注意力从一块肌肉移向另一块肌肉，不要用意志力。

（1）右手用力握拳，体会紧张感；放松，再体会放松感。重复。

（2）右手用力握拳，体会；放松，再体会。重复。

（3）弯曲右前臂，收缩二头肌；放松，体会。重复。

（4）弯曲左前臂，收缩二头肌；放松，体会。重复。

（5）锁眉，收缩前额肌肉。放松。重复。

（6）闭紧眼，放松。重复。咬紧牙，放松。重复。上下腭紧张，放松；舌头顶紧上腭，放松。重复。闭紧双唇，放松。重复。

（7）头尽量向后倒，颈部紧张，放松。下巴尽量抵住胸部，体验喉部与颈背的紧张，放松。重复。

（8）耸肩，头尽量往下缩，放松。重复。

（9）深吸气，同时弓起背，屏住气保持紧张；放松胸部，缓慢呼气。重复。

（10）收缩腹部肌肉，放松。重复。

（11）将臀部和大腿收紧，放松，重复。

（12）绷紧脚尖，使小腿紧张，放松。重复。

（13）缓慢腹式深吸气，向腹部压气，使腹鼓起；缓慢呼气，使腹凹陷。

（14）重复深呼吸三次，将注意力集中于整个呼吸过程（即“意守”）。让松弛加深时的沉重感传遍全身，全身都放松。

（15）注意全身各部位肌肉，看是否还有仍然紧张的部位；如果有，再通过意志呼吸的方式，将放松感引向紧张部位。

（16）恢复到正常呼吸状态。

第二阶段：经过1周左右第一阶段的练习，能够达到全身松弛，便可进入第二阶段。第二阶段的放松时间要求缩短为5~10分钟。

第二阶段的练习也要选择一个安静的地方，坐或卧，闭目。

（1）运用将注意力集中于呼吸的技术。

a. 将注意力集中于呼吸，深呼吸3次。

b. 将放松感引导到每一组肌肉群，顺序是：右手用力、左手用力，屈右前臂、左前臂，前额、上下腭、舌、唇、颈、双肩、胸、背、腹、臀、腿、足。

c. 注意一下全身各部位，看是否还存在紧张部位。

d. 在最后查看是否还有紧张部位时，继续将注意力集中于呼吸，同时想象每一组肌肉群都在放松（有如发光的灯泡在逐一熄灭）。

（2）在呼吸和放松的过程中，应使用一些具有启发性的提示语。如在呼吸和放松时可以设想以下语句：我是松弛而且平静的；丢开紧张——我感到舒适和轻松；肌肉松弛柔软了；让紧张消融、离去！

第三阶段：第一和第二阶段的练习熟练后，即可进入放松训练的第三阶段。这一阶段要锻炼自己通过运用集中注意力的技能，在并不安静的环境下，无需坐、卧或闭目，也能达到放松，排除紧张的效果。而且要尽可能缩短达到放松的时间，最好在 1 分钟内完成。

最初几次可以闭上双眼，以助于实现注意力集中。逐渐地，应当锻炼睁开眼睛完成练习，但精神不能分散到别的事情上。

（1）将注意力集中于腹部深呼吸。

（2）想象每组肌肉群都在放松。

（3）运用提示语促进进一步放松。

（4）注意是否还有未放松的部位。

（5）继续集中注意力深呼吸，直至所有的部位都达到放松。

放松调节法有助于克服紧张和焦虑、烦躁的情绪，同时，它也是后面要介绍的几种心理自我调节法的基础。所以，这是一种非常重要而基本的方法，应当着重掌握好它。

第七章

信念，就是坚信自己的念头是正确的！

一个事事不顺的人拜访高僧。高僧带他到一黑暗的房间，点亮一盏灯，整个房间都亮了。然后，高僧手持灯盏，走到阳光下。“同是一盏灯，在阳光中，我们似乎感觉不到它的光亮。”高僧说：“当你处于大好光景时，你会忽视它，但当你迷路、眼前一片黑暗时，它却是你前行的、永不熄灭的灯盏，这就是生命的光芒——信念。”

一、一个故事，一个信念

如果上面这段话你还不太理解，下面顾歌讲个故事，你听了一定就会明白。

“救汉卿，我要奋斗到最后一息！”这是张学良的前妻于凤至1940年罹患癌症后赴美时立下的信念。此后，她在美国拼命炒股票和房产，只为了有朝一日能有足够的资产救回她心中永远的少帅。1964年，她被迫因政治压力而同意与张学良离婚，但她终身以“我生是张家人，死是张家鬼”为信条。1990年于凤至去世，遗嘱上写明，财产全部留给她已经50年未见的爱人张学良，并在自己的墓旁预留一空穴给张学良。她希望与她相恋一生的汉卿在九泉下也能相见。

看了上面的故事，很少有人不为之动容吧。这样的爱情，真是惊天地泣鬼神，让多少人钦羡并哀叹。

这就是信念。在这个伟大而浪漫的故事中，于老太太有着怎样的信念，而信念又是怎么一件事，为何能有这般神奇的力量呢？

二、信念固着

一个负责人事的企业副总裁在对员工训话时总爱批评员工，这天他面对新进单位刚满见习期的一百多名新员工做员工转正致词。这是员工们第一次与这位领导见面，而此前一些新员工已经对这位领导的坏脾气略有耳闻了。果然，这位领导上台没讲几分钟就说："经过我这段时间的观察，你们这些员工中，有相当一批是没有信念，没有志向，更没有吃苦耐劳精神的人。以为凭着关系能进入我们这家世界五百强的大型国企就能旱涝保收了吗？如果抱有这种态度的话就错了，而且是大错特错……"领导在台上的这一记下马威，让很多新员工听得并不自在。

其实没有一个人是没有信念的，很多时候，人们可能不知道自己的信念是什么，却不可能没有信念。当这个领导在台上唾沫横飞时，他所批判的那些没有信念的员工可能正在对他产生一种信念，“这样的领导一定是一个脾气很差的领导，谁直接和他接触，那真够倒霉的”。这就是信念，一种让自己投入更多信赖的观念。信念和观念的一个重要的区别就是，观念容易被外界信息所改变，而信念则更为执着和坚定。社会心理学把这种现象称为“信念固着”。

清华大学一对直升博士的双胞胎姐妹马冬晗与马冬昕一夜之间成为网络红人，就是因为她们强大的学习计划表，从周一到周日几乎除了睡觉就是用于学习，学习和生活的每一个细节都计划周详。同时她们又是异常优秀，完全是德智体面面俱到的好学生。网友们都尊称姐妹俩为“学霸”。一家知名网站针对这对姐妹的学习事迹，在网上做了一项标题为“中国式学霸值得膜拜吗”的公开调查。

正方观点是：“学霸”志存高远、发愤图强、德智体美劳全面发展，关键是他们自愿学习、坚韧不拔、追梦不息的精神值得推崇。

反方观点是：俗话说，凡事做过头就不好了，学习也是如此吧……要认真学、好好学、主动学，但不赞成拼命学。这样的学习无法发展个性。

调查结果是：同意正方观点和反方观点的比例是3∶7，对如此用功学习、如此优秀的学霸作风绝大多数人持否定态度。

这项调查结果的反方观点正是当前社会对教育所持的一种普遍信念。追求个性化、多元化发展，正成为这个社会的主流。

这其实也是当前职场生态的真实写照，现在的员工再难去集体崇拜某一个组织指定的“道德标兵”，而那些突显个性的、与众不同的，甚至有些反传统的人物或行为恰恰可以成为职场新生代向往的楷模。

而这种信念一旦形成，就容易固着，难以改变。美国曾经做过类似的实验，就是某种在理论基础及社会文化进程中形成的信念，一般很难进行改变或否定。无论你用什么方法去说服，大部分人仍然会坚持他们已经接受的信念。

最令人关注的是，人们的信念在很大程度上会影响到人们对事物的心理构造。我们的信念帮助我们获得社会收益，但这种收益在某些时候需要付出更大的代价——当我们成了自己思维方式的囚徒时，那这种信念就成了“问题信念”。

下面顾歌将根据平时工作中经常遇见的案例，提供给每一位职场人士十种“问题信念”，而这些问题信念的主要问题就是会让持这种信念的人们为生活付出更大的代价，甚至以失败告终。

顾歌从工作经验中得出一个结论：防止问题信念的侵扰比建立好的信念更紧迫和富有意义。

三、职场人的十大问题信念

顾歌建议你仔细阅读下述十大问题信念，认真体会其中的要点，这些问题信念构成了你糟糕心态的基础。在你感到心态受损时，对照一下美国著名的认知治疗大师伯恩斯（David Burns）博士研究出的这十个问题信念，将有助于弄明白你是如何被这些问题信念所愚弄的。

1. 非黑即白思想

这是指你倾向于用一种极端的、黑白分明的标准来评价你自己。比如说，电影里所表现的新中国成立前国民党军官经常说的一句话："不成功，便成仁。"一位工作业绩一直排名第一的员工在一次年中考核时名次降了下来，他私下里对朋友说："现在我算是全完了。"要么一切都有，要么一切全无的思想的基础是完美主义。它使你害怕任何错误与不完美，你会认为自己完全输了，感到自身不足，没有价值。

这种评价事物的方法是不现实的，因为生活中很少有绝对的非此即彼。比如说，没有一个人是绝对的优秀或绝对的愚蠢。同样的，也没有人会是绝对的光彩照人或绝对的丑陋无比。看看你现在所在屋子的地板，它是绝对干净的吗？或者是每一块地方都垃圾成堆吗？在宇宙中，绝对是不存在的。如果你总是想用绝对的范畴来套自己，那你的心态就会一直很糟糕，因为你的认识与现实是不吻合的。你会一直不信任自己，因为不管你做了什么，都永远不会符合你那过于夸张的期望。以极端、非黑即白的两分思想来看待每一件事情，中间地带与你是无缘的。

2. 以偏概全

我在工作中经常会遇到对我长吁短叹的员工，"我好倒霉啊""今年是我的本命年，又是换工作，又是失恋，好败幸啊！真是屋漏偏逢连阴雨，处处不顺"。如果你也表达过这类话语，这就是以偏概全或过度概括了。你会武断地认为，一件事一旦发生了，它就会像被施了咒一样，连锁反应在你身上。

有一次，一位刚被拒绝的销售员在他的汽车窗玻璃上发现了一块鸟屎，于是就想："我真背运啊，人欺负了我，鸟儿也欺负我。"

在一次爱情心理主题的培训课上，一个女孩子在课堂上突然说，这世界上没一个男人是好东西，男人都是一路货色。我赶忙安抚她，并问她这话里也包括了顾老师吗？她说除了顾老师。我说那你认识过多少男人啊？这时她边上一个女同事发言说，这女孩刚失恋，还没有从阴影中走出来呢，希望我帮助一下她。帮助是一回事，但这真是一个以偏概全的典型例子。事后我问她谈过几次恋爱，她说这是她第一次谈恋爱。也就是说，她第一次谈恋爱失恋了，就把全部的男人拉过来陪着她分手的男友挨骂。真是令人无奈。

拒绝之痛几乎全是由以偏概全引起的。当这种事情发生时，一个人遇到的不过是短时的失望。比如一位害羞的年轻人鼓足勇气参加一个面试，但最终他被拒绝了。于是这个男孩就对自己说："我再也不想找工作了。没有单位会看上我这样的人。还是躲在家里打游戏来得轻松些。"在他的信念里，他的推论就是，因为被拒绝过一次，所以其他单位对他也会有相似的判断，而既然单位都有差不多的挑人眼光，那么任何一家单位都会反复不断地拒绝他。噢，此时谁不会越想越害怕呢！

3．心灵过滤

你有没有过这样的感觉，当你今天心情好的时候，没有太阳的日子，你都觉得天气不错；而换作心情不好的时候呢，哪怕晴空万里，你好像也感觉空气沉闷极了。你有没有在微博上、网站的评论中经常看到这样的字眼："中国人就是这样懦弱、胆小，只会欺负自己人。”顾歌曾经与媒体一起调查过经常疲劳驾驶的司机，有些司机说，当心情不好时，他们容易把一些敌对情绪撒在其他车主身上，有时真的后怕自己的失控行为。这就是路怒症。

当你心态不好时，你就像戴上了一副特别的有色眼镜，经过它的过滤，什么东西都变得消极，你只让消极的东西进入你的思想意识里。由于你还不了解这一“过滤程序”，所以你得出结论：什么事情都是消极的。心理学上将这一过程称为“选择性吸收”。这是一种坏习惯，它会让你承受不必要的痛苦。

4. 贬损积极的东西

职场中从不鲜见这样的人。当你穿了一袭新衣服到办公室时，很多同事都围上来赞美，这个说好看，那个说有品位，还有人问在哪里买的。你听得正美的时候，突然边上出现一个不和谐音符，“哎呀，上次我经过一家店里看到这一款式的，人家清货甩卖，一折都不到呢，而且这种牌子的假货很多的”。

当这样的话传到你耳朵里，你心里还有新衣带给你的快乐吗？网上把这类语言称为“吐槽”，也称为“乌鸦嘴”，报忧不报喜。这些人不仅无视积极体验，而且会把现实中的积极体验又快又准地转化成了噩梦般的消极体验。在他们眼里，什么都不好，当然他们自己也不会认为自己是好的。但你不要认为他们是有意识的，或许他甚至还没有意识到自己到底在做什么。

贬损积极的东西是问题信念中最具破坏性的一种形式。这样做的人从不认为自己会拥有好的事物，哪怕他事实上拥有了。这种负面评价几乎就是他人生经历的翻版，在他们的成长中，表现好的时候不仅没有表扬，而且还受到冷嘲热讽。

即使有一种无法替代的积极体验出现在这类人面前，他也会告诉自己："纯属侥幸，不算数的。"这类人为这种问题信念所付出的代价就是长久的心境凄惨，无力去欣赏人生的美景。

5. 跳跃式结论

你会武断地跳到一个不被周围事实所支持的消极结论上来。这种情况的两个例子就是"测心术"和"先知错误"。

（1）测心术：你假定其他人都瞧不起你，你对此深信不疑，甚至不愿去检验一下。

每个上台做过演讲的人都有这样的感受，当你经过认真的准备、在台上发挥超常时，突然看到座位上有人趴在桌上，此时你的感受是什么？你可能会想："这个听众看来对我的课不感兴趣啊"，或者"看来我的课讲得不好啊"。

又假如在街上你的一个朋友和你擦肩而过，但是没有和你打招呼，因为他正全神贯注地在想一件事情，并没有注意到你。你或许会错误地得出结论："他不理我，所以他肯定不再喜欢我了。"或许某天晚上你爱人没有搭理你，因为她在工作中受到了批评，正为此感到难过，所以就没有心情和你说话。你的心可能会沉下去，因为你会对沉默做出这样的解释："或许她生我的气了。我做错什么了？"

针对这种消极反应，你或许会退缩，或许会反击。这种自我打击的行为模式就像一个自我满足的预言，与一种事实上并不存在的东西建立了一种消极的相互影响的关系。

先知错误：就好像你有一颗只会预言不幸的水晶球一样。

你猜想某些事情要发生，然后你就把这个预言当作一个事实，尽管这并不是真实的。

一位公司的主管焦虑地对我说："我觉得我快要疯了，我也担心自己会突然过劳死。"这个预言当然是不真实的，因为他的身体从来没出现过大问题。

当你打电话给一个关系不错，却有段时间没联系的客户，用手机连续打了几次，都被对方按掉了。刚开始，你可能还认为对方在开会，不方便接听。于是你发了短信过去，自报了家门。但对方依然没有回复。此时你作何感想？

A. 他怎么了，不会出什么事吧？得继续联系他。

B. 怎么回事，手机不接，短信不回，嫌我烦？

C. 什么意思，是不是对我有什么意见？听到什么负面消息了？

你会选择哪一个呢？

故事的结局是，这个没有接电话的客户正因病住院检查呢，手机在他的父母手上，父母不会用，所以也没有接通电话。如果你选择 B 或 C 会产生怎样的感受呢？这两个结果都是问题信念中的测心术。

而你在第一天用了测心术后，之后再也没有打电话了。理由就是："如果我再回电话的话，他会认为我很讨厌。我只好装傻算了。"由于这一消极推测（先知错误），你会回避你的朋友，并且认为受到了羞辱。三周后，你才了解到你的这个朋友当时病重，并已经去世的消息。此时，你又作何感想？

请现在开始就摆脱自己给自己设定的假想吧，因为当你不知道事实的真相时，你唯一能做的就是去了解真相，而不是专注于自己的自卑。

6. 放大、缩小的双目镜

你可能会陷进去的另一思想圈套是“放大”和“缩小”的“双目镜效应”。因为你要么不合比例地夸大事情（往往是缺点和危机），要么又不合比例地缩小事情（往往是优点和安全）。

夸大通常发生在你看待自己的错误、恐惧或不完美之处时。你夸大了它们的重要性：“天啊！我做了一件错事。多糟糕，多可怕！流言似飞火，我的名声全毁了！”你通过双目望远镜的末端来看你的错误，使它们看起来又大又怪。这又可以称作“灾难化”，因为你把一件普通的消极事件看成了吓人的怪物。

当你考虑自己的力量时，你又会反着去做。你通过双目镜的另外一端去看待事情，这样事情就显得既微小又不重要。如果你夸大不足，缩小优点，你肯定会觉得自己卑贱。

如果有这样的问题出现，记住，你已经有一套令人讨厌的双目镜了！

7. 情绪推理

你把自己的情绪当作真理的证据。你的逻辑是：“我觉得自己像一颗哑火的臭弹，所以我就是一颗臭弹。”这种推理是一种误导，因为你的感情反映了你的思想和信念。如果它们被扭曲了——许多情况下都是这样，你的情绪就没有了合理性。可以作为情绪推理的例子有：“我觉得有罪，所以我肯定干过坏事。”“我感到灭顶般的无望，所以我的问题肯定不可能解决。”“我感到有欠缺，所以，我一定是一个无价值的人。”“我没心情做事情，所以我最好躺在床上。”“我很讨厌你，这表明你做得不好，而且总是想利用我。”

情绪推理几乎在所有的负面心态出现时，都紧随其后。因为对你来说事情这么消极，所以你就假定它们是真的。你不会想到要去挑战创造出你感情认知的有效性。

情绪推理的一个常见后果就是现在异常流行的拖延。你回避擦桌子，因为你告诉自己：“我一想起脏兮兮的桌子就恶心，擦桌子是不可能的。”六个月后，你终于做了这件事。事实证明这件事是很让人满意的，并没有那么艰苦。你一直在愚弄你自己，因为你养成了一种让消极感情指导行为方式的习惯。

8. 应该陈述

你试图通过说“我应该做这个”“我必须做这个”来激发自己，这种陈述会让你感到一种压力和怨恨。矛盾的是，你最终会感到冷淡和缺乏动力。

当你把应该陈述往别人身上套时，你通常会感到灰心。组织中总能听到管理者冲着员工不客气地说：你应该这样做的，你应该做得更好的，你应该迅速完成的……当这样表达好后，这位管理者应该体验一下自己的内心，此时是更舒服还是更担心和紧张。

在日常生活中，应该陈述为你带来了许多不必要的情绪紊乱。当你自己的行为在现实中没有达到标准时，你的应该陈述就会使你讨厌自己，让自己感到羞耻和内疚。当其他所有人的行为没有达到你的期望时——这种情况经常发生——你会感到痛苦，并认为自己才是对的。你要么改变自己的期望以接近现实，要么永远被人们的行为搞得情绪沮丧。

9. 贴标签与标签不当

为自己贴标签意味着你基于个人所犯的错误为自己创造了一个完全消极的自我形象。贴标签是过度概括的一种极端形式，其背后的哲学是“衡量一个人的标准就是看他所犯的错误”。当你开始用“我是一个……”这样的句式描述自己的错误时，你就有了绝好的为自己贴标签的机会。比如，当你在第十八洞失球时，你可能会说：“我生来就是个失败者”，而不说“这事我做砸了”。同样，当你投资的股票只跌不涨时，你或许会想“我是一个失败者”，而不说：“我投资错了”。

给自己贴标签不仅是自己打击了自己，而且是非理性的。你的自我不能够和任何你做的某件事情相等同。你的生命是一系列复杂的，永远变动着的思想、情感和行为之流。换句话说，你更像一条河而不是一尊雕像。别再试图用消极的标签定义自己了，它们是非常简单、非常错误的。你什么时候因为吃就认为你是一个“吃客”、因为呼吸就说你是一个“呼吸者”了？这完全是废话。但是当你根据自己某一方面的不足而为自己贴标签时，这种废话就带来了痛苦。

当你给别人贴标签时，你难免会产生敌意。一个常见的例子就是老板会把他不时会发怒的秘书称作“笨女人”。由于贴上了这种标签，他会憎恨她，不时会跳起来指责她。反过来，她也会把他称作“自以为是的家伙”，而且一有机会就抱怨他。长此以往，他们就互相掌握了对方的要害，把对方的每一个缺点或不当之处都看作是对方没有价值的表现。

标签不当是指用不准确的言辞或过于情绪化的言辞来描述一件事情。比如，一位正在瘦身的妇女吃了一碟冰激凌，然后她就想："我是多么讨厌，多么恶心呀。我是猪。"这种想法让她感到难过，于是她就吃下了整夸脱冰激凌！

10. 归己化

这种扭曲是负罪感之母！即便毫无根据，你也会假定自己应该为某一消极事件负责。你武断地认为事情的发生是你的过错，或反映了你的不足，即便在这件事上你并无责任。

比如说，假如一个病人没有完成我所提供的自助项目，我就可能会有一种负罪感，因为我想："我是一个让人讨厌的治疗师。她没能努力帮助自己是我的错。让她好起来是我的责任。"当做母亲的看到孩子的汇报卡，老师在上边批改说孩子做得不好，母亲马上就会想："我一定不是一个好母亲。这张卡表明我是多么失败。"

归己化使你充满负罪感。你深受责任的麻痹与重负之苦，责任会迫使你把整个世界都压到自己肩上。你会在影响别人还是控制别人之间困惑。作为一名教师、顾问、家长、医生、销售员或经理，你肯定会影响和你交往的其他人，但是没有人会期望你控制他们。别人的所作所为最终由他们自己负责，而不是你的责任。后面我们就会讨论到用什么方法克服你的归己化倾向，并使你的责任感降到可控的、现实的程度。

十种问题信念毫无疑问会导致你很多负面心态的产生。伯恩斯博士提供了后面的简表，你可以像熟悉你的电话号码一样熟悉这些概念。因为从中你起码可以找到问题的根源了。

<table>
<tr><th>问题信念</th><th colspan="2">概念解释</th></tr>
<tr><td>非黑即白</td><td colspan="2">你以黑白分明的态度来看待事物，如果你的表现不够完美，你就会认为自己是彻底失败的。</td></tr>
<tr><td>过于概括</td><td colspan="2">你把一个孤立的消极事件看作一个永远会持续下去的失败模式。</td></tr>
<tr><td>心灵过滤</td><td colspan="2">你选择一段消极细节，反复思考这段细节。结果，在你眼里，整个现实都变得黑暗起来，就像一滴墨水染黑了整杯水一样。</td></tr>
<tr><td>贬损积极的东西</td><td colspan="2">你拒绝承认积极的经验，你会找这样那样的理由认为它们“不算数”。这样你就可以坚持和你日常经验相矛盾的消极信念了。</td></tr>
<tr><td rowspan="2">跳跃式结论</td><td rowspan="2">即便没有确定的事实令人信服地支持你的结论，你也会对事情做出一个消极的解释。</td><td>A. 测心术：你武断地认为别人对你做出消极的反应，你甚至不愿花工夫去检验一下。</td></tr>
<tr><td>B. 先知错误：你预期事情会变糟，而且你坚信这个预言是一个已经成立的事实。</td></tr>
<tr><td>双目镜</td><td colspan="2">你夸大了事情的重要性（比如你弄糟了的事情或者别人的成绩），或者不合适地描述小事情，直到它们显得很小（你个人的优良品质或者别人的不足）。这种扭曲又被称作“双目镜效应”。</td></tr>
<tr><td>情绪推理</td><td colspan="2">你假定自己的消极情绪必然反映了事情的真实状况：“我这么感觉，所以它肯定是真的。”</td></tr>
</table>

（续表）

问题信念	概念解释
应该陈述	你试图用应该或不应该来激发自己，就好像在期望你做什么事之前应该先鞭笞或惩罚你一样。“必须”和“本该”同样也是罪魁祸首。这种情绪的结果是一种负罪感。当你用应该陈述来要求别人时，你会体会到愤怒、灰心和怨恨。
贴标签与标签不当	贴标签是过度概括的一种极端形式。你不再描述你的错误，而是为你自己贴上一个消极的标签：“我是一个失败者。”当别人的行为以一种不当的方式与你发生关系时，你也会给他贴上一个标签：“他是一个该死的讨厌鬼。”标签不当是指用高度主观的语言或高度情绪化的语言来描述一件事情。
归己化	你会把自己看作是许多外界消极事件的原因，事实上你并不应该为这些事负主要责任。

四、问题信念的测试

下面是一套简单的自我测验，用来帮助你强化对于十种问题信念的理解。在阅读下列描述时，想象所描述的人就是你，选出一到数个消极想法中的扭曲表现。我会解释第一个问题的答案。后面问题的答案在本章最后。我相信你在第一个问题中至少会发现一种表现符合你——就从这里开始吧！

1. 你是一个家庭主妇，你的丈夫正喋喋不休地抱怨你把牛排做得太熟了。下述想法涌进了你的头脑：“我是一个彻底的失败者。我坚持不下去了。我从来就没做对过事。我像奴仆一样工作，我得到的就是这样的回报！浑蛋！”这种想法让你伤心和上火。你的扭曲包括下述一到几个方面？

（1）要么一切都有，要么一切全无的思想。

（2）过度概括。

（3）夸大。

（4）贴标签。

（5）以上全部。

现在我们就来讨论这个问题的答案，以便你能够及时得到反馈。不管你圈什么答案都是对的。所以只要你圈了，你就答对了。

当你说“我是一个彻底的失败者”时，你持要么一切都有，要么一切全无的思想。去掉这种想法！你做的牛肉是干了一点，但不至于说你整个的生活都失败了。当你想“我从来就没做对过事”时，你是在进行过度概括。从来就没有？再想想吧！并不是任何事情。当你说“我坚持不下去了”时，你是在夸大你的痛苦感受。你可以轻易地就忘掉这个想法，因为你坚持住了，而且如果你要做的话，你是可以做到的。你丈夫的唠叨不是你想要听的，但它并不反映你的价值。最后，当你声称“我像奴仆一样工作，我得到的就是这样的回报！浑蛋！”，你是在给你们两个贴标签。他不是浑蛋，他只是急躁了一点，有点不理智。浑蛋行为是存在的，但是浑蛋不存在。同样，给你自己贴上奴仆的标签也是愚蠢的。你不过是在用他的情绪来搅坏你整个晚上的心情。

好了，我们继续测验。

2. 在读到我提醒你得参加自评测验时，你的心一下子沉了下去。你在想："噢不，别又是测验！我最讨厌测验了。我得跳过这一部分。测验总让我紧张，所以不会对我有什么帮助。"

你的问题信念包括？

（1）跳跃式结论（先知错误）。

（2）过度概括。

（3）要么一切都有，要么一切全无的思想。

（4）归己化。

（5）情绪推理。

3. 你是单位的售后服务代表。你应邀到客户企业去检查上个月刚销售出去的一台设备。因为你是第一次与这个客户打交道，并且在电话里，对方不是那么的客气，所以你有些紧张，感到有一些压力。在见到客户后，你主动表达："对不起，我是一名新手，我非常担心不能达成你们的要求，而我今天来得也不够及时，我感觉非常抱歉。我一方面为我们公司提供的产品给你们造成的麻烦而道歉，另一方面也为我自己这方面的工作经验而道歉。对不起。"你的问题信念包括？

（1）要么一切都有，要么一切全无的思想。

（2）跳跃式结论（先知错误）。

（3）心灵过滤。

（4）贬损积极的东西。

（5）夸大。

4. 你单身一人，决定去参加单身汉社交活动。到了那里后，你又希望马上离开，因为你感到焦虑，有一种保护自己的想法。你头脑里在不停地想："他们可能并不是一些有趣的人。为什么要折磨自己呢？他们不过是一群失败者。我之所以这么说，是因为我感到很烦躁。这注定是一个无聊的拖沓的聚会。"你的问题信念包括？

（1）贴标签。

（2）夸大。

（3）跳跃式结论（先知错误和测心术）。

（4）情绪推理。

（5）归己化。

5. 你从人事经理那里接到了辞退通知。你简直就要疯了，充满了挫折感。你在想："这证明这个世界真他妈的不友好。我从来就是命不好。"你的问题信念包括？

（1）要么一切都有，要么一切全无的思想。

（2）贬损积极的东西。

（3）心灵过滤。

（4）归己化。

（5）应该陈述。

6. 你准备做一场演讲，你发现心正怦怦直跳。你感到紧张，因为你想："天哪，我会忘了我该做什么。不管怎样，我的演讲肯定不会好。我脑子里快要一片空白了。我会像傻子一般。"你的问题信念包括？

（1）要么一切都有，要么一切全无的思想。

（2）贬损积极的东西。

（3）跳跃式结论（先知错误）。

（4）夸小。

（5）贴标签。

7. 你约的人在最后一刻打电话取消了约会，因为他生病了。你感到很生气，也很失望，因为你想：“我被抛弃了。我做的事全糟了。”你的问题信念包括？

（1）要么一切都有，要么一切全无的思想。

（2）应该陈述。

（3）跳跃式结论（测心术）。

（4）归己化。

（5）过于概括。

8. 你一直拖延写一份工作报告。每当你晚上想坐下来做这件事时，都会发现整个计划似乎很难进行，结果又坐下来看电视了。你开始感到不好意思，并且有一丝歉疚，于是你这样想：“我这么懒，这事永远也完不成了。这种讨厌的事我是做不了了，可能会一直拖延下去。这事可能错到底了。”你的问题信念包括？

（1）跳跃式结论（先知错误）。

（2）过于概括。

（3）贴标签。

（4）夸大。

（5）情绪推理。

9. 你读完这本书，并将书里的一些方法用了好几周了，觉得心态好多了。但一旦放下这本书，过了几天，你的心态又不好起来。此时，你感到没了希望，痛苦、失望，你想：“我一点也没有好转。这种方法对我一点也没用。我现在本应该已经好了，可好转是虚假的。我永远也不会好的。”你的问题信念包括?

（1）贬损积极的东西。

（2）应该陈述。

（3）情绪推理。

（4）要么一切都有，要么一切全无的思想。

（5）跳跃式结论（先知错误）。

10. 你正在想办法节食。本周末你很紧张，因为你无事可做。你一直在一点一点地咬东西。吃了第四包饼干后你对自己说:“我控制不了自己。一周的节食和慢跑全白费了。我肯定跟气球一样。我本来不应该吃这个的。我坚持不住。我整个周末都过得跟猪一般。”你开始充满歉疚，又掏出一包饼干塞进嘴里，徒劳地希望能感觉好一些。你的问题信念包括?

（1）要么一切都有，要么一切全无的思想。

（2）贴标签。

（3）跳跃式结论（先知错误）。

（4）情绪推理。

（5）贬损积极的东西。

五、化解“问题信念”最需要“正向信念”

当我们面临十大问题信念时，我们的工作、效能、关系、希望等都在面临着严重的挑战。你不说没有人知道你的信念出了偏差，但知道的却认为是你的心态不健康了。但此时又有谁能深入你的内心去解决你的信念问题?

1. Tony 的故事

Tony 是自己在网络上搜索后找到顾歌的。他说他想找一位在心理治疗方面资深的，同时在职业心理方面可以给予他建议的专家。他说他没有什么大问题，但就是不舒服，觉得应该来看看了。在访谈中他谈到三个方面的问题。

第一方面，他的老板，一个英国人，刚从国外调到国内半年，替代了Tony的老领导,在与新领导的相处中,磨合得非常不愉快。Tony 认为，作为新任中国区的领导，对方应该适当尊重中国公司已经存有的体制和文化。但新领导明显不顾这些，来了以后，对基层员工和部分中层经理进行了多次“洗牌”。目前 Tony 负责的项目面临人员调整，工作几乎处于停滞状态。Tony 多次发函美国总部，但高层都置若罔闻。Tony 目前坚信，这是总部和新任领导的一种串通，目的就是架空对中国公司贡献很大的几位元老，最终的目的是要赶走他们。其中当然包括 Tony。

第二个方面，他年近四十，至今未婚，但父母希望他结婚。看着父母日益老去，他觉得作为一个儿子，应该满足父母的愿望，但他越当回事，却越没有找到真正合适的感情归属。目前相处的一位来自香港的女孩是在深圳开会时意外遇见的，发展速度颇快。但因为是两地，他不可能放弃上海的工作，认为女孩子如果爱他的话应该随着他来上海。而女孩也没有打算来上海发展，所以目前两人约会只能是利用 Tony 每个月深圳和上海之间的多次工作往返才能实现。对这段关系，他觉得双方这样的状态是无法真正走到一起的，即使走到一起，也不会快乐。他没有信心，感觉也越来越淡。所以，对这段感情，Tony 充满着迷惘。

第三个方面，在十年以前的一次偶然的邂逅中，他与一位公派新加坡工作的上海女孩相恋，但事后得知这女孩已经有婚姻，其先生还在上海。相恋两年后，女方回到上海工作，此时女方已怀有 Tony 的孩子，但女方执意生下来，并称已经和自己的先生坦白。先生原谅了她，并且因为她先生不能生育而同意接纳孩子，但要求妻子不能和 Tony 再有来往。这些年来，Tony 还不定期去与女方及孩子见一面。孩子已经读小学一年级，Tony 言谈中表达出诸多对孩子的亏欠和自责。最近传来消息，说女方将和他先生及 Tony 的孩子一家三口一起迁居加拿大。Tony 觉得孩子应该还给自己，并且认为女方的行为是一种不顾孩子和自己感情的恶意伤害，他因此非常愤怒，有时甚至想搞个鱼死网破。

Tony 的故事说完了，这个故事中，能看到 Tony 在同一时间段中丰富的人生角色：管理者、权威的挑战者员工、情人、儿子、父亲、父权的争夺者。这些角色赋予给人类的意义应该是快乐、关爱、尊严和权利。但 Tony 目前完全不是这样，他的痛苦不仅是角色本身的问题，而是他对这些角色的信念发生了偏差。

2. 答布效应和信念

《悲惨世界》的作者雨果曾经说过：“我们可以抵抗武力入侵，却抵抗不了错误信念的入侵。”

在社会心理学中，有一个“答布效应”。“答布”是原始社会就有的一种传统的习惯和禁律，或者说，“答布”是人类社会最初的一种生活信念，它替代了当时的宗教、道德、法律等观念。随着历史的发展，社会道德、习俗和法律规范越来越完善了，但“答布效应”这个名词却保留至今，其意义蕴含着人的行为必须要服从于一定的法则和行为规范，并且把社会的规范作为自己的信念来遵守。

英国《金融时报》（*Financial Times*）曾对全球上百名 CEO 进行问卷调查，结果发现，超过 80% 的受访者认为自己的才能并没有比别人更优秀，这些人当中，甚至一半以上学业成绩并非名列前茅。回溯他们成就的起点，多半在于拥有正确的信念，尊重现在的秩序和法度，在游戏规则内谨慎从事，并进而建立起新的、具有发展意义的工作态度与价值观。可见，信念对了，就已经成功了一半。

3．创新信念

沃尔玛创始人山姆·沃尔顿（Sam Walton）曾说：“我这辈子最常听到的一句话，就是‘一间折扣量贩店，在人口不到 5 万的小镇是撑不久的’。但我认为大多数人的眼光往往是不可靠的，不然哪轮得到极少数成功者。所以我就是喜欢从这样的小镇中寻找机会，从小镇上的量贩店起家，最后全世界都有我的事业。”而沃尔玛正是凭借着沃尔顿这种敢为天下先的积极信念发展成全球零售业龙头，多次登上“世界 500 强企业”榜首。

4．顾歌关于信念的一句话

顾歌认为：信念的好坏，在人的一生中扮演着决定性角色。问题信念，造成退步；平凡的信念，造成停滞；正向信念，激发进步；卓越的信念，缔造历史。

5. 再说说 Tony

我们再回过头看 Tony 的案例。

在职业中，他的问题信念是觉得企业要架空他，赶走他，所以他生出了抗争的贬损式问题信念。这个问题信念又源于测心术的问题信念，这是企业最不想看到的有害冲突，也违背了企业内部的规则及 Tony 当初的信念。

在情感上，他对父母愿望“应该式”的回报信念，是一种问题信念。对香港女友，他先知式的问题信念让他对未来感到乏力。

在第三个问题上，他的非黑即白、贬损、测心术、自责等问题信念层出不穷。

所以 Tony 真是应该面对自己的问题信念，在发现自己的问题后，果断建立一套积极的正向信念了。

六、职场人必须具备的正向信念

沃尔玛的十项信念是创始人山姆·沃尔顿提出的，顾歌觉得非常有必要介绍给每一个职业人参考。

信念一：敬业。

顾歌很欣赏稻盛和夫先生说的四个字：敬天爱人。如果用在职场中，就是敬业了。为什么敬业就是敬天爱人呢？顾歌认为这个“天”就是职场中的规则、规范、职业道德等，指要做一个守规则的人。当然我们追求更大的自由空间，但自由空间不应该和守规则形成对立面，因为自由不是你有选择做什么的自由，而是有选择不做什么的自由。也就是说，你既然进入了企业，就该按照规则照办，除非你选择离开。

爱人，就是爱企业的成员、团队。这也是敬业中非常重要的内容，因为现代商业社会早已进入了分工细致、合作紧密的生产模式。

顾歌坚信："如果你热爱工作，你每天就会尽自己所能力求完美，而不久你周围的每一个人也会从你这里感染这种热情。"

信念二：所有同事都是合伙人，合伙人要分享你的利润。

有一派心理学认为同事和兄弟一样，都是天然的竞争关系，在竞争中会产生激励效果，但也会产生消耗，从而影响团队精神。而如果把自己当成合伙人，那么为企业干就是为自己干，企业的目标自然就成了个人的目标。但这需要企业有相应的值得员工做出更多付出的配套政策。

顾歌认为："只有当同事都把自己当作合伙人，他们才能创造出超乎想象的业绩。"

信念三：激励你的合伙人。

这一点太棒了！顾歌在书中提到过多伊奇的竞争激励和班杜拉的榜样激励，这些理论都证实了仅有金钱和股权是不够的。每天经常想一些新的、较有趣的办法来激励你的合伙人。比如，设置高目标，鼓励竞争，并随时进行区分；让经理们互相调换工作以保持挑战性。

顾歌对此出的点子是：让每个人都去猜测你下一步的策略会是什么，但不能被一猜就着。

信念四：坦诚沟通。

顾歌在书中强调，沟通是谈判的另一种称呼，其实就是双方找到妥协的模式。在企业中，不应太强势，因为强势会打破所有的沟通氛围。另外，要明白坦诚就是尽可能地同你的合伙人进行交流，他们知道得越多，理解得就越深，对事物也就越关心。

顾歌认为："情报就是力量，你把这份力量给予你的同事后所得到的益处，将远远超出消息泄露给竞争对手带来的风险。"

信念五：感激你的同事为公司做的每一件事。

顾歌认为支票与股票或许可以收买某种忠诚，却收买不了感激。感激是一种情感，而这种情感只有通过一些特定的仪式才能有所表达。我觉得组织可以通过感恩会、员工家庭日、员工健康互助小组等形式，来表达这份相互之间的感激之情。

顾歌说："任何东西都不能替代几句精心措辞、适时而真诚的感激之词。它们不花一分钱，但却珍贵无比。"

信念六：成功要大肆庆祝，失败也不必耿耿于怀。

顾歌认为，失败的痛苦一般在健康的机体内不会保存两个星期，成功的喜悦不会在健康的机体内保留两天。但如果是不健康的机体呢？沉浸于失败的日子就没底了，而不健康的机体与成功几乎无缘。

顾歌认为："不幸失败，不妨穿上一身戏装，唱一首歌曲，其他人也会跟着你一起演唱。要随时随地设计出你自己的新噱头。所有这一切将比你想象的更重要、更有趣，而且它会迷惑对手。"

信念七：倾听公司每一位员工的意见，广开言路。

顾歌曾经对倾听和组织内级别的关系做过一项调查，结果是：级别越低，倾听力越好，职别越高，倾听力越差。这是什么原因造成的？顾歌研究后认为，这主要由不屑、没有耐心和缺乏时间三项原因导致，而前两项是最关键的。作为一般的员工，得预防的是你的耳朵会随着你的能力和级别的提升而退化。

第一线的员工才是最知道实际情况的。你要尽量了解他们所知道的事情。为了组织下放责权，激发建设性意见，你必须倾听同事们告诉你的一切。

信念八：要做得比客户期望的更好。

从人的期待效应来看，你满足了他人的愿望，他人也只是没有不满意而已。但只有超出了他人的预期，才能获得别人的满意。这是管理心理学的双因素理论。所以顾歌的建议是，适当降低他人的预期，但却努力做得更好。客户的满意就是企业长盛不衰的关键。

顾歌说："如果你这样做了，他们将成为你的回头客。妥善处理你的过失，要诚心道歉，不要找借口。顾客永远是对的。"

信念九：为顾客节约每一分钱，这可以为你创造新的竞争优势。

这是一个相当不错的思路，顾歌只听说想尽办法花客户的钱，赚客户的钱，但如果客户喜欢花钱，还用得着找你吗？没有客户是不在意成本的。如果你关注了客户最在意的东西，那就等于满足了客户的需求。这样的话，客户怎么会不满意呢？

如果是高效运营，你可以犯许多不同的错误而依然能恢复元气。但如果运作效率低下，那么你可能显赫一时，最终却会败北。

信念十：逆流而上，另辟蹊径，蔑视传统观念。

顾歌认为，任何对传统的突破都发生在最后关头，这也是把这条放在最后的原因。信念这事也不能跳着做，如果你倒过来，想将它第一个实现，那基本只有失败一条路。所以，对传统的突破在于对传统规则的熟稔于胸，然后择机变革，才能一举成功。

如果每个人都在走老路，而你选择一条不同的路，那你就有绝好的机会。

简单朴素的信念很容易让人接受，然而真正的挑战在于，几十年如一日地于细微之处坚守和贯彻这些常识。沃尔玛公司的成功之处正是在于，它能把这些信念融入到每一位员工的心中，成为员工与组织共同成长和奋斗的坚定信念。

七、一个关于信念的问题

本章第一节说到张学良的前妻于凤至的故事，你能不能根据这个故事，分析一下于凤至的信念，是问题信念，还是正向信念？理由是什么？

附：问题信念测试答案

1．ABCDE

2．ABCE

3．ABDE

4．ABCD

5．AC

6．ACDE

7．CD

8．ABCDE

9．ABCDE

10．ABCDE

第八章

情感最大的困惑就是“型号”不对

差异是生物学上的事实，而平等是政治上、道德上和社会上的观念。

——爱丽思·罗西（Alice Rossi，美国著名社会学家）

一、男女情感大不同，爱情需要心打通

“性别的差异，一定会让男女在情感上产生很大的差异”，这个观念不论是在进化心理学，还是在现代脑科学的研究上，都已经被证实了。

1. 男女在爱情上的区别源自于进化信息

培训时，顾歌在谈到男女心理时，经常会讲一个故事。

早先人类群居在原始部落里，那时没有现代人所说的爱情，更没有家庭，只有氏族和族长，尊贵和地位高的人拥有优先选择交配和繁衍的权利。但天有不测风云，一旦发生灾害、战争或事故，女人，特别是怀孕的女人所承担的风险陡然增大。因为她们的行动速度、力量和敏捷性都受着先天条件或身孕的影

响。所以在人类发展史上，女性事实上比男性在面对自然环境时所受到的苦难和危害更多。对于这一点，男性不但没有同情，反而形成了歧视的观念。女性除了有繁衍需要外，在社会中也做着与男性相比更微不足道的劳作，所以女性所掌握的社会资源就更少，社会地位也就越发卑微。这样的情况目前在世界各地多有遗留。

而女性并不甘心在与男性的竞争中处于被动的地位。据历史记载，她们奋起抗争过，但这样的抗争是零星的、个人化的，比如武则天、李清照，她们都曾为女性摆脱男权压迫而挣扎和呐喊过。直到辛亥革命之后，女性才逐步摆脱了对男性的完全依附而获得人格独立。

卢梭说：历史只能让人迷失。而事实上，进化心理学揭示了另一番不同的，或者更为乐观的景象。女性对男性的反抗在压迫之初就开始了，不然，人类没有女性的配合，如何能繁衍生息至今？女性作为人类之母，为了让每一个孩子都能获得父亲的真正保护，于是在危急时刻发明了“爱情”。她们以氏族的血脉延续作为条件，要求换得肚中孩子父亲应有的保护和照顾，然后相互温存、给予关心和呵斥，通过孩子的血脉，彼此产生了难以割舍的情感，而这就是爱情。随着这种保护要求的延伸，它最终上升为一种礼（原始法）、纲（道德）及法律规范。发展到现在就是《婚姻法》《妇女儿童保护法》等，这些法主要是用来保护女性权利不被男性擅自侵害。

除了过去的礼和法以外，女性发现男性作为礼法的制定、实施和执行者，往往对男性自身有所偏袒。于是女性的自我保护动机又迅速生成出另一个制约模块，就是向男性收取其最在意的资源性条件作为男性交配愿望的交换。这种交换就是物与爱的交换，过去把这个物称为“聘礼”或“礼钱”，其实就是保证金的意思。在过去越是金贵的女儿，其保证金也就收得越丰厚。现在很多男性都在叫嚷着这种行为是卖女儿的行径，其实他们不明白，这种礼仪文化就是基于男性天然的不可靠而设立的，是对男性情感躁动本能的一种制约，具有一定的合理性。

一些男性对这样的说法不以为然，觉得女性同样会出现情感躁动和变节现象。顾歌对这些年来上千件婚姻情感咨询进行考证和统计后发现，涉及情感变节的咨询中，多达90%以上的变节和违约是来自于男性。当然排除男性在类似问题的咨询上更保守的因素，结合社会上的各类报道，大多数情感变节出现在男人身上应该是不会令人产生质疑的。而女性在这方面的问题相对男性要少的根本原因，就是男女双方的出轨代价是不同的，女性的代价会更为昂贵，所受的社会评价、自我评价和生理风险都比男性更严酷。

所以在男女爱情上，顾歌总是呼吁男人控制好自己，女人管理好男人，而最好的管理途径是情感给予和物质控制双保险，这样才能保证男女的爱情赛跑拥有良好局面。

2. 男女的情感区别还来自于生物信息和生命原型

男女情感关系的差异，还源自于有着各自不同的大脑结构。人类的大脑决定着人如何认知、判断、学习、观察、感觉和行为。回溯至婴儿期，人类就已经拥有了针对于自己性别的思维方式。

我们都知道男女性别源于父亲的哪一种精子让母亲的卵子

受孕，因为母亲卵子的染色体只有“X”，而父亲的有两种：“X”和“Y”。所以，人类的基础染色体是象征女性的“X”。而要成为男人的话，就得是父亲的代表“Y”染色体的精子走快些，抢先让母亲受孕。所以有人说，男人的一半是女人，因为他们是“XY”两类染色体的结合。但顾歌补充一句：女人的一半还是女人，因为她们是“XX”的结合。

在新精神分析学大师荣格所创建的理论中，就有“原型”一说，认为不管是男是女，在我们的心灵深处都有父母留下的两个信息码：代表女性的“阿尼玛”和代表男性的“阿尼姆斯”。而顾歌在这里补充的是，男性体内的阿尼玛情结更像是烙在灵魂深处的原始力量；而女性体内的阿尼姆斯情结更需要社会化过程中的模仿才能被激发。

如果以顾歌常在治疗室里所见到的情形来论证，男孩子在单亲家庭从小跟随异性的母亲长大，其本身具备的代表雄性力量的阿尼姆斯就会削弱，而灵魂深处具有母性力量的阿尼玛就会被激发得更强大。这导致男孩子在成长后有更多女性的个性特质，甚至容易影响性向。如果这个男孩子跟随父亲的话，就会让自己本身具备的雄性阿尼姆斯在自己的父亲这里得到印证和自我认同。

而单亲家庭的女孩子，如从小跟随异性的父亲成长，她的雄性阿尼姆斯情结需要在现实的父亲所表现出的男性特征中获得模仿，而其本性中阿尼玛的女性原型也会更加强烈地迸发和展现，所以就容易形成现实中的个性冲突，有时极直率和粗心，有时又极感性和温柔，难以拿捏尺度和分寸。而如果女孩子从小跟母亲长大，则会难以看到雄性阿尼姆斯的影子，却有更多的女性的细腻、小心、矜持，甚至因恐惧而深陷孤独。

了解这些，就能得出这样一个结论，男性在面对女性时，如果要让女孩子更快地接纳你，最安全的方式就是对她温柔，而不是一味张显自己男性的一面，以此来证明自己是可以保护对方的。只有温柔才能与女性体内代表母性的原型阿尼玛相呼应。

女孩子如果想要对男孩子好，那也只有一招，就是对他更温柔。但如果这男性从小是跟着母亲长大，或在母强男弱的家庭中长大，那他对女性会多一份依赖和期待，不管是精神上还是物质上。

这样看来，现代社会男女两性关系上，往往是男性比女性要求更多、更丰富。因为男性在社会和自然空间中更勇敢，但却在情感这个微空间里更容易受伤。

二、男人属于事业，女人属于家庭

这个标题不是顾歌故意在挑战一些女权主义者，事实上我认为女权主义者都是一帮受了伤却没找到正确途径表达痛苦并重新获得爱的迷途羔羊。

顾歌在做节目或在治疗中发现，自称在意识或行为中表露出女权主义倾向的女性，基本都有偏执型人格的特质，而且肯定是有挫折或创伤情结作为背景的。

女性属于家庭而不属于女权团体，这基于她们有着重要的生育使命，不管这是不是她们的主观意愿，这一事实作为女性的重要信息码深植灵魂。绝大多数未生育的女性在年老后无养子女或代子女陪伴的情况下，都会感受到无比的怨悔。

加拿大心理学家韦特森认为，男性在生存的过程中，会牺牲一切个人的幸福、健康、精力及时间去追求权力、地位和所谓的成功，他们甚至不太顾及过程是怎样的，而只想着那最后的结果。而女性则不是这样，大多数女性天生不想追求这些。

在紧接着的对男女工作态度的调查中，女性与男性差异之大依然令人吃惊。许多女员工比较不愿意离开家庭而去另一个城市工作，她们也不把工作看作晋升的起点。而另一项调查显示，有近一半的女性说她们更愿意半天工作半天休息在家做自己的事；而对男性来说，只有四分之一的男人愿意上半天班，他们宁愿要么工作一天，要么整天休息。但休息时间过长，对这些男性来说就意味着下一顿饭到哪里去张罗的问题。而女性在这方面天生具有良好的心理素养，她们像是从不担心下一顿饭的问题，更信奉“船到桥头自然直”的道理。

男性属于事业的根本原因在于，在长久的发展中，男性知道一个道理，如果自己不努力那就真的一切都完了，因为没人会真正帮助自己。但同样的困扰在女性这里是不存在的，因为在历史长河中，女性一直是被供养的对象，虽然由此造成不平等的命运，但却早已养成依赖的习惯。所以在本质上，女性不太会为生存担心，而足以让她们担心的却是有没有最终可依赖的男人出现。

正如前面分析的，顾歌的心理治疗室中，遇到情感问题的一定是女性最多；而遇到焦虑问题的，绝对是男性超过女性。这正应了那句话，“男女都有短板，谁也不要嫌弃谁”。

三、不要光顾着工作，也要看看有没有错过爱的时钟

都市生活，无处不在的时钟，催促着人们的脚步。赴约者匆忙的身影，怀揣任务者紧张的神情，等候者焦虑地看着外滩的时钟。种种情景在都市的街头比比皆是。但如果放眼你的人生，把人生当成一个巨大的时钟，那你现在正处于生命时钟的哪个阶段呢？

美国著名心理医生埃里克森（E.H.Erikson）作为新精神分析派的代表人物，改革了弗洛伊德完全从生物本能而创立的人生发展学说，总结出由八个阶段组成的毕生发展理论。他把人的生命时钟划分为八个时段，每个时段都有需要完成的任务，完成了，就会生成人生必备的并对下一阶段产生作用的良好品质；如果不能按时完成，就会使人产生挫折感，并生成对人生时钟有害的不良品质。

而就职场人士来说，人的工作年龄基本集中在二十岁到六十岁这四十年的时间里。这段时间按埃里克森的发展理论来看，人类要经过两个黄金阶段，分别是二十岁到三十岁，三十一岁到四十五岁，共二十五年的职业黄金期。这样的划分在于它们各自存在着不同的发展任务。

如果顾歌现在问你，在二十到四十五岁间，你觉得最需要完成的事件是哪些？你能从最重要的开始，依次写下来吗？

1. ______________________________

2. ______________________________

3. ______________________________

你所写的这些内容，不管事实上完成得如何，都是你感觉其重要与否的表达。那我们也看看心理大师埃里克森所研究的结果吧。

（20—30 岁）成年早期，主要任务：亲密关系的需要，以摆脱孤独。

埃里克森所指的“亲密”由几个部分组成。一个部分是“无私”的程度，是指牺牲自己的需要，以满足对方的需求。进一步的部分包含了“性”，在这一过程中双方共同获得快感，而不是只考虑自己的满足。最后，是更深一步的投入，其标志是将自己的人生愿望与亲密伴侣的愿望合二为一的努力。这就是我们日常所说的“爱情”了。爱情中一定会有自我牺牲或损失，正如有了付出才会去珍惜，唯有付出才能在恋爱中重建相互的需求，建立真正亲密无间的关系，以此获得亲密感。

而如果在这个阶段错过了建立亲密关系的机会，就会产生一生中体验到的最深刻的孤独感。如果同时在建立“亲密关系”的过程中不幸遭遇创伤，人便容易陷入孤独、疏离的感觉，并会害怕和他人再建立新的情感联结。

（31—45 岁）成年中期，主要任务：繁衍下一代的需要，以摆脱自私和自我感。

生育是一个女人天然的使命，当然女人不可能独自完成这项工作，那么男人也就是生育使命最重要的“护花使者”了。如果男女不在这一阶段完成这项工作，按埃里克森所说的，就会因此陷于停滞，并形成出自私和自我的观点。

繁衍有生和育两层含义，一个人即使没生孩子，只要能关心孩子、教育指导孩子也可以具有生育感。反之，没有生育感的人，其人格贫乏和停滞，是一个自我关注的人，他们只考虑自己的需要和利益，不关心他人（包括儿童）的需要和利益。

所以，职场人士要在这段时间抓紧完成繁衍任务，如果不能完成，也要去适时关心和照顾其他儿童，这样才能为枯燥乏味的职业生涯带来一丝曙光和意义。

在这段时间里，人们既要承担生育孩子的重任，也要承担好其职业所赋予的使命，使工作和生活达到一种平衡而不相冲突的良好状态。

我们从埃里克森的发展理论中获知，在人生最宝贵的二十五年职业黄金期，要完成的首要任务恰恰是关乎爱与繁衍的情感主题。如果不把这两项完成好，几乎就会被打入失落、孤独、自我、自私的囹圄中。

除了埃里克森研究的生命发展规律外，另一位发展心理学家拉文纳·赫尔森（Ravenna Helson）从个性化的微观角度提出另一种“社会时钟”理论。

他认为人们的内心都有一个生命时钟，它的时刻由毕业、工作、结婚、生育孩子、职位晋升、离婚、跳槽、成为祖父母等诸如此类的标志性事件组成。但他认为每个人都有若干种可供选择的“社会时钟”。正如适龄的职业女性，她们在某一相同时段“社会时钟”的选择上，有的专注于家庭，有的专注于事业，也有的专注于个人目标等等。

选择的不同在于每个人的文化背景有所区别，而我们总是按社会对我们的期望而做出适当的选择。

拉文纳·赫尔森的社会时钟理论最终得出的结论是：不管是先选择事业，然后结婚繁衍；还是先成家后立业，或者是选取其他完全不同的路径，这些都是次要的，重要的是在社会时钟的每一个时间点上，你的生活轨迹都是在用心经营并付出足够的专注，由此才能获得社会时钟在这个节点上给你的祝福声——一串美丽的生命乐章。

顾歌在这里把两套看似不同的发展理论展现给职业人士是想说明，在目前多元化和个性化日益加剧的现实中，要整齐划一地去选择同一种人生目标已经没有太大吸引力了。有时我们为了证实自己的存在，总是在和所谓的规律拗着干，只是想证明，“你看，我还是我”。

面对丰富的生活，怎样的选择是自己的私事，但快乐和幸福的选择题并不多。就像我们可以选择不同种类、大小、颜色的球投向篮筐，但同一时间至多只能有一个是投中的。但有时我们不够幸运，一个都没投准，那就在下一个时间段再次选择，再次投篮，总会越投越好的，只要你还有那股信心。

所以，顾歌提醒你，无论你现在是单身，还是在恋爱中，或者已经结婚，面对情感困惑，要做的都是首先了解自己的内心，结合内心的时钟，去做下面的思考，只要认真做了，是会找到答案的；

	时钟情境：你在……	想法：我认为……	情绪：因此，我感到……	行为：我怎么在做……
现实(例)	拼命加班	为了赚钱	厌倦和疲惫	硬着头皮
理想(例)	该恋爱了	有人关心	一定开心	得尝试去找了

（续表）

	时钟情境：你在……	想法：我认为……	情绪：因此，我感到……	行为：我怎么在做……
现实				
理想				

四、爱上谁，是你做主还是父母决定？

茫茫人海之中，为什么你偏偏会爱上这么一个他 / 她？是上天注定吗？是前世未尽的深情延续今生的约定吗？也许都不是，可能是你的父母在潜意识中为你做的决定。

只听说过父母之命决定你嫁娶什么人，难道父母还能控制我们爱上什么样的人吗？

这并不是耸人听闻，这样的情况确实存在。

想要理解这一看似玄妙的情况，首先就要了解一个看似更为玄妙的心理学理论——本我、自我和超我。

心理学精神分析之父弗洛伊德的理论认为，人类内心冲突集中在三个相互作用的心理系统中：本我、自我和超我。弗洛伊德发现这些抽象的心理学概念有助于理解人们心理的动力过程。

本我（ID）是储存潜意识的心理能量，一直努力满足个体生存、繁衍和攻击的基本驱力。本我遵循“快乐原则”：如果没有现实的制约，本我就会追求即时的满足。想一想新生的婴儿吧。他们受本我的操纵，一感到有需要就哭着喊着要求得到满足，浑然不顾外部的条件和要求。再看看今朝有酒今朝醉的人吧，他们更愿意得到即刻的欢愉而不愿意为今后的成功和幸福暂时牺牲一下眼前的快乐。

随着自我（ego）的形成，幼儿逐渐学会如何应对现实世界。自我中包含我们能部分意识到的知觉、思维、判断和记忆。自我遵循现实原则，寻求用现实的方式来满足本我的冲动，从而给自己带来长远的快乐而不是痛苦和毁灭。试想如果没有自我，我们任意地表达性冲动和攻击性冲动，那么结果会怎样？

超我（superego）大约在儿童四五岁时开始展现，它来自良知的要求，只关注一个人“必须”的行为。它使自我不仅要考虑现实，更要考虑理想。超我追求完美，遵循至善原则，它判断一个人行为的好坏，进而产生积极的自豪感或者消极的愧疚感。儿童会用认同的方式将父母的价值观整合进来，使自己的超我的力量获得增长。

一个超我特别强大的人可能是道德高尚的人，然而具有讽刺意味的是，他也可能是一个自感罪孽深重的人；而一个超我弱小的人有可能自我放纵，无拘无束，但另一方面他也可能无愧无悔。

由于超我的要求总是和本我相对立，自我就得努力协调两者。调和来自本我的冲动需要和来自超我的约束性要求，以及来自外在世界的现实要求。自我的协调方式往往决定我们最终的行为方式。

由于超我中包括父母的价值观，所以在超我和本我冲突的调节中，我们有时候会不自觉地做出和父母类似的行为选择，特别在异性情感关系方面，虽然这个冲突选择过程会和父母的完全不同。比如女孩子会选择嫁给一个类似自己父亲的人或者一个和自己父亲完全不同的人。但这种情况并不是必然的，这个理论也一直有争议，且实际生活中的情况也远比理论复杂得多。通常不必过于追究，只是如果你发现自己的情况确实和父母有非常大的类似之处，而且这种类似给你带来极大的影响和困扰时，才需注意。

五、把握四个心理细节，助你爱得更成功

细节一：善用暗示心理。

电话这头，男生对女生说："我们认识这些日子来，我感觉我的心发生了一些变化，非常奇妙。我感觉到你也在变化，为了验证我们的变化，我有一个计划，就是我们这次见面后，以后所有见面时我都要牵你的手了，而在即将来临的情人节，我会给你鲜花和礼物，同时我也会吻你的……"

顾歌在编这段话的时候就想，哇，我真是一个好有经验的爱情专家啊。而这段话我相信一定能感染到任何一个还能对你有些感觉的女孩子，因为这段话中大量地使用了暗示的心理技术。

暗示心理是指在没有对立的关系状态下，用含蓄、抽象诱导的间接方法对人们的心理和行为产生影响，从而诱导对方按照自己设定的方式或意愿去行动或接受一定的意见，使对方的思想、行为与暗示给予者所期望的目标相匹配。经研究，按更容易接受暗示的人群进行排名，依次是：儿童、青少年、年轻女性、未有太多挫折经历的男女、有一定经历的女性、有一定经历的男性、中老年人，规律一般是年少的比年长的容易受暗示，女性比男性

容易受暗示，知识阅历少的比知识阅历多的容易受暗示。

职场男女因为平时工作繁忙，为了让自己的情感发展更有效率，所以大胆使用一些暗示技术是非常有效的。在顾歌所举的例子中，如果这个女孩子同意相处下去，也就等于同意了你的这个牵手和吻她的计划，而这两个目标又植入了她的内心，你的期待亦成了她的期待。需要记住的是，说的人可千万不要自己忘记所订下的爱情计划噢，不然一定会令对方大感失望的。

细节二：要懂得优势递增规则。

阿东上过一次相亲节目后，结识了小美。阿东父母看了节目后，也都说小美真美，阿东更是下定决心要好好追求小美。追求当然就得好好地积极表现一番，阿东可是听过顾歌讲首因效应和晕轮效应的，也就是第一印象得好。现在第一印象就是在电视节目录制过程中，两人配合得不错，应该给小美留下不错的感觉了。那就得加把力度了。于是，阿东每天三遍电话。工作再忙，两天必约一次，预算再紧，一周必送一次礼。当然节假日就不用说了，更是排除万难主动陪伴并奉上大礼。领导几次找阿东加班，阿东总是找各种理由回绝。但他也知道，总是这样，好不容易在单位混到的主管位置就可能不保，心里暗暗给自己下指令，再坚持一段时间，等搞定小美就好了。

在这样的动机指引下，阿东顺其自然地“搞定”了小美，小美就做了阿东的恋人，两人卿卿我我。而阿东呢，获得美人心，抱得美人归，好不令人称羡。

但就在他的“搞定”计划达成的时候，他的加班开始多了，今天出差，明天开会，后天培训……行程表上已经越来越少看到给小美的时间。而阿东对小美说的最多的话从“我每时每刻都想和你在一起，相信我好吗”，到“我在为我们的未来而努力，支持我好吧”。到后来，这样的激励也少了，换来的是，“你懂点事好吗，我在忙呢”。

故事看到这里，你来把这个故事写下去吧。下面有四个选项，你会选第几个呢？

1. 小美应该懂点事，得学会自己陪自己，男人干事业还不是为你吗！

2. 男人为事业无可厚非，但不能这样坑人家女孩子，阿东得改回原来的样子。

3. 还有什么好说的，他们的爱已到尽头，到了分开的时候了。

4. 这故事太普遍了，我想知道为什么会这样，才能知道结果。

哈哈，顾歌支持第四个答案，因为：“多用理性去思考问题，可以让自己少犯非理性造成的错误。”

在给出分析之前，先做个实验，你在日常生活中也可以做。把一群人分成4组，分在不同的房间，然后依次对着同一个人进行不同的评价，借以观察这个人对哪一组的评价最具好感。

第1组，只对这个人进行批评和挑刺；第2组，始终对这个人赞美和表扬；第3组，对这个人先赞美后批评；第4组，对这个人先批评后表扬。

顾歌在培训中，让学员们做过这个有趣的实验。在学员分别被这四组评价后，然后问他们的感受。结果和在实验室里的发现是一致的——绝大部分人对第4组最具好感，而对第3组最为反感。

这就是优势递增或递减效应，也就是人的心理趋向于能让他感觉逐渐向上和向好的发展，而不是相反。

如果再举个通俗的例子，你到食堂吃饭，在两个窗口买菜，第一个窗口的阿姨给了你一大勺菜，发现给多了，就舀掉一点，又舀掉一点。还没等她再舀的时候，你已经叫起来了。

那另一个窗口的阿姨呢，她听到你叫了，于是给你盛菜时，一勺下去，又加一勺，再加一勺。这时你会叫停吗？

这时你问这位朋友的感受，每个人都会觉得第二个阿姨真好。但你觉得两个阿姨打的菜会有太大区别吗？这就是人对优势递增还是递减的不同反应。

说到这里，你是不是觉得这个规则很有用呢？那再反过来看阿东与小美的故事，阿东的问题就出在刚开始时热火朝天，一旦得到就冷若冰霜。这也倒不是阿东故意玩弄小美的感情，而是阿东没有掌握好优势应该递增而不是递减的规律。因为到后来，没有一个女孩子会喜欢这样的感觉。这也是很多女孩子对男人们失望的原因之一。而如果阿东们能一开始合理分配自己的好，该工作还是工作，该加班还是加班，这样就会逐渐让女孩子适应阿东在这么繁忙的工作中还能陪伴自己，说明还是很重视自己的。同时随着爱的加深，陪伴的时间不应该是更少，而应该是更深沉。给自己安排好合理时间的同时，用礼物弥补时间的亏空就更显得重要了。根据顾歌对女性心理的研究，女性肯定没有男人这么爱财如命，她们需要感受到男人是重视她的，花钱、花时间只是重视的一种表现而已。

男人们可得记住顾歌的建议：好要一点点增加，可千万不能减少！

细节三：关系能否升温，就看是否相似。

有一些职场人士不像阿东这样能突击"搞定"一个女孩子，也懂得了对一个人好要优势递增，但还是不明白如何让对方接受自己最初的用意，并且在相处时能让自己不那么令人感觉贫乏和无趣。很多职场人士感慨，工作好做，但恋爱真是好难谈，甚至不知道好男人、好女人都到哪里去了。顾歌对这样的感慨往往会问一句：好对象在你面前时，你把握得了吗？

其实两个人相处，在心理学中有一个概念叫人际关系距离。也就是说，人和人的空间距离也会决定着他们的情感距离。空间距离越远，情感距离就越远。这个道理人人都明白。而我这里要说的是另一个相似的规则，就是人际近似规律。

这里先问一个问题吧：在你的观念中，你觉得人和人相处是互补更有利于关系的递进，还是相似更有利于关系相处？

我想这个问题一定会让你迟疑片刻，因为我们记忆中总会想到男女之间要懂得互补，性格互补型夫妻好等说法。包括一些心理学家在电视上也是这样说的。

然而，这些观念不能说全错，但起码是不完全正确的。如果说其中还有些道理，那就是男女之间的互补主要是针对条件、资源等内容，比如郎才配女貌、英雄配佳人，这些都是外在条件的匹配。但能不能长久地相处好，就要看内在的性格、思想、习惯、兴趣和文化等内容了，只有相似才更容易相处。用句通俗易懂的话来说就是人和人之间相处“资源可以互补，性格很难互补”。这就是“人以群分、物以类聚”的核心思想。

所以这人际近似规律就是指，人和人之间在外在条件相等的情况下，就要找到性格、思想、习惯等方面的共同点，这些越近似，那两个人的关系就越好，要么成为志同道合的朋友，要么成为情投意合的恋人。

针对这个规律，顾歌建议你和心仪的人相处时，掌握这几项要求。

1．要学会模仿对方的语速和语言风格，你只要仔细观察，每个人说话都是有不同的语速和风格的，比如有些人说话快，不用说这人是个急性子；有些人则时快时慢，说明这是一个在不同场合有不同表现的人，比较善于控制自己；也有些人，说话慢条斯礼，这要么是理性的人，要么就是慢性子；有些人，半天不说话，那要么是不爱说话，要么是对你没兴趣。

除了最后一种情况，你都可以按照与对方相近的语速说话。再配上与对方相近的风格，比如身体的姿态是前倾还是后仰，端庄还是轻松，手势夸张还是纹丝不动。这些你都得一一观察和分析。

针对那些不说话的人，是不爱说话还是对你没兴趣，你只要仔细观察。如果对方的眼神是左顾右盼或低头玩自己的东西，这往往是对你兴趣不大。反之歪着头等你说话，则代表对方爱听你说故事，你就铆足劲发挥吧！

2．不要总是问对方问答题，而要让对方做选择题。比如你平时都做什么啊？这问题就很不好回答。所以得事先设计好一些选择题，比如你平时更多时间是在看书、上网打游戏、朋友聚会聊天、忙工作，还是做家务呢？如果是看书，你是喜欢看哲学书、言情小说，还是历史、管理方面的专业书呢？这样的对话既能增加交流时间，避免冷场，也能让别人更容易回答。只有对方有了更真实的回答，你才可以了解对方更多的思想和习惯背景，从而有的放矢地朝向这方面去交流了。

所以顾歌针对这一点最后要说的就是，记住“要相处得好，就得相似度高”！

细节四：感情深不深，试试好话听不听。

我们从小就接受一种教育，那就是当别人赞美你时，你得谦虚谨慎、戒骄戒躁，等等。你有没有想过这是为什么呢？你有没有听过当爸爸赞美妈妈衣服好看时，妈妈谦虚地对爸爸说，“哪里，哪里，您说得太好了”，如果你听到这样的谦虚话，那可是关系破裂的警报，你就果断地站出来，赶紧拉近他俩的关系吧。

其实这就是“赞美法则”，上海外服心理援助机构曾经做过一项这样的随机调查，调查你会向哪些人谦虚和不会向哪些人谦虚，然后评估两类人的关系远近。几乎全部的回答都是一致的，那就是不谦虚对待的人比谦虚对待的人距离感更近和更亲密。

这个赞美法则让我们知道，家长老师从小让我们谦虚谨慎，是为了让我们在陌生的环境中能给对方留下有礼貌的好印象，更好地被接受和认同，却不知道这种谦虚也实实在在地告诉别人：“我和你不是自己人噢”。因为当哪一天真成了自己人的时候，这样的谦虚品质自然就会随着人际距离感的消失而消失。

所以在恋爱过程中，如果在对对方进行适度赞美时，对方总是用谦虚来回应，就代表对方还没有放松地进入状态。而且，越谦虚距离越大，如果过分谦虚，那说明你们的关系不妙啦。

顾歌分析，一个过于自谦和矜持的人往往有着极强的自我保护心态，这样的心态需要更长时间慢慢地烘烤暖化，火急火燎地面对这样的人往往事倍功半。

六、男女能力无差别，强弱观念应化解

职场上，女性从事的工作较多倾向于人际关系取向和社会服务功能，比如企业人力资源、学校老师、社会工作者、心理咨询师等。这些工作更可以体现女性在事务决策中的缜密、细腻、巧思和周全。

男性则对资源性工作及权力更感兴趣。他们做决定相对更自信，在对人际关系的感受和对情境细微变化的敏感度上，都显得不够灵活。当然，这是由于男性更自信和依赖于自身的能力去解决问题，而不是依靠对情境的适应来调整自己。而这些都是和女性截然不同的特征。

因此可以得出一个假设，女性更追求关系上的感受，包括人际关系的深度与强度；而男性则重视社会份额的占有和权威感的体验。

顾歌认为，现代职业女性更倾向于人际关系的思维角度，使她们在工作中更趋向于接受人性化管理模式。机械化、规则

化、刻板及交流少的工作环境往往会让职业女性感到窒息。所以，提供更好的人际关系氛围，是针对女性较好的管理方案。

而男性，是一群富有高成就动机、攻击性强和旺盛竞争力的雄性动物。他们只要顺风顺水了，就很容易想象这世界是他的，此时的他充满英雄主义色彩。而一旦失落，男性向外排遣的渠道只有女性的三分之一。他们不哭，不太倾吐心声，惧怕面对失败。他们会借机喊叫、打架、破坏、酗酒和滥情，他们会用尽释放本能的方式来使自己获得平衡。所以对男性的管理更需要强势的领导，西点军校的管理模式之所以有效，是因为这是针对男人而创造出来的一套管理模式。只要你犯错了，就对你吼叫，这其实是用来激发你心中的怒火，然后引导它发泄出来。发泄好再和你喝酒、聊天、谈心。通过这样一硬一软的手段，绝大多数男性员工都可以被管理好。

第九章

好心态一定胜过好工作

我们这个时代最伟大的发现之一，就是人类终于明白，可以通过改变心态来改观自己的生活。

——威廉·詹姆斯

这本书集合了顾歌这几年在心理咨询室内助人的感悟及在各地开展培训的总结。这些年来，我通过个人和团体心理辅导帮助了数千人，个案咨询时长约 2.5 万小时，开展的职业心理健康及组织行为学方面的课程也达数百场。我与一批批的学员分享了我从心理学的角度对世界的看法。特别需要指出的是，我深谙“学者亦为师”的真理，在辅导和培训的过程中，很多时候成长和收获最大的是我本人。当我引导他们看到自己问题的时候，我也在想这样的问题我会不会有，我会不会去犯。当他们痛苦于自己的不幸时，我也会更珍爱现在所拥有的亲人、咨客、学员及工作。有很多时候，我觉得自己像一个教练，因为有一些技巧和方法我只需要告诉他们，让他们去实现和改善自己的生活即可。但我发现，这是一个艰难的过程。因为许多人对新的习惯和改变有一种天生的排斥。但如果你不仅是一个教练，而且是一个身体力行者，你就会用自己的经历去感染他们，以自己的改善去吸引他们，成为他们真正的榜样，而不仅是在身边指导的人。在这样的想法下，我尽力用书中的方法改变自己的习惯，给自己的生活带来奇迹。是的，我认为这些奇迹时刻在发生着。我与家人的关系越来越融洽了，我的孩子越来越快乐和健康。我认为这些都是我的咨客、学员，当然再加上现在的你，我亲爱的读者们带给我的改变。在这些力量的激励下，人的成长永无止境，而这样的成长是最快乐的。我把这些写出来，正是想把快乐与大家分享。我总结了下面的几种职场必备的心态，希望能给职场中的你，带来一丝触动和改变。

一、重视心态的力量

你可以不知道心态有多强大的力量，我先告诉你心态有多大的破坏力吧。

2008 年卫生部曾经对每年在医院就医的病患进行调查，发现近 70% 的人出现的是心因性问题。也就是说，大多数就诊病人的问题是由心态导致的躯体障碍，专业上称为心因性疾病或心身综合征。而顾歌每年接待的大量咨询者中还存在着一部分癔症障碍者，他们就是受了某种信息的暗示，而出现各种身心障碍。我的一个来访者，刚来时是坐在轮椅上被家人推进来的，但她的双腿从来没有受过任何内外伤，而且在医院检查时，双腿都是正常的，但就是不能走路。还有一个来访者，在与他人的一次肢体冲突后，就变得失忆了，甚至生活不能自理。他的头部当时虽然被敲击过，但去所有的医院检查下来，其脑神经及脑组织都是正常的，没有任何异样。这类咨询者总是出现在顾歌的工作中。他们没有产生躯体性损害，那一定就是心理问题了。你可曾想过，一个人的心理一旦出现问题，会如此可怕。

同样，如果保持良好的心态和健康的心理，就会让自己快乐和幸福。“快乐是一种天性”，2012 年诺贝尔文学奖获得者莫言就是这样一个人。他 26 岁开始创作生涯，36 岁从北京师范大学鲁迅文学院创作研究生班毕业后，过了 6 年，也就是 42 岁时，以长篇小说《丰乳肥臀》夺得“大家文学奖”，获得高达十万元人民币的奖金。此后他更是屡创新作，屡获大奖，直到成为中国第一个荣获诺贝尔奖的作家。他最快乐的事就是吃饺子，甚至当年激发他走上创作之路的就是为了每天能吃上饺子。顾歌认为：当一个人的欲望接近或等同于他的生活时，这个人一定是乐观主义者。

即使在莫言声誉日隆、成就斐然时，他对自己的结发之妻和家庭的眷恋之情也从未有变。哪怕作品屡获大奖，他们一家三代人依然坚守在九十平米的房子中。当一个陈氏富豪豪气地把一幢在北京市中心城区的别墅赠予莫言时，被莫言及家人以“无功不受禄”为由一口回绝。这是怎样的一份平常心啊。

哲学家伯格森（Henri Bergson）曾说：“人类是唯一能够创造自己命运的动物，但大多数人却迟迟无法觉悟。”莫言就是那小部分觉悟了的人，他让自己的心灵变得更平静而丰富。

顾歌认为：一个人就算面对再大的人生困境，也不应消沉和退缩。你可以愤懑，可以宣泄不满，但这些都是重新振作精神的动力。你得让自己的心态指向高远宏伟的人生目标，你的心得满足于享受简单和朴实的生活。一边以正面的心态来鼓励自己，一边脚踏实地地去践行，唯有如此，人生才可能获得非凡的意义。

二、正面思考、正向心态

心理学研究证实，思维方式能有效地左右一个人的心态，也就是说，你可以通过改变思考方式来转换心态。

举例来说，当你被指派一项任务时，刚开始会非常担忧、恐惧，但一旦接受、相信这是最好的安排，就能较快摆脱担忧的情绪。

本书已经详细描述了职场人士容易产生的十大错误信念。其实挑战这些错误信念并不难，但却需要你拥有一种胜利者都具有的开阔心态，勇于接受新思维，并以不同角度进行思考。在工作上，得时刻知道自己最终想要的是什么，并不断在耳边轻声鼓励自己，告诉自己办得到，催促自己采取行动，抓住机会。

正面思考带来的成功经验愈多，愈能让你相信正面思考的力量。不过，重点在于先勇于尝试，才能获得体验。因此你得重视下面的方法。

1．学会自我催眠

试着想象自己如何一步步实现目标的场景，感受成功带来的喜悦，你就像卖火柴的小女孩一样，眼前闪现着你最需要的

"美食""赞美"和"成功"。你模拟一遍当面向老板要求升迁加薪时有多顺利、你的演讲有多令同事羡慕，当你这样想象时，你从思想到行动都会自觉地做足准备。当然你和可怜的卖火柴的小女孩的命运是截然不同的，因为想好后，你抹干净口水就得去努力了。这样的自我催眠比起你的担心害怕及恐惧退缩的心态，更可能出现正面结果。这和预期心理不同，自我正向催眠是在面对新任务之初所需具备的自我激励、勇于接受挑战的心态。而预期心理是在接受了任务后，为了让自己完成得更完善而不犯错所需要具备的一种预防心理。

2. 非好话不听和非好话不说

你必须让批评你的人闭嘴——对，就是闭嘴。如果周围老是充斥着摧毁信心的声音，你必须勇敢地远离，千万不要让自己颓丧。即使这样非常累人，也不要懈怠。要把正面影响力当作浮板，帮助自己游得更远，试着从支持自己的朋友中寻求力量。

另一个需要杜绝的声音，是来自自己头脑中的批判，它们让你充塞着自我怀疑。因此，不如为另一位小天使写写剧本吧，善用各种激励自己的话语和惊叹词，像"做吧！我可以做到！我一定要做给你们看……"等等，然后痛击肩膀上的小恶魔，要它闭嘴。

3. 思维频道随时调

	负面认知	正面认知
做事方式	这就是我们一直以来的做事方式。	有更好、更新的做事方式吗？
面对机会	掂掂自己有几两重，不要有非分之想。	创造机会，善用机会。

（续表）

	负面认知	正面认知
面对挑战	这不应该是我做的。	我办得到！
面对结果	就是这样了。	我还能怎样改善呢？
面对失败	实际点，不要浪费时间了。	再试一次，GO！
面对困难	没机会了。	值得一试！
面对疑惑	为什么要做？	为什么不做？

后面的空格你可以不断填充延续，有时你的奇思妙想在这里可以帮助很多人呢。

三、相信自己就是赢家

顾歌在培训中经常说，自信追根溯源是来自于“他信”，也就是从小受到他人信赖的人，在未来的工作中更容易自信起来。如果你认为没有这么幸运，从小得到别人给予的信心较少，你也不要气馁。因为顾歌可以帮你想办法迅速重拾自信。

你可以想象一下，自信心犹如跷跷板两端的平衡点，一端承载着累积的成功经验，另一端则是负面经验。如果跷跷板在负面经验端已负荷过重，正面经验发挥的力量也相对有限，当然你也就不自信了。反之，如果正面的经验充盈于大脑，那么，你自然就会变得自信。

简单地说，你需要相信跷跷板正面经验的一端有足够重量，这样才能在负面经验出现时，充分抵消其带来的不良影响，让跷跷板坚挺地保持着向正面端倾斜。

1. 不论是创造还是维持正面经验端的重量，都不是简单的事。不如在生活中多多运用顾歌设计的“转败为胜”自助行为表。

失败事件	失败原因	失败的心情	如何才能摆脱困境	重新开始的可能性(%)	现在准备做什么
面试失败	对手强大	失落和痛苦	提升能力、避开弱项，选择其他机会	100%	着手准备下一场面试

在完成上述表格，并按表格去完成的时候，千万记得要给自己奖励，比如买一件衣服、吃一顿美食、看一场电影，或和朋友聚会一次等，这些都是可以让自己的改变持续下去的好方法。在任何时候都要记住，不要让自己在负面的情绪中打滚。

2. 活在当下，请让自己当下的思想集中在自己完成目标需要做的事情上，专注于任务和下一个任务。

事业心强的人总寄希望于将来，但如果你总是将心思放在下一步，永远为明天的问题担忧，你会受到局限，无法面对当下的感受，不管是艰辛的还是美好的。许多人一味追逐下一个成功机会，无法享受当下的人生，结果终其一生，始终感受不到喜悦。因此，除了为成功的那一刻而活，也应该活在当下的片刻。

当然，更不应只活在过去中，因为这样会让你更容易抑郁，而抑郁是对职场人影响最大的，它会消耗你的成长动力，让你放弃所有的努力。抑郁症会告诉你，生活是那么的无聊，你是不被任何人需要的。所以不要沉溺于过往的辛酸与失败，当然也不要一直反复想着过往的荣耀，想过去的好也只能代表当下不如过去。

人的一生难免有起有落，你无法使成功按部就班地实现线性发展。不过，千万不要因为欠缺自信，在别人停下脚步的地方，也跟着停顿脚步。像个战士般击败挫折，你将感觉自己更积极、更自在，同时也更可能达成目标。

3．把自己过去的成功经验变成随时听命的资源。

顾歌这里教你的是一个技术——自我积极对话技术。在我的工作中，用这个简单易行的方法帮助了很多有短暂困惑的职场人士。

这个方法的公式是这样的：

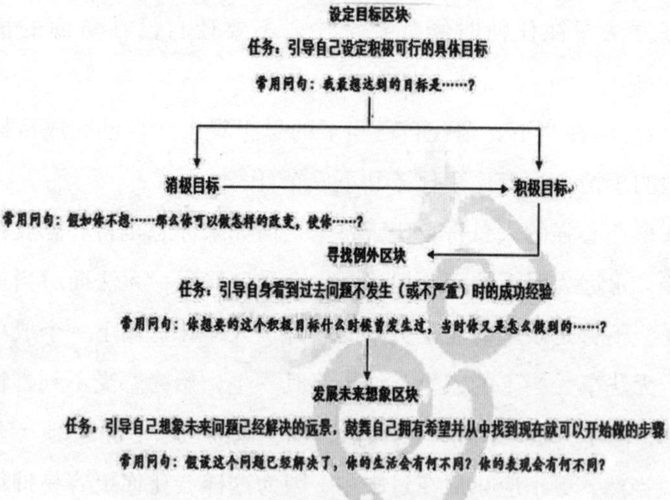

建构自我积极对话阶段流程图

第一步，现在的困惑是什么？

第二步，定下一个正向的目标（比如：我需要获得领导的好感）。

第三步，曾经的例外情况（就是过去的类似事情却是成功的经验，比如你和前面的领导关系很好的经验）。

第四步，未来的展望（如果达成领导对自己有好感的目标，能获得什么）。

例如：一个员工调到一个新的部门，“我看到这个领导就有点紧张，看到别的同事和这个领导关系处得好，我就更没信心了。我初来乍到，一切开始得都比别人晚，心里就紧张、焦虑，觉得自己不会被领导重视，感觉没希望”。

顾歌建议用上述程序来进行自助。

第一步，现在的困惑是什么？最大的困惑来自和新领导的关系没有进展，有点害怕，不敢接近。

第二步，定下一个正向的目标。如希望能获得新部门领导的好感，迅速建立良好的上下级关系。

第三步，曾经的例外（经验）情况。在老部门的时候，领导对我挺好，平时都很信任。我平时不善于表达，过去是一步步用自己的成绩慢慢走过来的。时间长了，领导从工作上对自己认可了，然后有问题经常来和自己探讨，关系也就近了。

第四步，未来展望。对啊，我以前是这样一步步走过来的，我现在也应该这样，不擅长用语言博取领导的好感，那就得发奋工作，把工作做好，任何领导都会看重我的，机会依然会眷顾于我。

顾歌引导你这样想的时候，你有没有发现，你的焦点已经开始从关系向工作目标转移了。当然你无聊的担心也就化成工作动力，前进的发动机开始发动啦。

四、善用时间，善做计划

2012年10月，顾歌正在辛苦写作时，看到一则新闻报道：

> 近日，一张“最牛学习计划表”走红网络。这张周计划学习表上，密密麻麻地写满了各种学习任务：“复习几何”“自习大学物理”“听CNN”等。每天除了午饭和晚饭时间，几乎全与学习相关。除了周末，计划表的主人每天只睡5个小时。她被网友送了一个外号，名曰“学霸”。
>
> 她来自清华大学，就读于精密仪器系博士一年级。她是清华特等奖学金答辩全票通过者，大学三年学分第一；她还是学生会主席、辅导员。有人膜拜她，也有人说她读成了书呆子。但她对别人的评价并不在乎。引发关注的，还有她的双胞胎妹妹，2008年与其同时保送到清华，现被保送直博，还当选了海淀区人大代表。

在记者对马冬晗的访谈中，她多次打断记者说要和同学去交流课题。在时间上，她有严格的自我管理。

看了这个报道，顾歌是为之感动的。在这里我特别欣赏的就是严格的自我时间和计划管理。

顾歌曾经参加过澳大利亚心理学家莫尼卡·屈斯克利博士的一次心理工作坊。她说起在前几年由她主导的一次跨文化儿童自控力的实验项目。她在一群4到6岁的孩子面前堆满了各色糖果玩具，但前提是得忍耐十分钟，等老师来了才可以吃和玩，如果能坚持到老师来，还可以获得额外的奖励。宣布好之后，老师就离开了。这时，你会看到不同国家的孩子在反应上是有差异的。

这项实验的结果是，只有20%的中国孩子等到了老师出现并获得了额外奖励；而66%的澳大利亚孩子都等到了老师的到来并获得奖励。

这个实验意味着：中国新一代孩子的自制力不容乐观。这就是心理学中的自我延迟满足，是指人们为了得到更大收益而放弃短期收益的能力，是自制力的核心组成部分。

许多人并不清楚其中的意义到底有多大。但顾歌告诉你，自我延迟满足就是一个学生时刻要面对的学习自控力，一个成人时刻需要面对的欲望自控力。而另一项跟踪实验也证实，从小自我延迟满足表现得更好的孩子，在成人后，他成功的可能性也是其他人的三到五倍。

当我们不能自行抵御诱惑，那么在漫长的人生岁月中就会茫然失措，听任本能做出决定，并且容易急功近利，而这正是当前人们普遍存在的问题。

其实从深层次的动机论来说，每个孩子都想获得玩具和糖果，特别是看到周围的人都享受起来的时候。马冬晗姐妹，她们也期待着和所有女孩子一样拥有迷人的服装和逛街玩乐，但人类中总有这样的一些精英，他们大脑中有一个模块特别活跃，就是目标区块。他们知道自己要什么，所以为了想要的，宁愿牺牲暂时的、微小的利益，而直视更具有诱惑的大利益。如果你现在需要提升自己的自控力，并期望获得成功，那就把马冬晗姐妹的“学霸”作风作为你学习的榜样，把周详的计划安排作为你日常生活的一部分，当这个能力成为你日常的一项习惯时，你离成功自然会越来越近。

1．以 30 分钟为单位

不要以半天为单位划分工作时间表，这只会让你很快就开始偷懒。时间单位应被切割得更细，且定期变换。如果 30 分钟的时间单位不恰当，你可以改以 1 小时为单位（如工作 55 分钟，休息 5 分钟）。但这应是最大的时间单位了。研究显示，成年人的专注力平均能维持 30~40 分钟。分割出时间区块，不但可避免无聊感，工作也能持续以高效率进行。

2．务实、可量化的目标

订出方便管理、可量化的目标。事情一旦完成即可打钩，看到很多事项完成，会比只看到一两项事情完成更让人满足。

3．用 20%的力气争取 80%的收获

请先完成 80%的工作，再以 20%的力气将工作精炼至完美。例如先将报告写完，再考虑如何制作精美的图表；房间一团混乱时，不如先打开窗，整理床铺，之后再清理墙角的灰尘。

4．预留弹性

为每项计划预留弹性，才能预防临时变动。与其让时间表变成无效的废纸，不如务实些，让时间松一点，这样做反而能帮你更按部就班地工作。

5. 给自己奖赏

一旦完成列表上的目标，就奖赏自己吧。享受成功的果实很重要，那是你现在活着的目的。依照完成的工作规模，决定奖赏程度以及放松时间长短。但只能在工作完成后获得奖赏，千万不要说："先来做个日光浴，半小时后再开始工作吧。"奖赏是自己努力挣来的，这样享用的感觉才会更甜美。

四、改善心态的好习惯需要学习

许多咨询者在来过一次后，写信给顾歌说，"顾老师，你教我的方法没用啊"，我的回信是："希腊哲学家亚里士多德对于习惯有如此定义，'所谓习惯就是不停重复的动作'。"好心态不是一朝一夕突然练就的。所以我们就得用心去不断重复训练，让好习惯真正代替我们的坏习惯。

习惯1：心中永保爱。

爱可以让自己充满活力，爱会让你从一个利己者变成利他者。一个人真正的快乐源于他对这个世界还是有用处的，也就是说他是能为世界做些事的，有人需要着他。此时这个人一定会有一个良好的心态。而一个人只有在充满爱的前提下，才能做出对他人、对世界具有利他特质的行为。

习惯2：好奇和挑战。

顾歌在培训时经常说，一个孩子为什么有希望，就是因为他是一张白纸，他的人生有太多的空白处，可以任由自己去涂画。但这幅图美不美，就看这孩子对这个未知世界的好奇程度如何。好奇心越重，他的人生画卷就越富有思想，并美轮美奂。如果在年轻时就养成挑战新事物的习惯，他也会发现自身才华施展的机会会随之增加。那么，如此充满好奇和勇于挑战的一生，必然看见无数次繁花盛开的风景。

正如顾歌自己，年轻时苦学法律，有过做警察的机会，有过大型国企的从业经历，一路从事过会计、行政文员、法务工作，直到成为掌管近十亿贷款的信贷经理。然后放弃这一切毅然挑战全新的，却是令自己充满好奇的心理学事业。这其中的甘苦有之，幸福感也更丰富，因为我亲手在创造着自己想要的人生路途。

在进行“青春期心理健康”的全国巡讲时，我对台下的父母们说，孩子好奇这个世界，这是他们的福气，因为他们会因此而喜欢这个人生。人最可悲的事之一就是青春期时的最大冲突——“同一性冲突”，自己成为什么角色都不喜欢。现在不喜欢做学生，不喜欢做父母的孩子，甚至不喜欢自己的性别，未来就可能不喜欢做员工，不喜欢做领导，不喜欢做老公或老婆，直到最后，不管这一生经历了什么，就是不喜欢这个人生。孩子这样的人生历程是你们做父母的希望看到的吗？教会孩子敬畏规则和道德，剩下来的需要他们自由地去挑战和选择。只有自己的选择才是无怨无悔的，心态才会更趋于健康。

我曾经帮助过许多孩子，而且都非常成功。其中有一个孩子令我最难忘。他曾经在咨询室内不无骄傲地对我说：“我可能是全上海最坏的孩子了吧。”我说:“是的,你很了不起。”“你的行为真不是一般人能做出来的。”我紧接着继续肯定了一下。

他很高兴于我对他的认同。但你们知道他做了哪些事让自己这么“骄傲”吗?

十五岁的他在中考结束即将跨入高中大门,暑期中一次夜店的经历,让不谙世事的他疯狂地爱上了一个大他七岁的坐台小姐。后来他几乎放弃学业,逃离家庭,与这个小姐同居长达两年时间。当然他做过的事情不止这些,开机车撞人、打架、结交不良少年,等等,几乎这个年龄段的坏孩子除了犯罪外的所有坏事他都干齐了。你如果认为他是坏孩子,否定他,那他就会如你所想,一去不回头,越走越远。

但在和顾歌相处的两年间,他每周一次,一次一小时规律地来访。除了技术,我给他更多的是表示出认为他所有的举动,都是因为对这个世界的好奇,也是对以父母为首的这个世界的挑战。记得第一次正式咨询时,我约了他和比他大七岁的女友同来。他一直担心我会看不起他女朋友,甚至会像在一旁咬牙切齿的父母一样去训斥他的女朋友。但令他出乎意料的是,我发自内心地夸奖了他的女朋友是非常可爱的一个女孩,我赞赏了他的眼光。这是他第一次惊讶于这个世界上竟然还有认可他的人。顾歌真诚地认同他在这个年龄段的好奇,我也同情他与父母相处时有着并不愉快的早期经历,所以尽量去理解他对这个世界的挑战,甚至是宣战。我得站在他身边,告诉他,他不是一个孤独的对立者,起码他的动机是每一个人都有的。

认同每一个人的好奇心和挑战,是一种智慧的宽容。这中间有太多太多的故事。而结果就是，在他几乎放弃的高中生涯的最后半年，也就是2012年1月，在经过几次探讨后，他终于同意回家，准备那年的高考。我让他的父母一定要控制住自己激动的感情，平静地迎接这离家近两年的孩子重新回来，不露声色地细心呵护，小心翼翼地重新给予孩子爱和认同。这两年，孩子的父母也在成长，学会了多去认同而少去否定。在2012年2月的时候，这孩子告诉顾歌又一个消息，他决定和相处了两年的女朋友平静友好地分手。而他也可以安心了，因为这女孩子在我的建议下，也早已转行从事一项正规的工作。特别令人激动的是，这个曾经认为自己是上海最坏的男生的他，考上了上海本地的一所重点大学。这一切就像是奇迹一般，而这奇迹的创造其实只是顾歌对于男孩成长过程中产生的好奇和挑战予以了理解和认同，同时和他并肩面对了因此带来的困惑而已。

习惯3：训练专注力。

关于专注力，顾歌只要问你，是什么让你为喜欢的电视或电影一坐就是两小时而不打盹的？是什么让你坐在电脑前半天，只为了一款你喜欢的网络游戏？又是什么，让你专情于所爱的人，和他（她）一待就是一天，目不转睛地看着他（她），告别后又魂牵梦萦的？

这些都是专注力的充分表达。所以如果你不能专注于一件事，那就先排除你作为成人而具有的多动症。那接下来的诊断就是，你无法专注的事是你“不感兴趣的事”。

所以，培养你对某件工作的专注力，不如培养你去爱上这件工作而更可靠。顾歌在前面的章节中专门引用了丘吉尔的话：

"你应该去喜欢你所从事的工作，而不是去追求你喜欢的工作。"

如何让自己专心投入于一项工作，或对自己的工作充满热情呢？如果要解决这个问题，你得先知道这么一句话：组织成员之间的竞争是激发员工工作动力的主要来源之一。竞争是大自然的法则，也是现代组织管理的一条原则。这句话说出了人类动机的核心要素。

接下来的这个实验场景是顾歌曾经在复旦大学管理学院EDP心理学高级课程研究班上做过的实验。

下午上课的时候，课堂有些沉闷，有些同学坐在位置上昏昏欲睡。此时我设定了一个实验场景，假如此时教室里发生火灾，大家逃离这个课堂的时间只有十秒钟。此时我安排课程助理把教室的门只开一扇，仅能让一个人通行；同时控制住大门，十秒时间一到，马上关闭，而没有出去的学生将会遭遇大火。当然实际的情况是，没有逃出去的学员不能享有课间美味的茶点，只能继续坐在教室中。

这个实验设置一公布，学员们劲头上来了。有的学员蠢蠢欲动做冲刺状，而有的学员索性站了起来。

在我喊开始时，学员们都冲到门口。当大家堵在门口的时候，有人大喊着："依次通过更快"。果然在这个同学的指挥下，队伍迅速调整，二十多名学员大多数都通过了。当然没有通过的学员在集体的大赦下也没有受到惩罚。他们处于竞争态势下争先恐后的状态显示，哪怕是这些经历非凡、见多识广的经理人、老总们，在带有竞争性质的游戏面前，他们人性中喜爱竞争的一面也会被激发出来。这就是管理心理学中著名的"多伊奇竞争优势效应”。

所以，当你还在为不能专注于你的工作烦恼时，应该试想一下，是不是你的工作目前没有挑战和竞争所致。这样的状况如果持续下去，结果势必不是你炒了工作，就是工作甩了你。

所以，让自己赶紧从无聊并容易分心的工作中找到新的刺激，如果没有人和你竞争的话，你只能和自己竞争了，提高自己的工作标准和目标设置，这也可以让你改变现在不够专心的糟糕状态。

习惯 4：心中有榜样，行动有目标。

美国著名心理学家班杜拉是社会学习理论的创导者，他提出了组织内榜样的力量这个概念，根据他的“榜样模仿实验”，顾歌在一些培训课程中也进行了类似的实验。

让一个女性学员张开手臂满怀期待地站着，此时你会义无反顾地上前拥抱她，还是迟疑着该不该去抱。实验证实，决定你行为的，是来自于你看到别人在面对同样的事件时是如何行动的。如果别人的行动获得的是奖赏，那你会生成出同样的行为，如果是惩罚，你就会抑制与其相似的行为。这种对社会奖励行为的模仿，就是榜样的力量！

顾歌的实验结果和班杜拉预想的结果一样：即使一个人本身没有受到奖励和惩罚，其周围的榜样行为受到的奖励和惩罚对这个人的行为也具有一定的影响和作用。换句话说，一个人的积极或消极，都是从别处学习来的，而这个学习的过程，就是“榜样化”的过程。

所以班杜拉认为，通过对榜样的设置和控制，就能够达到强化他人某种行为的目的。在管理上，这就是我们常说的“榜样激励”。

榜样的力量是强大的，却也是脆弱的，如果没有持续的强化作用，原先设定的榜样模式就容易消失，也容易被新的榜样力量（可能是好的榜样，也可能是坏的榜样）所替代。

所以每个职场人去寻找你生活中出现的一个榜样并去学习和模仿，是非常有意义的，这会成为激励你持续行动的动力。

习惯 5：感受他人的心情。

“一个人只有深入去感受他人的内心，才能真正地接纳、确认和了解他人，才能与他人形成共鸣。感受他人的心情，其实是在滋养双方的心理，就如我们所知道的和珍爱的东西，没有它们，人们的生活就无法维持。”这是心理学家科胡特所说的关于感受他人心情的一句话。

原先，这只是对心理辅导者所说的，但当顾歌体会这句话的深意时，便感到这是对每一个身处职场、生活的各个领域，担当着各种角色的人都非常适合的一句话。如果我们把这当成自己必然的习惯，那我们在任何场合都不会孤独和迷惘，也不会再犯错和纠结。因为我们总在相互扶持和关怀，我们共同呈现真实的心态，并随时得到细腻的关爱。在相互的感受中，得到一份慰藉和休憩；我们恢复疲惫的心，振作精神继续完成人生的各种目标和使命。这不再是梦想，而已经成为了现实。

顾歌及许多把助人当成自己终身使命的人们，正是带着感受他人的心情去实践的。其工作的成效永远不是因为某种流派和技术，而是你在内心深处对人的喜爱和愿意接纳的胸怀。助人者自助，这不仅仅是一个理念，而是已经融入到了现实和行动中。当我们成长时，我们一项最大的成长就是，让更多人因为我今天的改变而改变。这种爱的传播正是人类文明之光得以永继的原因。

用爱感受他人的心情，此时你的心灵已经升华。

第十章

协助新生代共建美好心态

（复旦大学管理学院《新生代员工管理》EDP 课程节选）

新生代员工就像联合国第七任秘书长科菲·安南讲述过的白纸上的黑点。如果我们过度关注那个黑点带来的瑕疵，就会失去了解真正的新生代的机会。

——顾歌

一

2008 年，我开始为各大企业开设“新生代员工管理”的课程，当时是针对 80 后的。几年后，80 后已经足够成熟并在企业里担当重任了，这个课程就开始给 90 后上了。与 80 后相比，90 后更加与众不同，尤其是目前职场上 92 年以后的小家伙们。因为缺乏生活的磨砺，这些温室里长大的孩子们，思维直线条、单纯，喜欢及时行乐。但凡老一辈的传统，没有几样是被他们认同的。和那些还算是自己兢兢业业奋斗起来，大学时代顶多就是腰里挂着 BB 机的 80 后相比，90 后生长在高科技的时代，他们与网络共生存，因此无法忍受刻板和重复，70 后、80 后以生存为第一准则，90 后则更加接近快乐准则。他们不会看长期发展，因此会频繁地离职、变动，这也成为很多需要新生代员工的大型企业的攻坚课题。如何能让 90 后在企业内有序而稳定地发展？当然，这也是身为 90 后的父母亲的那些 60 后也在思考的问题。不同的是，60 后相对前几代父母，都太有钱了，至少这些父母会给孩子充分的时间在社会上成长，不会逼着孩子一定在生存、就业和自由发展方面根据父母的意愿做出选择。虽然事实并不尽然，但事物总在朝向更好的方向发展。这就是在企业内开设这门课程的意义所在，同时，未来我可能还要给 90 后的管理者上他们的后继者 00 后乃至 10 后的新生代课程。想到这里我充满伤感，毕竟我是 70 年代初人士，想到自己的孩子终将会成为一个企业的主力成员，期待之余总有些唏嘘，时光飞逝，岁月催人老。

在企业里和新生代相处，很多人认为还能够相处得不错，也有很多人觉得很难相处。早在 2009 年富士康出现系列跳楼事件时，社会上就对年轻的新生代开始关注了。于是在 2009 年我和复旦大学音像出版社合作出版了移动畅销电子书《徘徊在富士康的楼顶》。富士康当时的员工仅仅是 20 岁左右的小姑娘、小伙子，他们有各种各样的心理问题，最主要体现在情感困惑上。他们的内心世界渴望和人交往，在实际的工作当中又很难迈出这一步，总感觉人和人之间是有距离和不安全的，但内心的渴望又无法排解，产生了很多的压抑，以至于由冲突导致各种心理不适感。最终从第一个开始，像中了魔咒似的，接二连三地跳楼。富士康事件算是对新生代管理失败的案例和惨痛的教训。

富士康的事件，折射出企业中充满着场效应，新生代员工的心态太容易被环境感染了。曾经发生在美国的奥兰多恐怖袭击案，不仅使五十个人成为枪下冤魂，更重要的是整个美国进入了一段时间的恐惧状态，这种状态会激活人们内在的反抗心理。关键是在任何一家企业里，如何应对这种不良的“场效应”，比如群体罢工问题、群体离职问题。新生代员工不会在意企业的生死存亡，他们的兴奋中夹杂着报复的快感而选择集体行动，而企业遭受损失是必然的。新生代对企业的感觉尚未上升到为企业尽责的地步，所以一旦他们踏上“场效应”的雷区，便会形成一股集体危机。

我在商学院曾经听到来自企业高管的学员们的抱怨，高校的教育使命完成得不够好，因此那些孩子们到了企业里，仍旧不能马上上手，从心理到技能都容易产生问题。高校的老师们也是一脸的无奈。据说针对现状，高校教育已经尽力了，应试教育发展至今，这不是高校能够独自承担的，而是从家庭到小学、中学、高校一起要系统解决的问题。因此，企业面临的不是一个特殊人群的教化的话题，而是中国社会的现实课题。新生代的课程永不会停息。

当新生代进入企业后，就进入了蜕变的年龄。从在家庭中被家长呵护，在学校中被学校管束，逐渐变成一个自力更生的青年人，这是由青涩到成熟的心理发展历程。在转型和蜕变的过程中，所有的改变都是一个高压力的呈现，就像大自然中的所有蜕变一样，都会有那么一些不适应。从一个地方到另外一个地方，从一个人际环境到另一个人际环境，这就是我们新生代所面临的问题。我们应去了解这样的心态，了解新员工第一天进入企业时紧张而敏感的情绪，更重要的是了解新生代还是一个有非依顺性思想的个体。你对他所有的评价，所有的想法，他都会用个性模式去评估，接着判断你这个人能不能相处。

二

关于开设“新生代员工管理”这门课，缘于企业中的“前辈们”觉得新生代太难管了，觉得他们问题很多。但是在管理他们之前，我们需要明确一个问题，到底这些年轻人是令人讨厌的，还是讨人喜欢的。如果缺点被放大，那么是讨人厌的，如果优点被放大，那么是讨人喜欢的。这里的关键词是“放大”，绝大多数新生代不太懂得“放大”这个原理。其实，在认知心理学中，有一个双目镜的认知偏差原理，就是说不管遇到什么，都夸大事物的本来面目，如果是正面的放大最多是“吹牛”，而放大负面呢，整个心情就会备受影响。然而事实是，绝大多数人对他人的放大都是负面的，所以势必搞得人际关系紧张，一些前辈们和新生代们的冲突由此展开。

其实在现实的工作场合中，很多70后管理者更喜欢和年轻人一起聊天，以宽容的态度和他们放松地谈谈心，而80后的管理者能和年轻人一起玩网络游戏，甚至还会在游戏中征服这些90后。我在银行培训时，曾经有一些80后会抱怨说，他们和

90 后相处得很好，一起吃，一起玩，但是保守的 70 后会觉得这些 80 后和 90 后是一丘之貉，不务正业。你看，当 80 后成为管理者，仍旧有着前辈们看不顺眼的地方。虽然他们摆脱了新生代的标签，但在面对共同的“对手”时，新生代们还是能从“前辈”这里找到情感上的支持和共鸣的。

前几年，一家国有大银行不能兑现留下全部实习生的承诺时，学生和家长好像遇到了大事故似的，把银行围得水泄不通，非要银行领导解决问题。而现在，年轻人不再以到银行工作为豪了，还嫌弃重复劳动带来的无法忍受的刻板感受。一个主管和我说，年轻人拿着铁饭碗也不珍惜，想走就走，反正在家里能啃老，没有丝毫的生存危机。当年轻人开始不看重国企里的铁饭碗时，国企的管理还能墨守成规吗？这难道不是社会发展对国企改革的一种推动吗？如果从这个观点来看，企业有钱，工作稳定，渐渐都不是留人的要素了，年轻人对企业的需求越来越多，所以企业必须要自我提升才能在这个趋势中寻求到更好的参与者。

有些职场前辈声称已经被新生代员工伤透了心，认为现在的新员工很糟糕。当然他们也能举出一系列的例子来。有时我也在想，那些网络上新生代们荒诞的段子是不是整人者刻意放上去换取点击率的。比如一个特别有前途的新生代员工，一连几天情绪低落，在主管领导的追问下，突然大哭起来，原来是自己家的猫死了。这个桥段如果发生在花季少女的身上，会给人特别单纯的感觉，但是发生在一个已经二十四五岁的职场女性身上，并且职位还是经理助理，就感觉很幼稚，很让人失望了。

因此，这个文章的作者大大吐槽了一番，把这归类于新生代员工整体的不成熟。我还记得另外一个例子，说的是一个新入职的年轻业务员要向领导请假，理由是女朋友来例假，需要人照顾。看的人觉得特别好笑，觉得男孩子涉世不深，这种事情还要请假，还要说出来。那么新生代的那些女孩子怎么看的呢？她们认为为了女朋友身体不舒服而请假，这分明是个好男人啊！如果用这个心态看那个哭猫的女孩子，那也太正常了，因为为了自己喜欢的动物痛哭，这不是人之常情么？这就好像我们一些心理学的画，用不同的角度看，能看到不同的结果。新生代员工也是一样。我们不喜欢他们，是因为我们从一个单一的角度去看，他们不能理解我们是因为他们从另外一个角度在看。倘若我们愿意变通一点，能多看到一个角度，就能做到好心态，在这种好心态的趋势下更好地发挥人才的优势，更好地管理团队。

有个奇怪的生理现象是，早年丧偶的六十岁大叔，如果经人介绍了一个还不错的老伴，他的头发有可能从白变黑。为什么会有这样的现象发生？难道这就是传说中的老树发新芽？其实这是有科学依据的，因为生活中一些好的变化会导致这位大叔的肾上腺素被激活，继而刺激脑神经，这就让他变得更有活力、更有张力。和新生代一起工作，很多情况下，都会给我们带来惊喜，让我们感觉自己活得更年轻些。比如，我们公司里的一些在线直播课程都是新生代员工引进和操作的。玩直播一直是年轻人的长项，他们更加关注这个领域，虽然一些“大叔级”员工还不太理解，这些网红为什么能赚这么多钱？但是，对于新生代员工来说，把他们用来娱乐的直播模式应用在我们的工作中，也是一种创新。职场的前辈们，也许多数都是一部手机用坏了再更换，而对于新生代而言，更换手机更多取决于手机的功能和个人喜好，觉得如果手机的功能不行了，会影响自己的生活质量。我也遇到过那种办公室常见的现象，元老级员工因为小孩子在学校里读书，兴趣课是通过网络上的 APP 进行抢课的，而抢课的操作与人们对手机的熟练度以及网速都有要求，所以“老人家们”的手机，哪怕是苹果牌手机都可能不是最快的，会抢不到课，而很多新生代大量地使用性价比更高的国产手机，抢课的速度更快。因此，这类事情不得不拜托办公室里的新生代来完成。和新生代们一起工作，并非是我们网络上所见的一系列的脑残事件，在一些他们非常擅长的领域中都需要我们向他们学习，换一个视角看新生代们，是会发现很多惊喜的。

当然，新生代之间也有一些恶性事件。四川师范大学的两个大学生，来自甘肃的同一个城市，却从来不认识。他们很有缘，考上了同一所大学的同一个系。而他们的友谊并不持久，突然有一天，这份友谊走向了地狱。其中姓腾的同学砍了另一个小伙子五十多刀，最后一刀把他的头砍下来了。为了什么？其实就是日常生活中的一句玩笑话。这让我们想到了复旦大学的投毒案，同寝室同学的残杀。而前个故事不一样的地方是腾某最后被查出患有抑郁症。无论如何，这几个 90 后大学生的命运发生了重要的转折，他们都走向了灭亡。翻看现在整个社会的犯罪记录，全球 80% 的刑事案件是新生代们犯下的。这些年轻人，有着他们成长过程中固有的冲动，触犯着各种各样的规则，这是我们在生活中不得不面对的。为什么新生代们会产生这么多的犯罪行为？因为新生代员工有笼罩于他们的劣性魔咒吗？当然不是。我认为新生代员工的犯罪率正是这个年龄段的不成熟带来的结果，而并非是这个人群的问题。新生代员工所处的年龄阶段就是躁动不安的，肾上腺特别发达，有着好动性和好斗性，如果情感和性压抑不能释放的话，就会变成一种负能量，结果当然是“制造祸端”。当然我们还可以去做更多有意义的事情以释放各种能量，比如运动、艺术活动等。

发展心理学让我们更加关注人类年龄段的共性。人类只要处在这个年龄段，就会发生一些变化，具备某些特质，而进入下一个年龄段，就会发生新的变化，之前的特征可能会消失。对于新生代员工的犯错率，我们要说的是，要怪就怪青春期的年轻人容易冲动，而不要怪他们出生的年代。而这正是每一代人在这个年龄阶段共同的困惑。

在我们的新生代中，有些人真的令我们职场前辈们特别佩服。我记得东南大学毕业的一个憨厚的数学系高才生，我认识他时，他已经是一个成功的创业者了。他待人十分客气，比他的下属还客气。作为一个创始人，一个CEO，他曾经找的第一份工作是什么呢？有些人是凭父母关系找工作的，比如父母在哪里有资源，哪里条件好就去哪里。而他的第一份工作是做一个社交网站，23岁时他就做到了技术总监的职位。后来，他跳槽到一家网上做育婴产品的公司。不久他创建了自己的第一家公司——“途牛网”。他就是于敦德，那年他才25岁。“途牛网”曾有一个重要的投资项目，他拉到了5个亿的投资，其中3.5个亿是京东的，他卖掉了大概20%的股份，卖了5个亿，而京东给了他 2.5 亿现金。他曾经也有过投资款全用光，不得不面对残酷现实的时刻。那时候他做出一个重大的决定，就是做信息分享平台。2015 年，他的“途牛网”在美国的纳斯达克上市了，他又成了全球旅游行业最年轻的上市公司老板。

创新是新生代的一个特征，而且他们转型快、变化快、突破快，如果压抑了他们的创新力，就等于压抑了他们的天赋，也湮灭了给全人类的丰盛礼物。

基于新生代员工的天赋特点，我呼吁要在企业里建立一套合乎新生代的管理理念和管理体系，我用五个关键词来代替这其中丰富的内容，就是尊重、目标、规则、反馈、参与。

新生代员工刚走上社会没多久，期待着被认同。他们不差钱，因为 60 后的父母们经济条件都不错，不肯让孩子多受一点委屈，从小就给了孩子充分的关爱和支持，在家庭中缺乏严格的管教和框架的约束。因此，新生代员工在职场上比前几个年代的人更加迷茫，有志向但没方向，不接受管理，爱自由，非常需要被认可。因此，如果他们的一个计划案因为领导迟迟不批复，作为 70 后会比较恭顺地等待，80 后会有些许怨言，而新生代员工会产生很多负能量。新生代员工们期待的认同，就是认可他们的目标和价值。因为他们没有求生存的心态，他们生活在经济宽裕的环境里，从来没有体验过缺钱的感觉，父母的想法就是孩子开心、快乐就好。因此，领导的反馈迟缓就成为对新生代员工的不尊重，会影响新生代员工的愉悦感，成为他们的一种挫折，而来自家庭的宽容和娇惯会让新生代员工在受到挫折后选择逃避。我们的绩效考核更多地接近于物质奖励，而对于新生代来说，这种多劳多得对于他们来说，吸引力不够大，还不如赢得假期让他们自由地玩个痛快。这些对于企业的管理者来说，在减人增效的年代，是影响生产和不符合实际的。但实际上，新生代员工进入职场后，请假也比较多，甚至同学结婚这类请假也比其他年代的员工要多。如果一家公司总是不给假，新生代员工就会感到压抑，这种压抑的体验带来某种不适应，使他们即使面对大好前途，也会选择离开企业。

心理学家很重视家庭关系。有这样一个说法，一个员工对权威的认同来自同父母的关系。也就是说，父母弱势的家庭，孩子总是挑战父母，这预示着今后在企业里他们也会挑战权威。因此，在一些外资企业里，靠强势来完成内部沟通的团队，通常是彼此释放着挑战权威的能量。在这类企业里，或许强势和挑战权威是一种生存法则了。但在国企和民营企业里，这种方式不但不是生存法则，反而是断送自己职场好前程的绊脚石。我曾经遇到一个新生代的女孩子，刚入职时还很顺从于自己在团队的导师。但时间长了，业务仍旧不熟练，还会出现问题，团队里很多人都怕她，甚至她的导师也不敢和她产生冲突，因为连批评她也是个力气活了。所以当这个女孩子离职时，很多人还在背后吐槽她的幼稚。学者们把新生代普遍不会和上级领导搞好关系归罪于他们的父母过度宽容和溺爱。关于和上级领导的相处，很多企业也算有些制度，比如把条款一条条列出来。但是教条化的内容缺乏示范和明确的上行下效，企业不是军队，做不好顶多批评两句，而不是像部队里那样纪律严明。因此，一家有规模的企业，更需要一个外柔内刚的导师给予这些年轻人更加有利的辅导，引导他们在企业里应该如何做，人际关系如何处理会更好。承认自己的弱项是一种明智的举措，而最好的引领和建立这种辅导关系的时期就是在刚入职的时候。

三

我们曾在一千名员工中进行十六项人格（16PF）评估，发现新生代的员工有些比较明显的性格特质：情绪的稳定性比较弱、好强、容易兴奋、敷衍、幻想、向往自由、主观性强、自律性弱。只有掌握新生代员工的这些个性特点，才能平衡他们与工作的关系，避免其个性与职场的失衡现象。如果一些管理者把注意力放在改变新生代员工的这些个性上，那么一定会感到失望，因为个性是由一个人的经历和认知的结合而形成的价值体系。它可以随岁月流转，也可能为突发的刺激所扭转。而如果企业把新生代所具有的这些年代标签抹去，那唯有在提升新生代的工作满意度和工作承诺上下些功夫。

那么，什么叫工作满意度？

工作满意度其实就是当员工拥有一份对工作的期待时，他的期待值在与现实的碰撞间达到了最大化时的心理状态。工作满意度有三层内容：对企业和工作岗位的满意度；对薪酬福利待遇的满意度；对团队协作的满意度。

也就是说，员工满意度指员工得对工作有一些期待，或者说是“想要什么”，而期待主要集中于上面的这三项内容。如果员工没有“想要”的，那就得激发其“欲望”。只有有了这份期待值，才会产生工作的动力。期待值只有与现实越接近，满意度才越高，直到期待值超越现实的时候，满意度就很高了，但此时，可能就需要一个新的期待值了，不然又会陷入“混沌”的状态。有人说满意度高了，是不是员工的幸福感就高了？当然也不是，因为作为一个社会人，身在组织中，自己的体验不能涵盖一切，与组织的关联性越紧密，前面的三个满意度才能更富于意义。而让员工紧密关联的方法就是提升员工的组织承诺度。

什么是组织承诺呢？其实就是我们每个人在组织中的一份归属感。我们愿意在这个企业当中坚持去做好本职工作，这种决定和决心，就是我们所说的承诺。工作承诺分为情感承诺、持久性承诺和规范性承诺三种。

情感承诺就是我们对这个工作产生感情后的情感反应。比如，当一个军人离开部队退伍的时候，他会有很多不舍，并会用感伤来表达。这种反应就是一种团队的融洽感，就是我们所说的情感的组成部分，他有种依附心理，展现出来的就是人与人之间的情感。

持久性承诺，当然就是指一个员工愿意与组织长期合作并共同奋斗的愿望了。

规范性承诺，是指一个员工在组织中愿意认同并遵循组织规范，且积极践行的一种态度。

试想，如果一个员工能做到上述的三项承诺，那当然可以用忠心耿耿来形容了。任何一个组织，大到国家，小到作坊，这样的员工都是其存在的坚固基石。

看来，只有在满意度和承诺度都高的情况下，员工才能达到幸福的至高点。那么我们先来看看怎样的组织能让员工最为幸福。国际上的一些组织每年都会做出这样的评估，不管是全球劳工组织的“最佳雇主奖”，还是美国福布斯杂志的“最受欢迎企业排名”，都在传递全球优秀企业的风范。

经过研究发现，在近几年全球最受欢迎的排名中，不管是作为科技领域的 ADOBE 公司，还是作为金融领域的美国运通公司，或是时尚的谷歌公司和传统保守的咨询公司毕马威，这些组织能让员工保持良好而持久的幸福体验，正是因为它们除了拥有强大的管理体系外，还给员工提供了完整的积极心理支持和帮助体系。积极心理是什么概念呢？就是打造一套让员工产生愉悦心理的援助功能设置，包括第三方心理热线、减压课程和危机干预等。同时，一些企业还组建了一个叫积极心理的团队组织，员工业余或者工作间隙，可以参加这样的组织，大家围坐在一起共同开展主题式探讨，诸如子女教育、同事关系、职业困惑、压力和情绪等话题。这些方法在西方能够有效推广和盛行，也得益于西方人开放的本性。相比较之下，中国人不太爱说自己的心事并更注重隐私，所以设立第三方心理干预热线对中国企业来说是比较可取的方式。美国运通公司、谷歌公司及 IBM 都为员工设置了由第三方心理专家提供的 24 小时心理疏导服务，费用由公司来出。公司帮自己员工出钱做心理咨询，这也是增加员工的组织承诺的一种途径。

此外，为了增加保守的中国员工的满意度和组织承诺，我也建议中国的组织可以在一些会议，比如晨会中加入下面的内容：先做一个小游戏，放松一下气氛，然后大家就说说自己的心事，这叫自由访谈。可以设置一个更大的主题，比如说说你今天不快乐的事情，每个人畅所欲言，其他人不要点评，以说为主。说了问题以后怎么解决呢？其实也不用组织来解决，只要问他：像这样的问题，你期待怎么做才是你最满意的？然后让他自己去设想一些可实行的方案，自己做自己的专家。有些商学院就经常搞类似的活动，增加团队的凝聚力和归属感。这种模式比较符合积极心理学的模型，不评价、自由、做自己解决自己问题的专家。

四

职场的前辈们是否都了解自己下属里的新生代员工呢？你对一个人了解得越多，他对你的亲密感就越高，你对他越疏远，他对你就越容易背叛。话少的领导属于实干型，此时无声胜有声。其实做领导的，语言功夫是很重要的，要善于沟通、善于说话，也要善于关心，不然的话我们新生代的很多心事就被忽视了。要学会主动去关心别人，然后再熟悉起来。我们要善于观察员工所处的状态。关心有很多时候是正面的、积极的、善意的。毕马威公司是一家世界著名的咨询公司，它鼓励弹性工作制，员工有带薪假期。现在的企业当中，新生代最大的问题是什么呢？我总结下来，其实就是他们的这种承诺度相对比较低一点。事实上有一项调查证明了一个新生代员工进入企业以后，他在头三年的离职率是最高的，过了三年以后，进入一个稳定期，或者进入一个相对的沉寂期；之后也会产生七年之痒，会出现一种疲惫感，如果不换岗位，不转换角色的话，这时候便会出现第二波的离职潮。这都是跟我们的承诺这个话题相关的，那么承诺其实就是我们的忠诚度。不管是经营婚姻还是从事商贸活动，或者是管理企业，都需要承诺。

关于承诺，从社会心理学角度我举几个例子做探讨。

我们每个人都会痴恋自己，好让我们的信仰与做出的决定或采取的行动是一致的，这怎么理解呢？就是说我们有时候在理念上，会给自己做一个虚假的决定，但是这个虚假的决定为什么要做？因为已经开展了行动，所以在认知上会形成一种自我欺骗。比如赌客投注赛马，他一旦做出行动，就是他已经下决断投注了，这时候他往往就会说这匹马好，会对这匹赛马信心大增。他在选赛马的时候，可能非常迟疑，他在下赌注之前的那一刻都可能不确定，但是当他一旦下了赌注，他没有退路了，他能做的就是激励自己，这匹赛马一定会赢。这和投资人投资项目一样，一旦投资了，就开始自己给自己打鸡血了。比如美国的大选，不管是希拉里，还是特朗普，最终总有一个人会当选。据美国的媒体报道，那次枪击案可能会给特朗普带来更多选票，因为他说了一些极端的话语。这在没有事件发生之前，简直是痴人说梦，但美国发生这样的事以后，很多人就觉得有必要。所以在这一点上，很多选民往往会因为一件事情去投他的票，但是投了票以后，就更坚定地认为他很棒，但是这种很棒，伴随着认知的期待会慢慢地改变，当失望越来越多，人们也会抽身而出。

从这点上说，如何让新生代在理念上认同你的话？应该从行为开始，让他去做一个认同你的行为。举一个很简单的例子，你们在开小组会议的时候，每个人去赞美对方。赞美是一种行为。有时，有的人不想赞美你，但是发现所有的人都赞美你了，他也不好意思不赞美你，所以他也会赞美你。而自从他赞美你以后，大家都听到他赞美你了，他也就不好意思在背后说你坏话了。这是因为他在自己的心里也给自己暗示自己在赞美你，而且当着你的面赞美你了。这也是领导带领团队的技术。

一个秀才进京赶考，突然遭遇强盗，钱都被抢了，漂泊了两三年，像个乞丐一样。这一年寒冬腊月，他肚子很饿，身上一文钱也没有。他看到一个大户人家，就敲门进去，可是他心里很明白，对方一定会赶他走的。这时候他灵机一动，看到街边有一块大的鹅卵石，就叫开门，从要点水开始，然后借锅子、火，对方就很好奇地看他烧石头吃。秀才说，老板你没有吃过这个石头吗？这个石头烧烂了以后啊，像肉一样，但是要花点时间哦！老板，快烧熟了，弄点调料给我好不好？有没有盐、油、味精？有没有葱花、蒜末？有没有配菜？豆腐有么？最后，一锅味美的豆腐菜汤有了。

这个故事告诉我们什么？就是通过一点点地渗透，一点点地接近想达成的目标。对于管理新生代也是一样，要有耐心，鼓励他们从简单的事开始做起，积累每一步的经验。然后鼓励他，赞美他，接下去做更多的事，慢慢地他就变成一个愿意为团队奉献自己的新生代了。

乔布斯在他的管理中发现，人和人之间充满着竞争性，如何让一个员工充满着热情去工作呢？往往员工需要树立一个假想敌，比如乔布斯就在发展过程中把很多公司都作为假想敌，如 IBM 公司，还有微软公司，都曾经是他的假想敌。这样，员工就会充满着激情像面对一场战役一样去迎难而上，这就是树立一个反派的作用。乔布斯的方式，就是把别人当成自己的捷径。帮助新生代员工树立一个竞争对手，也是帮助他们树立职场目标，提升工作的积极性。

从动力人格解读新生代，青春期是我们人生当中压力最大的一段时期，比如高考，其实就是很多年轻人遭遇的人生中最大的一次挑战。每年高考都有人自杀。我曾经参与过一次高考自杀的危机干预，一个很漂亮的女孩站在十二楼试图轻生，她的母亲在楼下焦急地看着她，承诺不再干涉她选择什么样的专业。所有这些想自杀的人，他们都是可以交流的，这些新生代心里面其实都装着沉甸甸的现实，感到不被认同。他们很可能因为这次挫折面临惨淡的人生，原因是把自己的人生想得太简单了，他们的思想很简单。

其实人生很丰富，每个人也拥有许许多多的选择。我曾和这些企图自杀的年轻人探讨过，就现阶段而言我们可以做些什么，除了死亡是否还有别的解决方法可以选择？这可以开拓他们的思维。在日常生活中如果碰到新生代的员工，要意识到他们的认知相对比较狭隘，看东西不是那么全面，在对话的时候，千万不要拿自己的经验来套他们的经验，这样做不仅毫无用处，而且会起到相当大的反作用。可以问问他要的是什么结果，直接跟他去探讨结果。

五

每个人都会经历各种各样的问题，比如说我们会想他为什么就会背叛我呢？为什么领导这次就不给我加工资呢？为什么领导就不升我的职呢？这么多的为什么，毫无意义。不是所有的事情都是有原因的。所以你得告诉我，你想要什么？比如你想要升职，我就会问你想要升职应该怎么做？很多人说，哎呀，我现在工资太低，为什么工资这么低？很多人说只要跟同学参加聚会，就觉得好没意思。很多新生代是不是有这样的感慨？那你告诉我，你想要什么？很多人会回答，想要提高他的工资，那么，如果提升到一个月两万，年薪二十几万，而同时他的同学月薪四十万，他心情会好么？所以他到底要什么呢？他要的是他在同学面前有一种资本，这种资本叫作面子。其实每一代人，都要面子。但是我们作为一个企业，是否应该承载他的面子？IBM 公司有一个金表计划，就是员工的业绩能够完成 80% 便可以进入一个销售精英团队，每年都会评选精英员工，他们的名片可以镶金边，这代表着一种身份。当员工把这样的名片传递出去，会感受到光荣与骄傲。销售业绩的前三名，老板会亲自奖励员工世界名表。

新生代处于人生发展的冲突阶段，就是 19—30 岁这个阶段，这是一个亲密对孤独的阶段。如果他在这个阶段过得好，就是“有爱”的生活，如果过得不好，就是孤僻和疏离的生活。希望是新生代成功的特质。希望是什么？希望其实就是我相信除了今天，还有明天。有希望的人，其实是一直向前看的，他从来不惧怕现在的困难。那么“希望”的品质来源于哪里呢？在19—30岁期间，我们会逐渐体会到培养“希望”这样的特质需要我们学会信任身边的爱人、家人、员工。一个对身边的人充满信任的人将不再被恐惧与孤独所侵蚀。

为什么新生代的员工会有一些缺失呢？这让我想到发展心理学中1岁半到3岁的阶段，孩子开始独自面对一些事情，他们可能会摔跤，或者从床上掉下来，可能会因为做错事而受伤，会因此产生很多的痛苦。如果家长能够鼓励孩子独自面对问题，在这个幼小的心灵当中就会形成意志力。很多人的抗挫折力比较弱，容易受伤后就一蹶不振，这就是因为意志力比较薄弱。意志力是我们心理构成五大要素之一。在心理咨询学中，我们一直在研究这个话题：知、情、行、意、能，即认知、情绪、行为、意志力和能力。如果一个人的意志力薄弱，做事往往容易半途而废，而很多事情都需要坚持才能达成。如果没有了坚持，我们无论做什么事，都不可能成功。简单地说，意志力就是坚持，就是可塑性和抗挫力。

在3—6岁的阶段，如果处理得当，我们将习得目标感。这源自自主性的培养。如果家庭给孩子一个足够的自由空间，比如让孩子主动参与对一些问题的讨论，就会培养出自主性来，这时候孩子就会有价值感，有目标感。

在经济困难的时代，穷人的孩子早当家。我参加商学院的一些演讲活动时，听到很多成功人士在谈及自己的童年时，都是在吃穿上不挑剔，在家务上帮助父母分担，有一碗肉先让给弟弟妹妹吃，在读书的时候甚至为了弟弟妹妹而选择了不收学费的师范类院校。我记得自己小时候，10岁以前就开始帮助母亲买米做饭照顾家里了。新生代员工优越的家庭条件反而让他们失去了成长中可以获得的品质，成为了温室里的花朵。相对前几个年代的人，新生代很大的困惑就是迷茫，没有目的性。新生代的很多问题都来自于0—6岁这个阶段，没有希望，没有目的性，意志力弱。因此，经常离职的新生代员工，往往受不了伤，受不了痛，没有目标性，看事情悲观没有希望。当然也不完全是这样，现在很多新生代倒不是没有希望，也很乐观，但缺乏意志力和目的性。因为他们有着强大的经济支持，生活安逸，从来不会为五斗米折腰，也就没有了生存危机。他们的意志力被溺爱替代了，跌倒了不用自己爬起来，只要听爸爸妈妈的即可。在咨询室里，我曾接待过一个28岁的女孩，在银行上班。她已经成家却需要其父亲每天接送她上下班。女孩的丈夫很是吃醋，但岳父认为自己只有这一个女儿，接送女儿上下班是他最大的爱好与事业。在如此宠溺环境下成长的女孩但凡与丈夫有一点点小争吵都会难以承受，极度缺乏抗挫折能力。作为咨询师，我唯有建议女孩的父亲改变自己的模式，让女孩真正学会成长为成人而不再是一个巨婴。新生代的一个很明显的特质，就是他们不能独立。如果父母亲自己都不希望孩子长大，那么带给孩子的痛苦是无法预计的，父母亲终有老去的一天，躺在病床上时，人到中年的子女还没有长大，还是脆弱的，那么这时爱就是毒药了。

很多阅读我的书的读者朋友们，不一定都是普通白领，许多是企业里的领导干部，因为当领导的必须要不断学习，这样才能保证职场上的晋升。还有一部分人是纯粹跟着我一起学习的心理学爱好者。现在，无论在企业里，还是在商学院，都在强调人们的一种能力，那就是“领导力”，这其中包含：观察力、思考力、决策力、组织力、影响力、执行力。以下就来讲讲六种领导力。

1．观察力。在群体中，观察力就是我们要发现机会，发现别人的态度。很多情况下，情商的高和低也决定于观察力，即你能不能发现自己和别人的需求。

2．思考力。善于思考，善于想象的能力。

3．决策力。也就是说当我有了观察力，有了思考，这时候就要做一个决定。

4．组织力。要善于为了一个目标而调动各方面的资源，做好人力资源的准备。

5．影响力。当资源调动好了，你现在能不能让他们为你去做呢？这就是影响力。

6．执行力。也就是能按布置的任务切实履行和完善职责的能力。

领导力应当从 7 岁开始培养。我一直很推崇从小学里就开始做班干部，因为这有利于培养领导力，但是国内的教育中，往往是班干部除了帮老师完成学校里的工作，没有任何创新的机会，更谈不上成为一个未来的优秀管理者。班干部需不需要组织力？要不要影响力、执行力？收作业本也是执行力。这六个力就像散在盘子里面的珍珠一样。如何把它变成一串项链呢？这就是控制力啊！党政干部违反纪律，比如电视剧《人民的名义》

中被抓进去的领导干部为何会失足？问题就出在自控力上面。中国人从小做领导没问题，控制别人没问题，唯独不讲究控制自己。家里的钱藏得都已经发霉了，这就是失控。

当发展到7—11岁时，培养的能力应指向学习能力。但我所说的学习能力并非是在家里一味地埋头做题，做到厌倦。学习能力是一种能力，对于我们成年人来说，便是经常看书，适当做点笔记。有人说，上海的节奏太快了，哪有时间看书啊！但也有人一本正经拿着书来读。甚至有一些大忙人，还能忙里偷闲地计划每年读几本书。我问过自己的孩子，你到底喜不喜欢学习？爸爸的工作就是学习！你现在的工作也是学习！发自内心地喜欢学习是件很重要的事。我听说高考以后有一个仪式，一是公开自己的女朋友，二是撕书。其实这也是个蛮奇怪的现象，也是美国人一直不认同中国学生的被动学习，认为这不是发自内心热爱学习的原因。那么，我们到底是在培养一个应考机器，还是培养一个健全的人？关于这点，很多教育工作者是无知的。什么叫应考机器？那就是当这个机器不需要再运作时，他就会把这个机器砸掉。如果不喜欢考试，不喜欢教育，学习便是我们最痛心的一件事情，但是没有了学习就不可能有成长。

90后的新生代是离学习最近的人群，刚刚从学校走向社会，他们还没有完全褪去学生的身份。我们看一个人只要看这个人爱不爱学习就知道他的工作能力好不好，有没有前途。一个不爱学习的人，他一本正经地工作，而惰性终究会暴露出来，从思维到行为充满了享乐主义而不思进取。一个不爱学习的人，如果他进入的单位和他学校的差不多，早上报到，晚上敲卡，中间有很多规则，这个不爱学习的人，是很难做好这份工作的。除非这个人做一些少动脑筋和欠缺创意的工作，或者是做一些简单的销售工作，因为不爱学习的人不一定沟通能力不行。但是爱学习的人，相对更加稳定，不浮躁。因此，我们在招聘的时候，要问问求职者，原来在学校里面的状况，当一个人在学习中获得很多自尊，他一定是爱学习的。如果他的自尊是在学习当中被剥夺的，他一定是不爱学习的。这对于分配他的工作岗位很重要。有的人形象不错，但是他学习很差，可能做销售还可以。而高级的客户经理，部门主管，必须是学习好的人才能做，一方面是这样的人具有稳定性，另一方面这个岗位是需要成长的，因此学习能力很重要。不同的岗位，需要不同能力的人，哪怕是体育能力也是适合一些岗位的，我们每个人都不应有无能感。

青春期就是每个人忠诚度的培养期，这个忠诚度指向对角色的忠诚度。我们每个人都有很多角色，你喜欢不喜欢自己的角色，在这个时期就定性了。比如你喜欢不喜欢做一个女人，爸爸的女儿，妈妈的女儿，或者成为某个人的家人，成为某个企业的员工，这就是我们所说的角色的认同。如果我们对自己的角色认同度低的话，就会有强烈的不确定感，这时候就会出问题，忠诚度就降低。

六

接下来，我们探讨一下更复杂的话题，我们要意识到，家庭情况对于企业了解员工是很重要的。一些管理先进的企业在员工档案中做足了心理学的功夫。一是家庭的信息应该是详尽的；二是做些性格测试。这两者紧密结合在一起就可以对招聘和岗位匹配做出科学的指导。

家庭信息中应该包含父母的工作，是否来自单亲家庭，成长经历如何，这些都很重要。心理专家认为单亲家庭的孩子，更有归属感，因为这是一种补偿机制，他可能更喜欢团队，这来自早年的缺失。有时候，招聘有一些家庭问题的孩子未必不行，他们可能有出奇的忠诚度，个性成熟，独立，当然也可能有明显的依赖性和脆弱的性格特点。我们很多企业更喜欢独立性强的员工，但其实依赖型的员工更有归属感，更能够跟随你。成熟的员工和个性化的员工哪个更好呢？我们先看看什么叫个性化。个性化就是总是把自己的个性拿出来展示。其实每个人都有个性，但是得分什么场合做什么事，因为幼稚而不能控制自己个性的人就不是企业需要的员工。企业遇到个性化的员工，如果可以接受他的成熟度，就给予他展现的机会，让他在企业中发挥长项。如果幼稚得经常暴露人际关系的问题，不如早点放他离开，以免组织和员工间互相伤害。对于一些内心压抑的员工，给他一个疏导的渠道就可以了，尤其是那些内向性格的员工，他们不会宣泄自己的情绪，更需要企业的关注。

针对一名新生代员工，我们要掌握的基本信息就是上述的这些。一个员工刚进入企业的时候充满热情，但时间一长就没感觉了。这就是我在前文中提到的五年之痒、七年之痒、十年之痒。人们对一件新事物总是充满了陌生、好奇、刺激的感觉，从开始到后来，会形成一种依赖的情感关系。当我们对一件事情没有兴趣的时候，也是从情感开始的，这就是我前面说的情感承诺。当一个新生代员工对组织没有感情的时候，情感淡了，慢慢兴趣也会下降，这就是我们的敏感曲线。什么叫敏感？当一个人对工作还充满着敏感性，代表着这个人有热情工作。当这个人对工作不敏感，反应慢了，这时候这个人已经出现了我们所说的困顿、疲惫感。这是来自于他的情感和兴趣的双重下降，而情感的下降是最主要的。如果情感承诺下降的话，这一定是哪里出问题了。三个满意度——工作本身的满意度、薪酬的满意度和团队协作的满意度，都可能影响到我们的情感承诺。当满意度下降以后，我们的敏感曲线就会下降。这就是我们很多的新生代要面对的工作发展曲线。

本章节的最大功能在于对新生代员工提供了更多的了解。职场前辈们通过这种了解，可以适当地筛选符合条件的新生代进入企业并辅导其走向成熟；而父母一代，可以重新了解自己的子女，适度引导和支持，让新生代更好地适应社会角色；而新生代自己，通过了解自己，进一步提升自己，减少困惑和迷茫。

第十一章

游戏化思维激发员工好心态

（2016年农业银行上海分行“打造游戏化思维”课程节选）

人类的伟大之处在于，我们能用触类旁通的方式，将一件事的成功经验应用到其他领域。比如，游戏化思维在管理中的应用。

——顾歌

学会用另类思维思考问题，能使很多工作因为变通而变得游刃有余。如何打破原有的思维方式，让我们的工作得以进步，这是很多管理者一直在思考的问题。游戏化思维在众多另类管理思维中，凭借其驾驭了人类的一些心理特点的优势，在管理中十分值得借鉴。我的这门课程，受到复旦大学管理学院的启发，已经开始在企业内向中高层管理者进行授课。实践证明，但凡在其中能够获得启发的管理者，都能够使团队得到激励，并且越工作越快乐，从而获得好心态。管理学中，我们从来不刻意地创造新思维的禁区，比如哪些行业或企业是不适合新思维的。

有些新思维在发展的过程中会得到来自各界人士的助力和阻力，这就如同至今为止还有很多人拒绝使用微信，但这不会影响微信的发展。游戏化思维也是一样。如果拒绝创造，一切都要现成的，这不是游戏化思维的内涵，而游戏化思维正是启迪和推动着人们去大胆创新，正面刺激人们的工作热情，这一点也正是我们中国教育所缺乏的。因此，大力推广游戏化思维，这对我们整个社会都是意义深远的举措。

我们的游戏化思维中的游戏就是指网络游戏。在现在的中国，说到网络游戏，我们首先想到的就是网瘾。对于孩子和成年人来说，因为网瘾耽误学业和人生的大有人在。这也是一些父母求助心理咨询师的原因。网瘾是不是一种病呢？我宁愿说，网瘾不是一种病，如果硬是要把孩子的网瘾问题当成是一种病，我觉得应该叫亲子关系病。网络游戏是比较容易让人沉迷其中的，包括在《微微一笑很倾城》这部青春剧中，名牌大学的高才生也深爱网络游戏，不同的是，最后男主人公开了一家网游公司，把热情释放到了事业中。

为什么很多未成年人，甚至成年人会沉迷于网络？有些人认为，这是因为现实生活中乐趣太少，无论是学习还是工作都压力太大，于是人们就到游戏中寻找乐趣，寻找释放。没错，游戏确实有释放压力，转移注意力的功能。人们在压力的驱使下去玩游戏，好像玩游戏就是被动的了。其实恰恰相反，人们玩游戏有着强烈的主动性和自愿性，也就是说游戏本身充满着魅力，即使没有外界的压力，我们也会自然而然地喜欢上游戏。

游戏的魅力势不可当。放眼当今世界，这是一个全球化的世界，封闭不了的世界，我们不停地在向外探索着。其中有一类人最活跃，那就是打游戏的人。我们看看世界各国每年打游戏的人的数字：在美国每年有 1.9 亿人活跃在游戏世界中，中东有 400 万，俄国有 1200 万，印度有 1.4 亿，越南有 1000 万，墨西哥有 1000 万，中美洲有 1300 万，澳大利亚有 1300 万，韩国有 1700 万，欧洲有 1.2 亿，中国最多，有 2.5 亿。会算账的人马上算出来了，这是多大的产业，一年有多少产值啊！一年 750 亿美元，这是游戏行业的年产值，这里面的利益很大，所以很多投资人都很喜欢投游戏行业。我觉得这是一个非常了不起的行业，它关乎我们人类最向往的一件事，就是玩。

很多人认为，玩才是本性，工作很无奈。也有职场达人认为工作的目的就是为了玩乐，因为工作创造了生存的资本，有了这个资本才能玩得起。

游戏玩家是个巨大的人群，这也是我们为什么今天要去研究游戏迷人之处的原因之一。把游戏中的规律应用于好心态的转换，提升工作的激情，这就好比利用风能、水能发电，这是人类一项伟大的发明。找到游戏中的迷人的规律，然后应用到我们的工作中来，让我们的工作充满魅力。

如何去应用呢？一个学员提出了他的建议，他平时是个有点小幽默和愿意肯定下属的领导者，因此他认为，适当的幽默言辞和积极的肯定，也是网游中的元素，领导者有意识地运用这些交流手段，能对工作起到一定的促进作用。如果管理者本身刻板无趣，只会发指令，且批评多，那么就完全不符合游戏化思维的元素。因此，游戏化思维其实也指向一些无趣的领导，他们让工作越来越无趣，正如学校的老师无趣，孩子们也不爱学习了，或者学习越来越成为一种任务。我也用游戏化思维的元素来回复学员：太棒了，你的想法值得肯定。

让我们做个设想，如果管理者跟员工之间的对话，能够带入游戏化，那么我们的员工一边工作一边乐呵呵的，每次到了单位就很期待，你想想这种管理棒不棒？这是不是我们作为管理者最向往和期待的？

与此同时我们也要觉察到，在游戏中玩家不仅仅在花钱，他也在花大量的时间。游戏玩家玩电脑或者视频游戏的时间平均每周达到 13 小时，按照 7 天来算，平均一天将近 2 小时。中国有 700 万人每周要玩 22 个小时，差不多一天 3 小时，英法德的铁杆玩家每周也花 20 个小时，美国 600 多万的极端玩家，平均每周要在游戏里花掉 45 小时，我们一周 40 小时用于工作，也就是说这些玩家等于在做一份工作。很多管理者最向往的就是员工专心于工作，愿意为工作花时间，而不是下班踩着点走，把上班时间当作一种交易。

很多玩游戏的人会面临一种情形：回到家，包一放，洗个手，吃点水果，接下来在电脑前一坐就坐很长时间。如此一来，妻子就会埋怨你，不带孩子就喜欢打游戏。有没有这种情形呢？马上要过年了，大家没事干，要出去旅游，人这么堵，车这么多，怎么办呢？于是就弄个麻将桌，打麻将。很多人宁愿不工作，宁愿不理睬家里的事情，他也不能放弃游戏。可见，游戏的吸引力如果可以出现在工作中，是多么了不起的发明。

在调研中，我设置了十个项目，让被调研者选出游戏中哪几个方面让人着迷。结果是86%的被调查者选择了自主（自愿）参与这项。其他的高分选项分别是，规则公平、反馈及时、目标简明、好玩。

曾经有个学员向我表示，反馈及时这点在企业管理中非常有效。很多中层干部在这一点上都没有一个明确的认识，有必要深入了解来促进团队管理工作。什么叫反馈？我用一个心理学实验来解释。

有这样一个实验，把人分成四组，人数都一样，在一个房间有三组，隔壁房间有一组。让这三组完成同样的任务。

第一组，你不管做到哪个部分，我都表扬你。

第二组，不管你做到什么程度我都批评你，否定你，进行棍棒教育。

第三组，那就是不去批评，不去责备，也不去赞美，就让他去看着第一组和第二组接受赞美或责备。

另外的一个房间，称为控制组，那组完成同样的任务，但没人搭理他们。我们猜猜看，如果按照最后完成的业绩来说，哪组业绩最好？

结果是：第一组绩效最高，第二组绩效其次，第三组绩效第三，最差的就是那组不受理睬的。

这个实验告诉我们，反馈要及时。其实反馈在我们的工作中是相当多的。我相信很多人做任何的事情时都想知道员工或者上级的反馈。每个人其实只要跟别人有交流，只要有互动，只要有事做，他就需要互动，我们把这叫作反馈式互动。因为只有反馈才能给他一种提示，该怎么做，该往好的地方做，还是保持不变。其实我们每个人都有一种先天的不自信，需要得到及时的反馈，才能够获得继续做下去的信心。所以在企业管理的互动中，反馈不但重要，还需要及时。

什么是目标简明呢？商学院里经常会接触到各类的管理者。优秀的管理者具有清晰且可操作的目标，他们对于目标的表达不仅言简意赅而且很具象。但这一点，并非每个管理者都能掌握。比如年底到了，要设定明年的目标，我们很多人提的口号很宏伟、很大。但是我们在企业当中会发现什么情况呢？因为目标太大，一旦你不能按照步骤走，那么接下去就会出现问题。你离你的目标越远，心就越寒。因此在制定目标时，应尽可能地做到言简意赅和具有较强的执行力。由此，我们更容易去实现，也更愿意去努力。

关于好玩，就更有必要揭示其含义了。玩游戏不只是因为乐趣，也有些人是为了刺激、为了惊悚感。这是游戏迷人的第五个方面。我们人类天生喜欢尝试和探索，当我们探索后，突然发现某个东西与众不同，能够激活自己快乐的元素，即大脑中的多巴胺，它可以带给我们身心愉悦。瑞典科学家阿尔维德·卡尔森发现并确定多巴胺为脑内信息传递者的角色，这为他赢得2000年诺贝尔医学奖。多巴胺这个物质广泛地运用在精神科治疗当中，比如抑郁症要吃药的话，一定会吃百忧解，或者类似的药。这些药物有一个重要的功能，就是激活大脑里面的多巴胺元素。通过心理学实验，我们发现一个全新的能够激活人们内心好奇感的设置，只要人们觉得好玩就会改变他的行为，这是非常神奇的功效。这里面突出的就是好玩、新奇。最重要的一点就是这可以带给我们与众不同的一种体验，所以我们把这个称为乐趣理论。在日常生活当中创造不经意的乐趣，从而改变人们的行为习惯，所以我们的乐趣是可以去发现的。比如在家庭中，千万不要只有一成不变的早餐，一成不变的晚餐，一成不变的话语，一成不变的睡姿。我们都要有变化，不管是跟先生、太太相处，还是跟你们的孩子相处，变化是非常需要的，因为这样会带来更多的乐趣。

最近几个早上，我太太出差，家里没人准备早餐，我上小学二年级的孩子开始自己拿面包随便吃个早餐，我也做一回奶爸，帮他把面包切得薄一点，更方便他入口，顺便热了牛奶，在牛奶里加个水煮蛋。我偶然发现，一点点小小的变化，就能给孩子带来全新的感受，他能破天荒地把早餐吃个干净。所以，我们在生活当中稍微改变一点，就可以给生活带来乐趣。提供不同的感受，这就是游戏化思维，获得乐趣的思维就叫游戏化思维。

我曾经专门研究创新性思维，发现一个公式，就是“潜能=激情 × 方法"”。我们怎么样才能拥有激情呢？这就是我要说的——游戏化。游戏化是让我们把游戏的思想带入到一个非游戏的场景中去，也就是说我们的工作，能不能以游戏的模式出现呢？比如说使用游戏化的元素。

什么叫游戏化的元素呢？竞争性、目标性、规则性，这是游戏化的三个要素。管理模式的游戏化让我们从必须做的事情中发现乐趣，使商业产生吸引力。也就是说，在我们的工作当中，如何让员工工作充满乐趣，这是每个管理者都应该去考量的问题，因为游戏化会使工作产生无限的魅力。

在我们工作当中有很多游戏化思维的例子。比如说学开飞机，学驾驶，或者开地铁，都有模拟实验训练系统，这个模拟训练系统其实就像打游戏一样，但是他们通过这个测试系统学落地的方式，学习碰到各种各样气候和环境变化时的应对方式，我觉得这些都是游戏化融入到他们的工作当中去了。

我曾经见过一些心理咨询的平台，比如嗨忧心理咨询的APP，上面有很多的心理咨询师，这些心理咨询师以做咨询来获得报酬。但不是每个咨询师都有丰富的个案可以承接的，有些人经验比较少，有些人的时间不一定满足大多数客户的需求，这些咨询师的客户就很少。在这样的一个平台，如果心理咨询师太闲，长时间不能获得工作和报酬，这些兼职人员就会流失。因此，为了管理好兼职人员而不让其流失，我们就可以用游戏化思维来思考这个问题。

这家公司的运营人员都并非心理咨询行业的从业者，而是一些IT领域的精英，是典型的80后。这些80后也是游戏玩家。运营者发现，很多咨询师虽然没有从APP上获得工作，但却渴望学习和希望获得更多的个案。在了解到咨询师的现实情况后，运营者设计了通过撰写文章分享个案成果的系统，每发布一篇文章，系统会根据其他咨询师和读者的好评度来增加咨询师的奖励积分，积累到一定程度，可以置换成广告位或免费在嗨忧APP平台上听专家的课程。这下，咨询师们可都忙起来了。后来，这些积分的管理，扩展到其他方面。这是把游戏化用于人力资源管理的一个案例。

除了嗨优 APP 平台，还有个听课的 APP 也很有名，那就是喜马拉雅网络广播。不得不说，我作为喜马拉雅平台的客座老师，这个 APP 的运营模式曾经让我的团队非常着迷。喜马拉雅 APP 当中有一个环节，就是鼓励在平台上注册的主播分享节目到朋友圈，如果有人买了这个节目中的收费部分，分享节目的主播会获得奖励金。所以，很多这个平台上的主播拼命地定期分享。这也是游戏化应用的案例。

现在我们来总结一下游戏化思维在企业中具体应用的领域。

1. 内部游戏化，就是激发员工的自主性，使员工自发地参与企业管理，乐在其中。比如之前嗨优 APP 的例子，做到了让咨询师捆绑在这个平台上兢兢业业地工作，这里采用的是内部的游戏化。

微软内部的挑错也属于游戏化的例子，其中有地域和地域之间的评分，工作时间和非工作时间的挑错，积分也相应的不同。当然这里是鼓励员工主动地去工作，没人强迫，也没有奖金，这样的方式让员工对这项工作充满乐趣。微软在日本有一个区域经理，他牵头搞了一个挑错竞赛，动员日本三千多个员工拿全球第一，众人纷纷响应，后来还拿到团队的全球冠军，每个人都得到了嘉奖。游戏化的设置充分突出了自主性，这就是我们所说的内部游戏化。

2. 外部游戏化，指通过游戏和客户形成良性互动，让客户沉浸在互动中。其实，市场上已经有很多企业用了外部的一些游戏化设置，跟我们的客户有了很多良性的互动。比如苹果公司在它的各类电子产品里，如 iPhone 或 iPad 等产品，里面有很多的游戏设置，让用户能够产生积极性和乐趣，并且苹果公司对于这些 APP 的要求比较苛刻，必须定期更新，否则会自动淘汰不经常更新的 APP。苹果公司用这种方式去吸引用户产生交易行为，这就是我们所说的外部游戏化。

另外一个外部游戏化的例子是“滴滴出行”。2006 年初，滴滴专车搞了一个叫作 h5 的活动。这个活动的主要参与者是都市里的加班族，人们加班叫车回家时，要对所在的大楼进行标记。如果成为加班最多的一幢大楼，这个大楼里的叫车员奖励份额会更高。这就是我们所说的外部游戏化。通过这样一种竞赛，满足了这些加班族的几个欲望，一是吐槽和宣泄，“你看我们苦不苦啊”“我们到现在还加班”“我们整幢大楼……”。其中上海排名第一的是“淮海国际广场”，在这个广场办公的员工加班率最高，第二个加班率最高的是“世纪商贸广场”，第三个是“闸北区七百号中心广场”，然后是“企业天地”。人们通过游戏化设计开始热衷于参与这些加班地标的排名游戏中。从这个案例中我们可以看出，很多人之所以会主动标记加班地点并不全是为了五元、十元的奖励金，而仅仅源于自身的乐趣。这还激发了每个参与者的自主性，达到了自主参与的目的。

3. 游戏化影响人们的行为。这里举个耐克公司的例子。耐克公司把高科技融入到鞋子的设计创意中。2013 年时，耐克曾经设计出一项新的产品，鞋子底下有一个传感器，传感器和手机相连，可以记录路程、步伐，计算你是在走路还是跑步，并且和周围使用同种产品的人形成竞争——比如在世纪公园跑步，产品就会显示有多少人在同一个时间跑步，然后彼此不认识的人就在跑步中开展竞赛了。这个跟陌生人竞赛的活动引起了人们对于跑步更多的兴趣，这就是耐克 + 科技 + 游戏化，即我们所说的游戏化影响对行为的改造。

为什么每个企业都应该考虑进行游戏化呢？在现实商业环境中，我们为什么要严肃地对待游戏的行为？这涉及到游戏化的核心价值。

首先是参与感，我们前面所讲的例子，不管是微软，滴滴出行，还是耐克的例子，都充满着参与感，参与性是把这件事情做得有声有色的关键之一。

其次是要有强烈的良好体验。体验便是带着感情的觉察，人人都有体验，而我们的体验需要随时被唤醒。我们一定要在游戏化管理当中，让员工感觉到他是有团队参与感的，让员工体验到他是有情绪体验的。

游戏设计师是怎么思考的？为什么他们能设计出好玩的游戏呢？我在接触那些游戏设计师的时候，感触最深的就是他们对于游戏设计本身的专注。因为游戏是必须要有趣的，也是必须尊重客户体验的。你们知道是什么在影响我们的业绩？是什么在影响着孩子的表现？其实就是注意力分散。注意力分散会让人心不在焉，当然也就很难获得令人骄傲的成果。

你们知道玩游戏的人的成功概率是多少吗？其实不足5％。游戏里到底有什么？有人说游戏有乐趣，还可以打发时间。游戏化设计思维可以从三个角度来探讨：1. 创意带来的改变；2. 游戏化思维的秘密；3. 游戏化解决的问题。这里我举个简单的例子。曾经有人设计了一款垃圾桶，垃圾桶的盖子上装了一个感应器，一扔东西，它就会发出有趣的声音。人们非常好奇，所以随地乱扔垃圾的现象变少了。一个小小的设计，改变了大家的坏习惯。小小的创意，给我们的生活带来了不同，给我们的行为带来了改变。游戏化应由以下要素来决定其意义：1．感官的体验；2．自我价值；3．利益。所以做一件事情有没有意义，就得看其中有没有以上这三部分内容。

游戏当中最关键，也是最难做到的，就是我们所说的掌控感。掌控其实就是自控。通常来说，如何获得掌控力主要有两个要点，一是通过观察和思考；二是通过决策，决策之后是影响，影响后是执行，执行后就达到了掌控。前面说的几个力其实都是一盘散沙，关键是要有根绳子把它拎起来，这叫领导力。控制别人，影响别人，能做自己想做的事，不做自己不想做的事，很多人做不到这一点，而游戏化管理切中的就是这一点。

举个简单的例子。现在很流行的DIY，不是把做好的冰激凌直接给你，而是把相关的配料给你，比如奶昔、水果……想吃什么口味自己做。为什么冰激凌要这么玩呢？这就是要充分调动人的控制力。这控制中还带着乐趣，带着意义，带着参与感。这里面不仅仅是一个吃东西的人，一个花钱的人，而更是一个掌控自己的人。这时候人们来掌控这一切，做自己的主人，通过控制力来提升我们的自主力。

玩家的目的就是为了赢，为了得到它。作为一个管理者需要像游戏设计者一样工作，而什么是设计者思维？就是两个字，黏度。客户黏度、员工黏度、领导黏度，等等。这是游戏设计师使用的最主要的一个模式。玩家是游戏的核心，给玩家控制力，其实就是给他掌控力，玩家的幸福感源于自主意识。我们要启发员工创造控制感，要启发员工或者客户创造自主意识。如果将客户当作你游戏中的玩家，那么就需要给他提供类似的有意义的选择机会，能够给他们带来存在感，这就是我们游戏玩家的思维。

当员工出现离职现象时，这时我们该怎么办？如果他是玩家，你怎么和他形成合理的黏度？你得让他觉得留在公司有意义，让他感觉有乐趣，有希望，有发展。他为什么要走？所有的人要走，都是为了另谋发展。所以他要走的理由就是我们现在让他感觉到了不足，我们在这方面要让他重新调整。

当员工没有完成任务时也一样。他对这个游戏，也就是我们的产品设计，是不是感兴趣，里面有没有游戏元素？他能不能拿着这些游戏元素去吸引我们的客户？这些都是很重要的，都是关乎我们的任务的。当这个员工没有完成任务，我们就要给他提供更多的工具。当领导又压指标时你会怎么样？我们怎么用游戏化的思维来完成？我觉得最好的方式，是让玩家型领导真正能体验到员工工作的辛苦。所以经常向领导请示汇报工作中的甘苦是很重要的，这是让领导去体验你的工作内容。很多人不好意思找领导，但是找领导是很重要的。做领导的人是什么心态？就是希望员工经常和他聊一聊，这样哪怕压指标时，也会“怜香惜玉”一下。

用游戏化来解决问题。在游戏里面每个人都那么喜欢规则，因为它是被用来保护自己的。而我们发现企业里很多规则是限制我们的。人们因为受到限制，就会寻找突破，而投机取巧，见缝插针，都往往是我们的规则。它没有激活员工的自主性，反而使得员工想办法逃避规则，因此我们在规则设置当中要注意到公平、公正、公开。

建立游戏化管理模式的时候，需要注意员工的动机，注意有意义的选择，注意规律，包括跟我们原来的管理规范的冲突。游戏化充分地激活了每个人的自主性、乐趣、竞争力、参与感。

游戏化管理行为的心理原理是激励人们开始行为，动机就是推动我们往前走。动机其实就是我们的需求和行为之间的一个连接点，需求诞生了动机。我们的动机在情绪触动下变成了行为，就这么简单。这里和大家解释一下人们通常比较感兴趣的一个与动机有关的名词：犯罪动机。

什么叫犯罪动机？首先，犯罪动机是指有一个对别人进行损害的想法，比如说强奸犯有性欲；贪污犯想要钱，有物欲；然而这些愿望都可能导致犯罪。所有犯罪的人都拥有一个负面的情绪反应，这种深层次的情绪体验，就是动机，它跟人有关系，跟需求有关系，最重要的是跟环境有关系。通过对犯罪动机的理解，我们更容易理解动机了。我们有内在动机和外在动机。比如，女孩子喜欢过各种各样的节日，老公说亲爱的咱们今天出去玩玩，你问玩什么呀？老公说看电影吃大餐，对吃大餐感兴趣，这叫内在动机。外在动机就是你是被别人要求去做的。那内在动机呢？你也想吃这个大餐，这叫内在动机。员工上班，这是内在动机还是外在动机？很简单，这是外在动机。今天工作又停不下来，因为太专注了，想做完再走，就是内在动机。把我们的外在动机转化为内在动机，这是很重要的，一定要知道自己为什么而做。

美国心理学家德西和瑞安提出自我决定理论，这个理论强调自我在动机过程中的能动作用。自我决定理论认为驱力、内在需要和情绪是自我决定行为的动机来源。内在需求来自于三个要素，分别是自主需求、关系需求和能力需求。自主需求就是自己所需要的；关系需求就是我们因为情感所需要的；能力需求就是我们因为拥有这样的能力，所以需要掌控力来掌控一些事情。游戏的自我决定理论，指的是人追求游戏首先是基于自愿，其次是外在动机和用户体验。

员工如果能够在工作当中获得强烈的快感，如在获得赞美，获得成就的时候，就会产生良好的职业体验。但问题是你能不能把这个职业体验捕捉到。如何刺激他的职业体验呢？这个问题也正是把外在动机向内在动机转换的关键。

举个例子。我儿子原来不喜欢学英语，后来我们给他报了个网络一对一外教课程。这样每星期他都会跟一个澳大利亚外教通过互联网交流半小时，慢慢的我发现孩子开始喜欢英语了，每次到了时间总是准时去迎接这个老师。这个老师无形中运用了激活我儿子学习动力的五个元素。第一个是拉关系，他有时候会学鸟叫声、说几句玩笑，很会跟孩子拉近关系；第二个是讲故事，外教很会讲一些有意思的故事，可以用故事里的道理来激励孩子，而不是空泛地讲大道理；第三个是目标明确，外教给我孩子的规划是孩子听得懂，而且非常认同的学习计划，每个阶段完成会有评估，去发现孩子的进步在哪里；第四个就是积分制，老外制作了一个表，上面有十项标准，比如上课的积极性、想象力、记忆力、纪律性、主动性等，每一项都有打分，分数到一个程度就有一个称号，这些称号都是国外著名的IP，比如钢铁侠、蜘蛛侠等，所以孩子有一次下了课就说，今天他是蜘蛛侠了，这让他的学习过程具有了强烈的游戏色彩；第五个就是规则性，有一次我儿子迟到，说好八点半上线，他八点三十五分才上线，晚了五分钟，但外教一定会按原计划准时下课，绝对不会给你多五分钟。外教会很明确地告诉孩子这样的损失是他自己要承担的，对孩子来说最大的负担绝对不是浪费了父母的学费，而是减少了他的积分，孩子就会觉得这是和他有关的事了。

如果我们在企业中，把游戏化思维植入企业管理，员工的工作势必也会获得一种良好的职业体验，他们的内在动机也就逐步形成了。

有一款游戏叫家务战争。很多人都不爱做家务，如何让爱偷懒的孩子在劳动中获得一些游戏的乐趣呢？除了有一套奖励机制外，还可以有倒着走扫地，跳着舞扫地等形态。目标只有一个，就是扫地。如果孩子不爱劳动的话，给他一点这样的乐趣，他就会喜欢上劳动。再比如微信里的抢红包，哪怕拿五分钱，一块钱，没有人会嫌少。抢红包为什么那么多人喜欢？就是因为它有竞争带来的惊喜感。

其实我们的工作也应该有各种惊喜，要让员工充满获得胜利的新鲜感。虽然每个企业所处的环境不同，工作性质也不一样，但奖励应该不完全是物质的，带有创意性地去设计工作氛围和形式，也能让员工对工作充满良好的职业体验。比如有些工作居然可以允许员工带自己的宠物上班，并举办最美宠物竞赛等，这都算是工作形态上的创意了。

说到游戏，每款游戏里都少不了人物，如英雄、救世主、巫师、流浪者、孤儿……在游戏中，玩家最大的快乐就是扮演人物。大家都知道，马云的阿里巴巴公司里让员工用花名，都起一些好玩的名字，每个名字都会发挥员工无限的想象，而且充分表达了“身份自主”。在工作中呼唤这些员工的花名，比如星矢、小花、绿箭侠……这样，员工之间总会好奇于对方的真名到底叫什么，他有什么性格，什么长相。这些名字和游戏中的角色扮演有着类似的关联，带动着人物角色的原型，调动着我们原始的情绪，从而带来了工作的激情。我在浙江电视台的一档节目中曾与阿里巴巴公司的一个高管合作过，至今都不记得那个高管的真实姓名，但是他的花名却给了我深刻的印象。马云的智慧不在于多会赚钱，而在于他非常善于用游戏化思维经营他的事业。

游戏化思维在企业中的发展，已经不是近几年的事情了，而要把这些成果进行系统化的表达，还真是近几年的事情。在我的演讲中，已举了很多的例子，这些例子除了有说明的作用，也在证明着人们在这个领域的探索。游戏化思维的创意是无限的，而不是照抄和生搬硬套。希望大家在努力争取着职业发展的过程中，不要仅局限于兢兢业业和“以苦作舟”，而是能深刻地去创造一个让职业快乐起来的元素。那么就请把自己在游戏中获得的经验，合理运用在更值得施展的职业领域中吧。

第十二章

顾歌说职业心态——Q&A 互动

一、关于入职问题的求助

求助 1：女儿从小到大一直是乖乖女、好学生，大学毕业后却发现自己各方面能力太差，还停留在学生时代的应考模式，对职场有恐惧，没有自己喜欢和会做的事，总担心自己的人生路程会困难重重。请问该怎么办？

顾歌：如果这是一个独立的事件，或者说这只是在你女儿身上发生的事，我会觉得这是你女儿的问题，但事实是这个故事具有普遍性。我曾看到过父母在大学附近租个房间陪孩子读大学的报道，我曾听到过大学毕业找工作后不适应马上又重入校门，名义上是考研，其实是逃避的故事。我也帮助过被推荐进名校的高才生因大学科目考试门门挂科而被勒令退学的案例。问题出在哪里？归根结底，中国式教养在现代社会已露老态，明显跟不上新生代人格发展的需要。如果还延续机械式的应考机制和无创新性的刻板教养模式，那毁掉的将是中国的希望。至于如何调整和修复这种现状，快速见效的方式就是情景体验式的教学训练和疏导性的沟通倾听。

求助 2：我马上大四了，面临找工作，心中非常矛盾。不知道是回到家乡留在父母身边，还是去有更多机会的大城市闯一闯开阔眼界呢？自己和父母关系很好，所以心中很是不舍，但是同时心中也有梦想。不知该如何抉择？

顾歌：只要是这样的问题，顾歌一般都会建议对方先在自己的父母身边完成了成长的全部过程，到那时自然会选择离开父母，走出家门闯出自己的人生。为什么呢？因为这就是所有动物的个性发展史的规律，从出生到成长，再到成熟和独立，这是一套标准体系。如果还有谁在为从父母身边离开或不离开而纠结烦恼，那只能说明他没做好在精神上与原生家庭“断奶”的准备，这份不舍是分离后的不安，这份不安是依赖习性的牵制，这份依赖是成长尚不完整的印迹。所以在父母身边继续成长是你目前最好的选择。一个人成熟与否，不要看他的年龄大小，而是他的心智中是否有离家的迫切冲动和良好准备，这才是人格独立的唯一标签。

求助 3：我是一名医学院学生，今年考研落榜，这段时间心里烦得要死，睡不着，感觉现在颓废极了，前途渺茫，生活没有一点趣味，心里想着要振作，却一直沉浸在悲伤之中。要知道，医学院的学生必须读研，否则很难找对口的工作，可是自己却一败涂地，不敢也不好意思去见自己的同学朋友，想想自己的理想抱负，心痛得无法言说。这样的我该怎么办？

顾歌：看着这样的留言，顾歌认为，你现在的压力值一定破表了，所以才产生了溃败感。压力大怎么办？在生理上你需要休息、运动和放松；而心理上，你需要安抚、愉悦和放空。身心得到调整了，理性才能驱赶负面情绪并重新振作。和最要好的同学朋友聊聊天，喝个小酒，可能是现阶段最好的选择。同时还可以读本好书，听堂好课，比如罗曼·罗兰的《约翰·克里斯多夫》，课程我推荐“顾歌潮阅读书会”。记住一个原则，压力大时要休息，休息过后订计划，发挥能力坚持做，重树雄风会有时。

求助4：有人问马上要开始下一份工作，但自己还没准备好，又怕错失良机，请问该怎么办？

顾歌：留言所反映出的两难选择是人类常见的一种自我博弈，理性在博弈中有时并不能发挥太大的光芒，这种现象又称为非理性决策。心理学在大量研究的基础上告诉人们：由于人性的局限，我们受环境逼使会做出许多无奈的甚至是错误的决策，此时恰恰需要一些不顾一切的热情，或者是拿得起放得下的悲情，甚至是壮士断腕一去不返的洒脱，同时也需要自我宽容、把错误作为经验的积累。但我也想帮这位留言者看看还能不能做些什么？准备好需要哪些条件，还需要怎么做才算准备好，他又有没有这样的计划？此时抓大放小是不是可以做些弥补？当你拥有这样的工作机会后，能不能和原有的能力做些整合而体现自身的价值？顾歌还要提示的是，职业中最需要注意的，是一开始带给别人过高的预期要比一点点提升他人的预期会更令人感到舒服。

求助5：我最近刚入职不到一个月，公司和我都觉得不太适合，我不知道还要不要坚持，也不知道什么工作适合自己。上海压力很大，工作也不好找，最近比较焦虑，不知道该怎么办。

顾歌：从你的这段话中，顾歌听到的关键词是不适合、压力大、焦虑，你说这些都是上海带给你的，那我还是建议你回到家乡去试试，那里应该是让你舒心的地方了。顾歌认为人的问题有三大根源：一是遗传问题，二是发展问题，三是适应问题。你表现出来的就是适应问题。所以，在没有准备好的时候，你不能逼迫自己成为什么。因为你在成长程序中没有输入艰苦的代码，所以这种痛苦只能让你厌倦和逃避。在适合自己成长的环境，比如在家乡先成熟起来，然后，再尝试探索新环境和新事物。人的成长，像进行一场革命一样，需要构建一个坚固的、进可攻、退可守的根据地。不顾一切背井离乡还能找到自我感、成就感和幸福感的只属于成熟的强者，相信你未来可以做到。

求助6：顾老师，您好，我今年25岁，已经换了五六份工作了，每份工作一开始都很热情地投入，但是做着做着就觉得没意思了。请问顾老师，怎样才能找到适合自己的工作呢？

顾歌：我一直欣赏那些想走就敢走的人，还特别膜拜那些想留就能留的人。生命的节奏完全把握在自己手上，那是多么迷人的一件事。但你既然留言了，肯定是对这种生活已经厌倦，需要一个定格，一份安稳，让自己跃动的心能洗去尘霾，换回一份执守的淡然。但是如果人能这么容易地变化，那些成功学大师们一定会成为家喻户晓的英雄。其实浮躁也是一种心理病，可能叫焦虑，可能叫边缘化，虽然不太严重，但改起来还是需要遵循一个规律，那就是找到存在的理由，把每一天的目标细化到一件小成就上。这样每天都可能是新的了，你当然也能坚持得更久。

求助 7：我儿子今年大学刚毕业，通过自己找机会面试，最终被一家不错的国企录用，全家高兴了一阵。但这两天孩子不对劲了，回来也是垂头丧气的样子，问他什么也不说，昨天突然和我提出说不想干了。我们全家一下子都蒙了，问为什么，他终于开口说是在单位感觉压力越来越大，因为自己不善于和别人交流，实习的时候总感觉自己是个局外人，他感觉这样下去没法坚持，于是想着不干了。我孩子平时是有些腼腆内向，但我和他说工作也是一个锻炼成长的机会，然而我怎么说也劝不了他。现在的孩子怎么这样啊！我让他再考虑考虑。我们全家现在真的很急，不知怎么帮孩子。

顾歌：我曾经在复旦大学管理学院邀请开设的《新生代管理》课程中，提出了新入职员工的“五力模型”，这五项力就是观察力、抗挫力、沟通力、乐活力和续航力。也就是说，不管是家庭、企业还是新员工自身，都要着力培养新生代们的这五项能力。

具体来说，第一项能力观察力就是刚入企业一定要保有一份对职业的好奇心，经常带着“是什么”和“为什么”的疑问去学习。善于观察和发现的人融入新环境的能力更强。通过对事物和人的观察，了解得就越透，在面对人和事时，自然就更有底气了。

第二个能力抗挫力就是应对压力和挫折的能力。挫折哪里来？其实就是从自身的承压能力受损来的。顾歌认为压力大是一句自欺的谎言，事实是承压能力小，所以面对压力不要太苛求外因，而应寄希望于内在的承压力即抗挫力的提升。顾歌有一个抗挫三字应急法则，在很多场合都说过，就是“松、通、空”三字经。而抗挫的长效法则，看来得翻翻这本《好心态成就好工作》，其中有一些方法还是挺管用的呢。

第三个能力是沟通力，顾名思义这是人际沟通的重要手段。我给新生代员工的建议就是：主动、耐心、直接、控制，主动接触、耐心倾听、直切主题、控制行为。

第四个能力就是乐活力，乐活力是一种充满动感节奏和生命力的愉悦心态，年轻人得有年轻人该有的张力和活力，少年老成在这多变而快速的时代，就是陈旧和消沉的写照。新生代新入职场应该有自己的充满乐观和希望的情绪表达。在自我的情绪管理上需要做到对自我情绪的了解、找到适合自己的疏解方式，迎合各种角色的转化。

最后一个能力就是续航力。曾是美国总统候选人的希拉里在一次对年轻人的演讲中说过，“再迷人的航线，游轮如果中途没油了，会显得更加糟糕”。所以找到了好工作只是一段迷人航线的开始，但是否做好了充分的准备，决定了你能走多远。而这准备就是你得想想你到底要的是什么，不仅仅想当前想要的，还得想想三年后、十年后及十五年后想要的可能是什么，而这里能给你的是什么，能符合你的第几层需求。这样你就可以给自己建立一个大概的职业规划了。

基于以上内容，我给新生代刚入职的员工写了下面的几点建议。

1．就业准备的观察力

积极探索有好奇，掌握职场PAD，察言观色读人心，大事小事勤学习。

2．迎接挑战的抗挫力

大脑SAP抗压力，层层通关有秘技，失败无需太悲观，AQ提升争契机。

3．人际沟通的沟通力

主动交流赢人心，和颜悦色耐心听，表达直接要点题，善于说“不”会喊停。

4．情绪调适的乐活力

情绪掌握不难缠，自我解析做侦探，角色转换能适应，成就乐观不悲观。

5．工作价值的续航力

激发热情有兴趣，获得赞许先给予，紧跟企业目标行，实现自我要持续。

二、关于情绪问题的求助

求助8：父母临近退休，但因为我还没有结婚，他们不愿意停下来，他们认为退下来也没有事可干。但我希望他们能休息一下。最近觉得爸爸有临退休前的焦虑，心情低落，我怎么做能让他感到退休后的生活同样可以充实呢?

顾歌:你貌似是一个好女儿,希望父母退休后能休息。但这是否是关心,顾歌心里存在一些疑虑。因为关心是站在别人的角度去体谅别人的需要,并且给予帮助,从而达成需要的一种情感支持。而你呢?没有看到父母的需要是在于你能结婚,这样他们才算完成父母的一份责任,不然只能以继续工作来消磨退休后的无力感。当然作为女儿来说,让父母休息可能更是降低自我歉疚感的一种方式,却不知,人不是因为多休息而会少焦虑,而是对未来有了充分的预期和渐进的计划,才能减少焦虑。所以,你可以和父母一起做一个退休后的生活计划,也把自己的婚姻计划融入进去,这在很大程度上一定会减少父母的焦虑。

求助9:我亲哥哥是开公司的,让我去他的公司工作。最近公司效益不好,他现在一生气就会对我大吼大叫,甚至昨天还扇了我一巴掌,把话说得很难听。你说我还要不要继续在哥哥的公司里面工作呢?

顾歌:你哥哥最近看来得做做情绪管理了,这样的情绪不仅不利于公司管理,而且还会让自己陷入更大的麻烦。据说曾经是世界五百强的柯达公司之所以会走向破产,除了大家公认的产品落伍外,其实和最后一任总裁彭安东的脾气性格有关。柯达是最先拥有数码成像技术的公司,但最终没有存活下来就是因为彭安东的坏脾气赶走了核心技术的研发负责人。所以说,有三样东西足以毁掉一个人:怒气、骄傲和狭隘。但问题是,他是你的亲哥哥，你不可能看着他没落下去，顾歌不能怂恿你一走了之啊。所以你还得帮助他，毕竟打虎亲兄弟，再亲不如一家亲。我们就来说说愤怒吧，只有怒气才会产生攻击性。

胸怀越大的人，负面情绪值就会越低，反之负面情绪值就会越大。而愤怒情绪上升到一定程度就会产生对外的攻击甚至伤害。我们为什么会产生愤怒？原因是平时不良情绪的压抑或忍耐，当不良情绪累积到不能忍受的程度，任何一件事情都可以诱使其爆发。即使不对外爆发，也会对内以疾病的方式来宣泄。所以平时合理倾诉和有效运动就是这类人群的必备技能。另外，对平时情绪就容易低落甚至抑郁的人来说，抗挫能力或突发变故的应变能力都偏弱，遇到各类事件都容易往坏处想。这些人具有神经质性的性格，遇事容易产生应激反应和情绪爆发。所以和这样的人相处一方面要保持距离，另一方面也得多鼓励其往好处想远处看，多给予积极引导和激励。

求助 10：我在上海一家中学做老师，这次假期回家，发现我哥哥出问题了。哥哥今年 35 岁，前年结的婚，今年初刚生了一个儿子。本来一家挺开心，但哥哥在老家的单位突然把他给辞退了，理由是经济形势不好，我哥哥却认为是老板故意的。我嫂子生育后一直在家带孩子，哥哥失业后，家里一下子陷入困顿，我哥也不愿意走出老家去外地工作，在家工作机会又很少，所以非常消沉，天天唉声叹气，让人看着难受。他知道这样对老婆孩子不好，但就是整天觉得自己无能，现在也不爱出门了，总感觉自己没有用，又感觉自己生了病，乏力、气虚。去过医院，说是抑郁症，这样他就更加害怕，天天嚷着说要死。请顾老师救救我哥哥。

顾歌：看了你哥哥的问题，我想先说说抑郁症的类别吧。有原发性和继发性两种，得先弄清楚是哪一种才能合理应对。原发性包括抑郁气质型、生存压力型和遗传体质型，你哥貌似是第二种。继发性抑郁包括器质病变导致抑郁的身心障碍型及其他心理问题得不到及时改善的情绪转移型。抑郁症在临床中的分类如此丰富，但一些精神科大夫却把药视为万能而忽视了心理疾病与躯体疾病病理上的迥异。这类心理上出现状况者在症状期往往是非常敏感的，一点点外在刺激和评价都可能引发其恐慌。抑郁症患者中有相当一部分人是由于其他心理问题引发了抑郁情绪，比如焦虑症、疑病症、强迫症及癔症，这些神经功能性障碍者在现实状况或症状无法得到改善时，就会灰心丧气、自责退缩，抑郁症状也就随之出现。但如果仅将此当抑郁症治疗，专注于服药，根本问题不仅不能得到缓解，还可能引发身体的不适。回头再看本次案例中的这个哥哥，究其原因，其实正符合大部分情绪转移型抑郁症者的判断标准，一是强烈的无助和失落，充满着对失去某些事物后的恐慌感，对未来无法重新建立目标和信念；二是自尊心受到打击，即现实状况与内心期待产生冲突后，自我感没有适应这种变化而产生了受挫心理，于是在这些人身上就出现了愤怒和怨气的向内投射现象，把攻击的冲动转向了自己，造成自责自怨状态；三是认知失调导致的对事件的消极、悲观，甚至绝望的解释，这些解释加重了问题的严重性，并且会引发行为功能的减退和丧失。

在这个案例中，这个哥哥表现出的失调型认知就包括“没了工作就是个无能的人”的非黑即白型的两极化思维，不成功便成仁的结果就是不能承受片刻的失意。案例中的失调认知还包括“工作太难找了，我找不到工作了”这样以偏概全型的思维，还有“我得抑郁了，我死定了”的绝对化思维。希望这位妹妹能从这些提示中看到帮助哥哥的方向，他需要正确的心理咨询而不是一个抑郁症的暗示；他需要认知角度的切换而不是药物病症的定性；他需要的是不断激励重获勇气的氛围，而不是任由其自怨自艾地日益沉沦；他更需要一个强有力的支持而不是孤独地迎战生活一时的挫败。这个支持包括专业支持和爱的力量。只有这样，你哥哥才能重新站立，成为一个了不起的养家的男人。

求助 11：我的生活中接二连三地发生很多坏事，先是父亲去世，再是辞职离职、家里经济出现危机，现在婚姻随时可能会破裂。感觉我的人生掉进了一个黑洞，越陷越深。我怎么才能从黑洞中爬出来啊？

顾歌：我相信任何看到你这段话的人都会生出同情心，除非是那些没有经历过任何苦难的人。在人的一生中，我坚持认为一定有四种状态占用着人的一生时光，第一就是占用了你每天平均八小时的睡眠，不要告诉我你很努力地每天只睡五小时，如果算上小时候一睡就睡十二小时，年迈时一躺就可能躺上十六小时，这样一平均，八小时算少的了。第二就是你每天会花去四小时发呆和无所事事，包括你此时乱翻着微信，没有目标地寻找着刺激视觉的信息，现在有这么多“标题党”出现，就是想把你迷茫的目光从空白处聚集过来。当然发呆据说是大脑休息所必需的状态，不是有研究说常发呆的人更聪明吗？第三，你一天总得做上四小时有价值的事，这四小时可能包括自己认为有价值的，也可能是自己认为没价值却为他人创造着价值的事，这就是工作。第四就是剩下来的四小时了。可能此时你正挤在充满汗味的公共运输工具里，或顶着烈日等待着传说中的秋季。而更多的就是经历着人生的几大悲苦事，生离死别、家破人亡、妻离子散、失业无助等。顾歌把时间这么一分，还有谁能说自己没经历过上述的四种状态的任何一种呢？但人天性就会追求成就感，成功的人一定是一个善于利用时间并且平衡各种状态的人。我们都有一个神奇的大脑，你随时可以启动叫作“希望”的按钮，它打开的就是叫作“意志力”的能量，从而促使你去坚持行动。在行为学理论中，有一个关于一些人容易沉沦于“失败”的总结：“不知道该怎么做”和“虽然知道应该怎么做，但不知道如何坚持”。顾歌下面就说说摆脱这两种束缚的方法。

其一，你得知道目前处境中的自己是谁，起码你得知道自己是一个懦夫还是勇士，有了自我的角色定位才能知道自己的功能。如果承认自己是懦夫，后面的就不要看了，直接来我这里求助以激活勇士的能量。

其二，你得知道自己当前最想满足的期待和需求是什么。

其三，你得想明白你为什么有这样的期待和需求，给出三点可以达成的理由。

其四，为以上的理由建立明确的计划，把事情分割得再小一点，方便自己的行动获得成功。

其五，给出让自己能够坚持下去而不是中途退缩的三点理由。

其六，说出自己能够成功的最大优点和难以成功的最大缺点，并把这个优点作为攻克自己缺点的关键。

如果你能做到这六点，那就去行动吧，你一定能摆脱人世间给你造成的除心理疾病以外的任何困惑。

三、关于压力问题的求助

求助12：我目前单身，工作压力又很大，顾老师我好累啊，该怎么排解？

顾歌：单身和工作压力貌似是两回事，但又有着深层次的关联。因为单身必然孤独，而孤独感本身就会累积内心的压力，所以一到周末只要看到“魔都”处处欢舞，就有排解自己孤独的压力。排解不了，那必然会将压力释放到工作中。工作压力源自于生存竞争，加上夜晚的孤独，势必令竞争力更强。你的铿锵角力只能激活竞争对手们更为强劲的反作用力，如果对手们也孤独的话，那场面将蔚为壮观。当然你的工作压力此时就会进一步升级，失去了从容的你，满脸憔悴加上两个黑眼圈，哪还有丝毫的可爱迷人？于是孤独继续、工作压力继续，难怪现在有职场心理困惑的人那么多。个个包装在西装革履或浓妆艳抹下，心理煎熬却与日俱增，怎么办？顾歌给出如下的建议：工作安排有节奏，目标计划按步走；轻重缓急有分寸，谈情说爱先感受。同时在适当的时候做些心理疏导，也能对你当前的问题起到很好的调适作用。

求助13：我在一家公司做销售经理，但最近时常觉得疲乏，无精打采，像得了感冒一样。同时这家公司人际关系有些复杂，加班不定时，工作压力太大，想想也没有什么前途，我早就不想干了。这种感觉已经持续半年，现在已经快到极限了，一进单位就烦，想辞职。但目前这经济局势，找工作也难。我该怎么办呢？

顾歌：看了你的留言，顾歌觉得你染上的是慢性疲劳综合征，这是近几年来在医学上最难攻克的职业病课题之一。在心理学上，慢性疲劳综合征又称为压力综合征。当各方的压力源一起袭来，又难以及时疏解压力时，就容易患上压力综合征了。

有调查显示，在上海的职业白领中，逾六成的白领存在职业心理问题和职业倦怠情绪。其中高学历者要多于低学历者，而男性出现问题的比例又较女性高。同时这种问题如果不加以及时调整，还会引发更严重的身心问题，比如90后新生代演员徐婷之死。这引发了网上中医害死人之说，其实不论中西医的争议和冲突，仅就徐婷之死本身来说就是过度疲劳导致的免疫力低下，最后因为环境的刺激激发了癌细胞的发展。徐婷生病的诱发因素就是没有注意自己的身心调节。如果要避免自己突发各类身心疾病，顾歌有四步法来对抗慢性疲劳症。

第一步是学会调节，劳逸结合。伴随着社会的变革和人们生活方式的改变，工作强度大，睡眠不足也已成为当今最普遍的健康问题之一。如果只是忙于工作，不休息，不休假，长久下来，工作绩效必定无法保障，即使量达到了，质也不会太高。劳逸结合，工作之余好好放松身心，到户外走走，才能够提高工作效率。

第二步是均衡营养，合理饮食。既要吃山珍海味、牛奶鸡蛋，也要吃粗粮、杂粮、蔬菜、水果，这样才符合科学的均衡营养观念。合理搭配、适量饮水，切勿暴饮暴食，要定时定量、规律饮食。

第三步是适度锻炼，解压放松。因为工作忙而没时间运动锻炼已经成为影响都市白领健康的又一大隐患。运动锻炼对从事脑力劳动的人尤为重要。步行、游泳或水疗、伸展运动、瑜珈或太极拳等形式各异的运动项目，只要你参与了，就会有良好的收效。同时保持良好、积极、愉快的心态，也是增进健康、摆脱疲劳的重要方法。工作和生活中要学会运用自己的智慧和幽默，变消极情绪为积极情绪，轻松面对生活。假若你正处于某种“重压”之下并难以消除，建议你到专业的心理咨询机构寻求帮助，让心理咨询师帮助你卸下包袱，找回那份久违的健康与轻松。

第四步是合理工作，循序渐进。工作不是一天两天就能够完成的，它是一项长久的持续的事情。必要时加个班无可厚非，但如果长年累月加班，必定会积劳成疾。三十岁前拿命换钱，三十岁后拿钱换命是不少都市白领的真实写照。再者工作太多、太烦琐时，不妨先检查一下自己的工作方式，是否是自己工作安排得不够合理？按照事情的重要性和轻重缓急做事情，比大事小事一起做效果要好得多。

求助 14：我是一个公司管理者，最近总感觉一些员工不对劲，精神状态萎靡，工作热情降低。我想问一下顾老师，演员容易得抑郁症，那么除此之外，还有没有其他职业的人也容易得抑郁症的？抑郁症有没有先兆？

顾歌：事实上，在职场中，判断一个人是否染上抑郁症的先兆就是是否处在“橡皮人”状态。在中国，一个庞大的群体正在形成，先有《中国“工作倦怠指数”调查》，70% 的被调查者出现了工作倦怠；再有《中国翰德就业报告》，57% 的被调查公司表示出现了职业枯竭的情况。有心理学家发表观点，以前一个中国人工作十多年才枯竭，现在经常一两年就枯竭了，全因现代社会的流水线模式提高了效率，却降低了人的成就感。“橡皮人”可以在如下职业中寻找：医生、银行员、程序员、教师、记者、交警、公务员、演员、出租车司机——按照心理学家分析，他们要么已习惯无须分享的孤独工作，要么上升空间有限，要么每周工作时间超过 50 小时，在日复一日间消磨了斗志，换来的是挥之不去的空虚感。“橡皮人”可以在如下城市中寻找：根据一份 12 省市工作倦怠指数调查，对工作感到厌倦的城市排名是天津、四川、重庆、上海、辽宁、湖北、广东、福建、江苏、北京、浙江、山东——中国城市的性格、发展速度、文化生态改变的不仅是 GDP 与 CPI，还在改变小职员的幸福指数。

那么什么是“橡皮人”呢？“橡皮人”的说法来自根据王朔小说改编的电视剧《与青春有关的日子》，说的是男主人公方言生活迷茫，态度冷漠，就像一个“橡皮人”，软硬不吃，刀枪不入。“橡皮人”没那么好摆脱。“橡皮人”的定义是：

没有神经、没有痛感、没有效率，不接受新鲜事物和任何建议，对批评和表扬都无所谓，甚至没有耻辱感和荣誉感。无论是小白领，还是职场精英在工作3年以后，如果工作时间过长，上升空间有限，就会变成“橡皮人”。

是什么造成了“橡皮人”越来越多呢？这是什么心理？用心理学的理论来描述这个现象，可以用到一个概念，那就是“习得性无助”。所谓“习得性无助”，就是说这种无力、无方向、无目标的感觉不是天生的，而是因为不断遭遇挫折所形成的一种经验判断，是学习而来的。也就是说，如果一个人在自己的职场生活中，不断遭遇挫折，即使努力了，仍然加薪、晋升无门，他就会觉得再怎么努力都没有用，就会放弃努力了。相反，如果一个人不断体验到成功，他就会越来越有信心，越来越有进取心。因此，我们怎么判断现实状况，跟我们过去的经历是有关系的。职场“橡皮人”大多有过在职场竞争中失利的经历，感觉付出很多、收获很少，就只能放弃一些目标，安于现状了。但这样一种状态，其实是非常脆弱的！俗话说，逆水行舟，不进则退，在这样一个竞争的社会，不进步就等于退步，随时有被淘汰的危险。而且更重要的是，由于他们放弃努力，只是维持现状，一旦遇到新的挫折，将很可能产生更严重的社会退缩行为，也就是抑郁。“橡皮人”状态其实是抑郁的前兆，如果长期保持这种状态，将无法应对生活的任何冲击。

我们的快乐来源于大脑的“快乐机制”，“快乐机制”是用来奖励人的生存和繁殖行为的，如吃饭、恋爱等，它使我们的大脑产生舒服的感觉。也就是说，我们的快乐，来源于奖励。如果想不做“橡皮人”、不得抑郁症，看来就得经常争取别人的赞美或进行自我奖励了。获得别人的赞美当然得处理好人际关系，还得帮助别人、学会观察和满足别人，以增进人际交集。而自我奖励就更简单了，吃好吃的、看爱看的、玩想玩的，但奖励不能太随意了，得在自己达成一个小目标时及时给予才行。这样的小贴士你能做到就能有效预防抑郁，你可以坚持试上一个月吗？

测试：你离“橡皮化”有多远？

选一选，看你符合下列哪几种情况。

1. 你总在例会上，很不自觉地找一个远离上司的位置。
2. 在一个月内的会议上，你没提出你的想法与提案。
3. 在两个月内，你的提案或建议没有被采纳过。
4. 在三个月内，业绩上你没有达标。
5. 一年之内，你没有受过任何表彰或批评，但你却不在乎。
6. 公司改变管理制度，对你来说，并没有产生切身影响。
7. 出了问题，并不想自己去解决，而是等着同事来解决。
8. 混混日子就可以，因为你总是觉得，自己并不是处于与自己能力相符的职位上。
9. 在大家聚会或活动时，你大多数时候坐在角落，冷眼旁观。

选择了1~3项，得1次黄牌警告：你开始在工作上出现倦怠或掉以轻心，开始出现“橡皮化”端倪。继续这样下去，上司、同事对你的期望值会逐渐降低。选择了4~6项，得两次黄牌警告：你已经踏入了“半橡皮化”的圈套。过去曾经努力积累的形象屡遭自我破坏，无论上司还是下属，都开始对你的能力表示怀疑，而你却依然得过且过。选择了 7~9 项，得橡皮人红色警报：你绝对已经是资深的“橡皮人一族”，大家连提起你的兴趣都没有了，一旦出现裁员的消息，大家都知道有你做垫底，随时会把你推向这个“深渊”。

求助 15：顾老师，问您一个问题。2016 年 10 月 5 日，移动医疗平台春雨医生创始人张锐因突发心肌梗塞去世。要知道张锐和我同岁，都是奔五的中年人。同时我也是一个创业者，平时都是把休息时间当工作时间来使用，几乎放弃了所有的节假日，就是为了让自己的事业成功。而今看到张锐中年离世，让我心里一震，这几天我总被莫名其妙的担心扰乱了心神。看各种人都在说现在的职场拼搏者一不小心就容易“过劳死”。我想问一下，如何预防“过劳死”呢？

顾歌：看了你的提问，让我想到我和张锐的工作状态也有些许相似。都是中年人，都是喜欢投入工作的人，同时我们从事的又是一个工作大类，就是把民众的健康作为事业来奋斗。而工作状态更是一样，那就是三百六十五天全天候工作。

当然，除了这些相似处，还有更多的区别，比如我会让自己有信仰，因为信仰让我镇定；我懂得运动，因为运动让我有活力；我遇到瓶颈就会改变，哪怕剃光胡子或尝试瘦身这些小改变，都能重新唤醒我对生命的好奇。当然我更懂得心理平衡技术，因而睡眠不长却一直非常深沉。这些区别正是这位同龄人的猝死不会引起我恐慌的原因。

那么，张锐的猝死到底是怎么回事呢？网上也说，张锐死于心肌梗塞，但他之前并没有任何心脏病的病灶啊。那这心肌梗塞是怎么引起的呢？其实这种突发病情的专业名称叫心源性猝死，是绝大多数英年早逝者的致死因素，而且都是由于过度劳累而诱发。据相关数据显示，我国每年死于心源性猝死的人数近55万，平均每天有上千人因此猝死。心源性猝死患者中又有八成为心律失常，但并非全是心脏疾病患者。在心源性猝死的例子中有约1/5的人存在“慢性疲劳综合征”，IT人员、销售、医生，包括媒体从业者是主要发病群体。那么慢性疲劳综合征是什么病呢？其实这是典型的身心疾病，有的人又称之为压力综合征。当各方的压力一起袭来，又不能及时疏解压力时就容易患上压力综合征，从而导致心因性生理障碍的并发。这次猝然离世的张锐以及曾经为大家所熟知的罗京、陈逸飞、王均瑶等，都是由于这个“慢性疲劳综合征”而抱憾离世的。

其实对付“慢性疲劳综合征”并不难，只要做到下面五点就完全可以让自己长期健康地活跃在自己喜欢的事业中。1. 好的睡眠等于半条命，睡眠时间的长度无法替代高质量睡眠，那么高质量的睡眠技巧是什么？顾歌告诉你，你得把每一次睡眠当作长睡不起的一次契机，放松身体，然后和一切做个道别，任性地睡过去。2. 节制进食，适当断食。顾歌的亲身体验是，每顿半饱，保证顿顿能体验进食的快感。3. 听轻音乐、慢跑加思考。许多做事业的人每天都得有大量的思考时间，思考时不要呆坐着，而是起身慢跑，我可以肯定这能促进你的思考进程，提升工作效率。4. 不管玩什么，你得有个让自己喜欢玩的东西。

不用担心玩物丧志，那只是针对没有事业心的人，有事业的人得从事业中学会抽离出来，而这就需要一个让你着迷并获得快乐的兴趣。5. 找个心理专业人士聊聊。有钱不懂得用等于是个穷人，所以应该把钱用在最有意义的地方，在这方面我觉得找个私人心理顾问是非常值得的。即使作为从业十多年的临床心理师，顾歌也是每月找自己的心理咨询师聊聊自己的困惑，倾倒自己没有处理或看不明白的一些心理“垃圾”。现在知道顾歌为什么这么忙却依然劲头十足了吧？国庆长假大多数人都在休假，但我天天处在工作状态中。这种感觉还是相当不错的。

心理测试：疲劳征的早期检测

疲劳症早期是有信号的，我们可根据信号进行自检，以确定自己的疲劳程度与状况。根据以下 20 项症状看看自己的“疲劳”状况吧！

1. 早晨懒得起床。
2. 电车或公共汽车开来了，也不想跑着赶上去。
3. 上楼时常常绊脚。
4. 不愿与上级和外人见面。
5. 写文章或报告时，总会出差错。
6. 说话声音细而短。
7. 不愿与同事们谈话。
8. 总托着脸发呆。
9. 过分地想喝茶或咖啡。

10．不想吃油腻的东西。

11．很想在饭菜上撒上辣味的调料。

12．总觉得手脚发硬。

13．眼睛睁不开。

14．老是打哈欠。

15．想不起朋友的电话号码。

16．把脚搁到桌上。

17．对烟酒过度嗜好。

18．不明原因的肥胖或体重下降。

19．容易腹泻或便秘。

20．想睡觉，但上床后却不易入睡。

测试结果：如果你有上述 2 点，说明疲劳是轻微的；如果有上述 4 点，就是中等疲劳，可以称为慢性疲劳了；如果你有上述 6 点以上：那就是过度疲劳了，说不定已经有潜在疾病，必须引起注意，必要时需要去医院检查。

求助 16：顾老师，我曾听说过一句话，就是“暗示决定你人生的走向”。我是一个中年人，也是一个外人眼中成功的老板，我对自己的事业非常自信，四十出头已经积累了不少财富，但在事业成功后，唯一让我纠结甚至痛不欲生的是我无法顺利入睡。我已经二十多年不能自主入睡了，不到二十岁时，就已经开始依赖助眠药物入睡，一旦脱离药物几乎就不能睡眠了。最糟糕的是，这些年来，我已经产生了严重的药物反应，不但睡眠时间越来越短，而且会睡得浑身大汗，每天半夜都会爬起来再换上一套睡衣。于是我对药物也不相信了，每次吃完药后，再也没有安心入睡的感觉，大脑中总盘旋着“这药没用的，今天又睡不着了”的想法。在几个通宵不能睡眠的痛苦下，我无奈中听朋友介绍顾歌老师是大名鼎鼎的心理治疗师，所以我想来求助您。您能针对我的问题给我一些解答吗？

顾歌：其实您如果真相信心理咨询的话，早就来求助啦，但您依然充满着疑虑，所以通过隔空提问的方式来征询想法。和别人不一样的是，您这是希望通过我的回答获得一份来自求助的安全感。这也没错！今天我就和您来谈一下关于睡眠的话题吧。

我在从事心理咨询工作以来的两万多小时的咨询中，有无数案例是关乎睡眠的，因为神经官能症的指向之一就是睡眠障碍，这是困扰着 40% 民众的问题，也就是说，有 40% 的人群在他的人生中，会经历或长或短的失眠过程。而在我接触的绝大多数失眠者中，他们的痛苦源自对失眠的认知而不是失眠本身。睡眠本身是人的本能，但能让人的本能迷失的，只有自己对自己的反睡眠暗示，即失眠的人都会对自己产生一种负面的心理暗示。正如这位留言者信中所说的，他会担心自己睡不着，或不信任自己能睡着，在这样的心态下，就形成了反睡眠的负面心理暗示，再想睡好觉那就难了。到最后，大多数人只能通过精神抑制剂来麻痹神经，达到睡眠的效果，但这些生化药物本身是有毒副作用的，最后会形成药物依赖和药物耐受反应，越吃越多却越吃越没用。所以长期服用甚至终身服用安眠药剂却无法入睡的病患比比皆是。顾歌觉得他们真是人生最大的冤大头。上天给了你每夜入睡的能力，你还把它给整丢了，你说冤不冤吧。这些失眠者的大脑一到睡觉时间，就开启了那个负面暗示的阀门。而且负面暗示会有叠加反应，如洪荒之力，让你越发痛苦和焦虑，这一刻床如战场，睡眠如战争。那么遇到这样倒霉的事怎么办？自己的睡眠本能如何能回来？如何摆脱睡眠药物的控制呢？面对这些问题，顾歌来和你说说如何让自己有一个美好的暗示以促进睡眠吧。

顾歌在公众号的一篇文章中曾经提过我们看世界的角度其实就是自己内心对外的投射，即当我们觉得这个世界是美好的，它折射出的便是我们内心世界的健康；当我们觉得这个世界是险恶的，它折射出的便是我们内心的伤痕。同样，用积极的话语来提醒自己，就能让人的心态朝向健康，这就是“自我正向暗示”。正向暗示能激发人的内在潜能，使人勤奋，催人进取；而“自我负面暗示”，就会对人的情绪和生理状态产生不良影响，掩盖人的内在潜能，使人懒惰、颓废。

假定你在上船时见到一位看起来很胆怯的乘客，然后你就上去对他说：“你看起来气色不好，脸色发白，我担心你可能要晕船，让我来带你去客舱。”这位乘客听到你的话，原本的担心更重了；一想到晕船他就脸色发白，于是不得不接受你的帮助。这就是他人的负面暗示在起作用。但是，如果你见到一个健壮的船员也走上前去对他说：“噢，亲爱的兄弟，你看上去一定病得不轻，难道你不觉得吗？我看你肯定会晕船的。”他要么笑你在开玩笑，要么会显得有点生气。你的暗示在他身上没起作用，因为在他心里，他具有对晕船的免疫力，这种免疫力会使他非常自信，毫无担忧。这个事例说明了为什么许多医生的医德正应该体现在他是如何与患者进行沟通上，到医院去看病的病人都是第一类乘客，内心虚弱并对疾病充满恐惧。此时医生作为权威人士，他的话语就显得非常重要，正如前面举的案例，给他长期配安眠药的医生曾经对他所说的话让他记忆犹深："你只能吃药，其他方法只是个案效果，没有普遍意义。""你所有的药都没用，看来是你的问题了，你太紧张了，你怎么不能放松啊，我也没有办法了，你只有再试试原来的药了。"这些话，只会让失眠的人更加焦虑和无所适从。这就是负面暗示的力量。所以我们每个人心中都存在着各种恐惧和担忧、不同的信仰、想法或假设，它们支配着我们的生活。如果一个人害怕晕船，害怕睡觉，这时你任何相关的负面话语都会让他更加敏感和惊慌。

顾歌在此给出关于睡眠的两个正向暗示法门：一是对曾经的负面暗示源进行处理，进行认知调整，打破过去的暗示魔咒。比如这个暗示是错误和有偏差的，理由是什么。二是建立一套自我睡眠正向暗示机制，比如让自己联想曾经美好的睡眠时刻，每个人在幼年时往往都有过这样美好的经历——睡在襁褓中，被母亲呵护着的感觉。注意全身要放松并保持呼吸节奏均衡。让自己感觉什么都在慢下来，越来越慢，越来越沉，越来越松。这时，你的睡意自然就会来临，你就可以睡着了。

四、关于人际关系问题的求助

求助 17：我是一个女生，有个很困扰自己的问题，就是近十来年，无论在生活中还是工作中，都能遇到很多堪称“极品”的人，而且他们都很针对我，可我和他们既没利益关系，也没得罪他们。一直想不通这是为什么，还是说自己有什么问题？

顾歌：很想告诉你一个事实，人的一生中如果偶然遇到一两个极品，那是生命的调味品。如果你处处遇到极品，那只能说你活得好悲哀。如果只是个别现象，你可能需要寻找解决方法；但如果是多数现象，那还是建议你来接受心理分析。有这样一种敏感型人格，总认为外界针对于他，其实只是他自己的状态恒定于战斗模式。这样的人是没有安全感可言的，所以才会高度紧张地处于迎战状态，然而安全感可是心理健康的首要标准。因此建立安全感体系才是你的首要选择。一是确定自己拥有足够令自己生存下去的资源，比如从家庭和社会中寻找情感和力量的支持；二是拥有改变现状的能力，这个能力能帮你平复内心的惶恐并重拾自信。做到这两点，我相信你生活中的极品就会越来越少了。

求助 18：顾老师，最近我很郁闷，感觉只有你能帮我，因为我再也不敢和周围的人说心事了，而坏就坏在我太轻信身边的兄弟。我是一家公司的部门经理，前年我参与招进来的一个下属，是朋友推荐过来的，和我年纪差不多，人也挺精干的，工作中我把他当徒弟，也很快成为了不错的搭档，相处得挺融洽。虽然是上下级关系，但私下里有一些交流也很敞得开。我是一个心里藏不住东西的人，既然都是兄弟，我也就把一些工作中的牢骚和心里话跟他说了。但最近总部领导突然找我了，说要把我调到外地去，我想不通，就找关系一直不错的副总问是怎么回事。副总迟疑了片刻还是告诉我，说是我对公司有一些不满的话传到了大领导耳朵里，我一听就知道坏事了，原来是这个我一直当作兄弟的下属告的密。后来他自然替代了我的位置。我始终想不通，想请您支支招。

顾歌：听了你的故事，我想到丘吉尔有一句话："这世界上没有永远的朋友，也没有永远的敌人，只有永远的利益。"政坛如此，职场亦同。心理上，人类合群的需求让我们难免将个人的情感渗透进工作之中。但是，在利益的影响下，职场的情感又承受了更多考验。如何在职场中轻松游走在上级和下属之间？如何在竞争的大环境中处理好公事与私交？这都是需要学习的。其实上下级间的关系到底是什么关系呢？顾歌认为首先是同行加竞争对手的关系，然后才是私交。你所犯的职业错误就在于，先把下级当作了朋友和亲信，然后才把他当下级，而全然忘记了对手关系。

其次，职场中，更要学会处理人际关系的距离。有个故事比较能形象地描述职场人际距离的微妙性：有两只刺猬，冬天拥在一起取暖。但因为各自身上都长着刺，靠得太近就会被对方扎到，离得太远，又会冷得受不了。几经折腾，它们终于找到一个相对合适的距离，不会互相扎痛，也不会太冷。所以要处理好与下属的关系，关键一点是与之保持合适距离。而处理标准，有以下几条。

和下属相处，首先要突出一个"礼"字。礼是尊重，正如古人云："敬人者，人恒敬之"。人性的弱点之一是过热而失礼，人际界限一旦被超越，就很难再依规则办事。同时上级的言行失当、随意接受财物和宴请等，都容易造成上司因权威感丧失而导致"礼崩乐坏"的不幸事件。

再次要"知"。作为上级，除了与员工以"礼"相待，也需要"知"下级。我们传统的"知"只局限于了解下属的学习、工作和家庭三大背景，这相当于员工的硬件，但对现代管理中非常注重的员工的软实力——心理和人格特征，并不注重掌握。事实上，职场上的成败，往往与员工的软实力有关。所以，企业与管理人员在招聘之初，就该对员工的职业心理和职业人格的健康状态进行各类评估，从而发现员工潜在的一些问题，并加以甄别和任用。

最后，要了解员工的"利"。作为上级，了解员工的需求同样非常重要。好的上级，会不断地调整目标，让下属始终有可以追求的"利"，从而让他们把精力用到工作中。同时，调整利益关系，让不同的人有不同的利益追求点，即使彼此有重叠，也能保持在良性竞争的状态。这些可以从根本上消除职场的内耗，保持上下级、同级之间的和谐关系。

求助 19：顾歌你好！我在老年大学上班，每天在工作场所都会遇见不尊重我们工作的老同志。有一位上政治理论课的老同志对我们说，你们是没有社会价值的，但你们的工作是有用的。听了这话我感觉很伤自尊，但学校不允许和老同志发生冲突。我该怎么办？

顾歌：规则的限制总会令人压抑，而压抑是一种内心冲突，一旦这种冲突突破个人承受范围，就会爆发，从而形成对外冲突，这是我们时常会遇到的现状。所以处理好内心冲突，为自己的心灵加固防线是在规则的限制下必须要做的。顾歌觉得从两个角度来处理这种情况比较合理，第一种就是去尝试解读老同志的内心旁白。个别老同志可能需要通过否定他人来建立自己日益衰弱的自尊，也可能老同志是希望你能在本职工作中发挥更大的价值，只是不会表达而已。老同志不会表达，但你总得更会沟通吧，所以第二种方式就是尝试提升自己的沟通技能。规则是不允许和老同志发生冲突，但没限制你去合理交流。你可以这么说：我工作的最大价值，就是让老同志您在我的服务下显得更有价值。这样保证可以让老同志表现得更和气。

求助 20：临近年底，公司最大的客户打电话来说由于来了新领导，所以决定明年开始不和我们公司续约了，因为新领导有自己喜欢的供应商。面对最大的客户的抛弃，我当时就傻眼了，都不知道该怎么和领导提这个噩耗了。所以想问问在工作中面对这类突发情况时，如何能保持一颗平常心？

顾歌：记得我曾经在潮阅读书会上讲过一个类似的故事，我现在针对你的提问重新改编一下吧：一个业务主管在老板的办公桌前坐下，缓缓说道："老板，我今天早上开车载着客户去看项目，结果不小心出了车祸，但幸运的是我没问题，但客户就没这么幸运了，他的大腿受伤，流了很多血，送到医院后，医生说可能面临截肢的风险。客户很痛苦，说要告我们公司，当然后续的合作也就没法谈了。另外，我们公司那部车也几乎全部报废了。”再看领导的脸，已经变成菜色了。只见这个业务主管稍停了一会儿，又紧接着说道：“领导啊，开玩笑的啦，其实，我早上并没有开车，客户当然也并没有受伤。不过客户前面打电话来说，因为他们换领导了，有自己中意的供货商进行合作，所以明年要终止和我们的合作了，我刚刚这么说，只是想告诉您事实其实还不算最糟糕，看看我们是不是应该想想其他对策了。”这个老板如释重负一般，苦笑了一下。这样的幽默感可以帮助老板迅速地以理性看待客户的出逃，并想出其他应对的方法。

大家有没有发现，其实工作已经很严肃了，如果再遇到让人紧张的事，真的能让人走向崩溃的边缘。所以如何让紧张的工作轻松一些，还真是需要多多思量的事。顾歌提议大家用幽默的心态来看待工作。那么如何提高自己的幽默能力呢？一是在任何情况下不要忘记人才是最要的，比任何事情都重要一百倍。比如一个来访者问我，他的遭遇是不是很苦，我会这么回答他：“听上去事情已经很糟了，但我们是不是得让自己活得更好一些？毕竟人是事情的主人，人好了事情总有机会。所以下面我们看看怎么让自己变得更好。”当我这么一说，几乎全部的来访者都会平静下来与我商讨他的情绪话题。在做到这一点时，顾歌再来带你看看第二点：要多做思维转换训练，从不同的角度去诠释事件。其实凡事都有两个方面，关键是你能不能迅速看到负面消息下隐藏的正面性。美国著名影星罗宾·威廉姆斯去世前曾经和他的朋友说：“不要在意哪一天我会死去，因为对你们来说死去的是一个朋友，但对人类来说却又多出一个生存空间，何况你们也不会因为我的死而忘了我这个朋友的。”看看人家的这份境界和幽默，面对死亡都能进行这样的思维转换。所以遇到再糟糕的事，脑子里就要迅速闪现出“这事真糟糕，但事在人为，好的一面是什么呢？”第三点，就是要学会自我解嘲，当遭遇尴尬和手足无措时，自我解嘲可以避免自己进入情绪低谷。比如在这个案例中，顾歌可能会自我解嘲说：“看来下次我得找机会让客户的新老板也喜欢上我。”所以说，如果你能做到上面的三点，你就能成为职场达人，希望你在未来的生活中带着这样的心态找到更好的商机。

关于情感问题的求助

求助 21：顾歌老师，我从大学时开始和女友交往，现在已经工作五六年，婚姻问题也讨论过了。但是我觉得压力很大，因为女友家境很不错，我家境一般，并且我觉得自己的工作目前也一直没有起色，很担心无法负担起两个人的未来。请问这样的情况，是暂不结婚呢，还是有其他更好的办法？

顾歌：我曾经说过：“世界是平衡的，上天在这里没有满足你，但一定安排好了另一个让你展现成功的舞台。”

如果你的工作一直没有起色，那你就应该在工作上投入更多精力，证明自己的能力和毅力。在证明的过程中，对方也能看到你的力量，你也会更加自信，此时，你女友及她的家人起码会把你认作是一支潜力股。这就是谈婚论嫁最好的时机。而在你还如此纠结的当下，如果选择婚姻，可想而知，你的内心会多么忐忑。这是没有做好婚姻准备的表现。所以想让自己的婚姻之路走得更顺畅，起码你不能再有今天的疑虑。

求助 22：我太太特别爱啰唆，平时工作已经很忙了，但回到家里就听到她不停地在说话，一会儿是孩子问题，一会儿是自己的衣服，一会儿又开始数落起我怎么不关心她，现在回到家就像是进入监狱，我真是烦死了。怎么办呢？

顾歌：爱说话的女人往往用语言交流来满足其干涸的情感世界，以换得其难以满足的被关注的需求。如果你不想让自己被太太的语言轰炸，你就得关注你太太的情感需求，有事没事要多赞赏她，甚至吹捧她的优点。如果你换了另一位太太，同样地爱说话，但她更霸道，一味地只想让男人适应她的习惯，让声音充斥于房间以证明这个领地谁是真正的老大，那么这样的太太往往在性方面没有得到太多的被征服感，所以其压抑的性欲就会变成一种攻击性，以让男人输得彻底。这种情况下，顾歌还是建议这位先生先修炼一下房中术吧，不然这种苦就有你受的了。不管怎样，我都不希望先生由此对太太产生厌恶感。厌恶感是婚姻走向消亡的标志，人从来不可能和讨厌的人同床共眠，除非有重大利用价值或阴谋。婚姻生活和家庭是用来放松的，每个人在紧张的工作之余需要一个安全的环境来让自己修身养性，这样内心才会获得平静，身体才能得到充分的滋养。相比而言，女人比男人更能宽容婚姻中的另一半，这源于进化过程中，女性还保留着对配偶的单选特征，而男性则依然崇尚配偶的多选性，这些原始的印迹至今影响着男女双方在婚姻中的态度及对婚姻质量的感受。所以，如果说女性啰唆是一种问题的话，而男人的冷漠更近乎是一种背叛，要知道，男性在追逐其所爱时的吃相是非常黏人和善于套近乎的。顾歌由此得出这样一个结论，爱啰唆的女人一切为了爱，而怕啰唆的男人一心只想逃。

求助 23：长假要到了，父母打电话催我回家，我口头应付着说看看吧，其实心里是真的不想回去。说有什么特别重要的事吧，也没有。不加班，不赶点，也不想凑着热闹去旅游，最多在家里窝着看片子。说实话，我还真不想放假，上班不管怎样都有事干，反正就是不想回家。我这种心理算正常吗？

顾歌：在“荣归故里、衣锦还乡”的思想还深植人心时，那么每逢佳节那种“无颜见江东父老”的凄凉感就不会减少。顾歌把你的这种不想回家的心态称为“恐归心理”，顾名思义，就是对回家怀着惧怕情绪。“家”在人类的记忆中，从来都是最具有吸引力的，哪里有真的不想家的人？心理学已经揭示，人的一生要经历两个家——原生家庭（父母）和新生家庭（自己的婚姻），而原生家庭是给予我们最多期待的地方，当然还有被期待，这些都是情感的符号。当自己的现实无力满足这种至深的情感时，人类就容易生成一种称为“隔离”的消极行为反应，心理动力学把这种行为反应归类于自欺性的防卫机制。心理动力学中的“隔离”，是把真实的存在从意识境界中加以分离，不让自己意识到，以免引起精神上的不愉快。比如，过年回家本是一种习俗，但失落的现实却让自己无颜以对家人的期待。与家人隔离开，就成了避免不愉快最实际的方式。这种隔离通常隔离掉的是与事实相关的个人感觉部分。当自己处于不幸和自责时，避免再增加“焦虑、愧疚与不安”的情绪，于是把引起这些感觉的情形统统屏蔽掉。

“恐归族”在心理动机上有一种隔离，但在现实中却有许多表现形式，有记者就对城市中的“恐归族”进行了调查统计，发现导致“恐归族”形成的主要原因包括了怕折腾来回的钱、怕被父母“催婚”、怕与同学亲戚比较等。这些怕其实都是阻碍自己行动的“障眼法”，如果真的把这些阻碍作为目标去克服，自然不会有什么担心的了。隔离虽然是避免更多伤害的一种自我防御机制，但毕竟是一种消极的手段，并不利于事情的解决。心理专家观察得出，恰恰是因为这种消极的防御方式会让人能获得片刻的“利益”，同时逃避他人的期待也会使自己更趋于惰性，于是更容易一事无成，最终成了名副其实的“北漂族”“沪漂族”；甚至一些人从此养成“隔离”的习惯，又从“恐归族”变成“落跑族”，遇事就逃避，毫无责任感可言。当面对着恐归心态时，你可能正是自卑、自责、自怨最激烈的时刻。顾歌建议你先收起这些，好好思考一下恐归后的缺失，然后设定一个最容易达成的目标，带着这个目标回家。有目标感的人自然就会产生生命的动能。而此时你更需要的是从身边获得更多的支持，而父母恰恰就是最可靠的力量。“慈母手中线，游子身上衣。临行密密缝，意恐迟迟归。谁言寸草心，报得三春晖。”当这首诗在你耳畔响起时，你的心是不是已经回到父母身边了呢？父母亲和家人们其实是天底下最宽容的人，你能好好回家，就一切都好。那你还隔离些什么，回家吧！

求助24：我现在是一家大公司的区域经理，拥有高职高薪，当然也很受人羡慕。我和我先生是大学同学，感情一直很好，毕业后我进了现在这家大公司，而他的工作一直都不如意。女儿三岁的时候，他炒掉了他最后一任老板，赋闲在家。其实我并不在乎他有没有工作，而且这样也挺好的，毕竟我们孩子还小，需要人照顾，我的工作太忙，根本无法分心照顾这个家庭和孩子。我是个很好强的女人，事业上的成功给我很大的满足感，而且我的收入很好，不可能为了家庭抛弃事业。我觉得老公没有工作无疑是个很好的机遇。我们家就开始了这种女主外、男主内的生活。十年就这么过来了，一切都还算平静，但两个星期前他突然提出要离婚，也不多说什么原因，就说这样的生活没意思，他想要尝试新的感觉，不然太对不起人生了。我听了这话气极了，这些日子家里就没太平过。你说现在有几个女人是愿意养男人的？我付出了那么多，为什么他吃我的，穿我的，最后被抛弃的还是我啊？我非常不甘心！我该怎么做呢？

顾歌：其实，选择怎样的家庭模式，谁主内谁主外，都仅仅是一个选择的问题，只要双方都能够接受和认可。提问中所说的女强男弱型的家庭真的会太平无事吗？一切只是表象而已。问题不在沉默中压抑就会在酝酿后爆发。太太虽然口口声声表示自己并不在乎养一个住家男人，但事实上她的潜意识一定会想："我养他，他就应该对我好；他吃我的，穿我的，就不能背叛我。"太太所需要的回报除了丈夫做好家务事儿之外，当然包括他的忠诚、感激，以及由此而来的婚姻的安全和稳定。再看看她的男人吧。其实在丈夫心里他也是家庭的付出者，是他“照顾女儿，打理家务，精心准备可口的饭菜等着太太回家”。日子这么过着，失衡感却悄悄爬上心尖。

从社会性别和角色压力的角度来看，绝大部分男人与生俱来都会渴望“冲锋陷阵”，具有充当强者的虚荣心。这种原始的，与生俱来的虚荣心在作为“女强人”的妻子的压制下得不到满足，久而久之，男方会越来越自卑，越来越有压力。这样的压力是需要一个宣泄口的，因而这些男人要么在其他方面找到实现自我价值和提升自信的机会，要么就是挣脱现有的羁绊，重拾生命的自由和自尊。

这个提问中，丈夫血液里面即便不是天生缺乏对“养自己”的妻子的感激，也往往会对自己的这种感激产生自我轻视，造成痛苦。太太的所谓努力和拼搏，给作为男人的丈夫带来的是无形的压力。他的自我轻视和低自尊会产生一种愤怒的情绪，而这种情绪找不到合理的出口。时间一长，自然就爆发了。当然，这位太太和她的丈夫都存在家庭沟通不足的缺陷，没有了坦诚的交流，心里的压抑无处诉说，那只能找心理师来倾诉了。

这暴露出一个比较现实而广泛的话题，就是“性别角色”的概念。性别角色指有关男性或女性在社会活动中所采取的适当行为、态度、活动的期待，一个社会认定的男性需有男性特质，女性需有女性特质，两性有不同的任务及活动范围。随着时代的发展，生产技术的升级逐渐消除了女性在体力、生育方面的束缚，男女在社会生活方面的差别逐渐缩小，性别角色的塑造也呈现趋同的发展趋势。男女之间的生物性差异是存在的，但远不如被文化和社会塑造的那么大。所以，在现代社会男女的个性特征与他们具有的生理特征之间没有必然联系，性别角色特征也不是天生的，而主要是在社会文化中形成的，这也就说明了社会性别是可以随社会文化的变化而变化的。但是科技的发展所带来的变化远远超前于文化的发展给人类的心灵带来的变化，所以当独立的女性出现于家庭，一直通过女性的附属地位获得自尊感和价值感的男性开始体验到一种失衡，于是男性就会摆脱现在的困境而重新寻获属于他的自尊感和价值感，这是男人对独立而男性化的女人的反击，也是在社会文化压力前的逃避。

基于这样的分析，顾歌希望这个案例给所有“女强人”式的太太打一支预防针，妻子再强势，也不要在丈夫面前“一强到底”，反而应该更多地关心丈夫，帮丈夫一起寻找让他们自我价值体现的出口，让丈夫的“英雄本色”有用武之地，多多鼓励赞赏自己的丈夫的能力，以平衡他们“主内”的失落感。再强的女人在丈夫面前也应适当地“示弱”。女强人要努力让自己保持“双性化”趋向，既能够帮助人又富于感情，既自信又柔顺依从，既具有男性特点又具有女性特点的人才是最能适应社会发展的人。这不是一种个性的分裂，而是更加全面的整合。在这种整合下，一个人需要采取什么行为，则取决于个人所处的环境。

心理测试：测测你的大脑是男性还是女性?

下面是日常中会发生的一些情况，请根据你的真实情况选择最符合你自己的答案。

1. 你听到一声微弱的猫叫声，在不用四处张望的情况下，你有多大把握断定猫在哪里？

（a）稍一思索就能指出猫的位置

（b）你马上就能指出猫的位置

（c）你没有把握

2. 对刚听到的一首歌，你有多大把握凭记忆把它哼唱出来？

（a）你觉得很容易，可以哼唱其中的一部分

（b）假如它很简单又有节奏，你就可以哼唱出来

（c）你觉得很难

3. 一个你只见过几次的人打电话给你，在他说出自己的姓名前，你能在几秒钟内分辨出是谁的声音吗？

（a）很容易

（b）至少有一半的可能性

（c）不到一半的可能性

4. 你和一群已婚的朋友在一起，其中两个有私情，你能察觉他们的关系吗？

（a）差不多完全可以

（b）有一半的可能性

（c）很难

5. 在一个大型的社交聚会上，有人介绍了五个陌生人给你认识，假如他们的名字在第二天被提到，你能想起他们的脸吗？

（a）记得大部分

（b）记得几个

（c）一个都记不起

6. 刚念小学不久时，你在拼写和写作上有困难吗？

（a）都很容易

（b）有一方面比较容易

（c）都很难

7. 当你遇到一个仅能容纳你的车的车位，必须倒车才能去停车时你会？

（a）重新找别的车位

（b）小心翼翼地倒车进去

（c）想都不想就能把车倒进去

8. 你在一个陌生的村庄里住了三天，有人问你哪条路通向北方，你能指出来吗？

（a）你不知道

（b）你不确定，但想一想还是可以指出来

（c）你很确定

9. 看医生候诊时，你和几个同性的病人在门外一起等候，你可以坐得离他们多近而不会感到不舒服？

（a）少于 15 厘米

（b）15~60 厘米

（c）60 厘米以上

10. 你去拜访新邻居，你们两个正在聊天，房间里很安静，突然传来水龙头滴水的轻微声音，你会？

（a）你听到了，但你竭力不去注意它

（b）你听到了，并会提醒主人

（c）滴水声根本不会干扰你

记分与解释：

如果你是男性，以上每个问题，选（a）记 10 分；选（b）记 5 分；选（c）减 5 分；未回答记 5 分；求总分。

如果你是女生，以上每个问题，选（a）记 15 分；选（b）记 5 分；选（c）减 5 分；未回答记 5 分；求总分。

男性大多数得分在 0~60 分之间；得 0 分以下者表示其大脑很男性化，高于 60 分则其大脑可能倾向女性化；女性大多数得分在 50~100 分；100 分以上表示其大脑很女性化，低于 50 分则表示其大脑有男性化倾向。

求助 25：顾老师，我最近遇到一件尴尬的事。公司年底举办年会，晚上在一家酒吧又搞了活动。我一直对我们公司技术部的一个小伙子挺有好感的，平时工作接触机会也不多，本想借着这个机会和他接触一下，但临到这样的场合却发现他和其他几个女生打得火热。我心里很难受，又回想到这一路走来，我总感觉我是一个没有魅力的女孩，也没有交到什么男朋友。父母和亲戚一直说我挺漂亮的，而且我觉得自己是一个很本分的女孩，但就是没有男孩子喜欢我。我想问问怎样才能让男孩子对我感兴趣呢？

顾歌：看到您的这条留言，顾歌眼前马上闪现出酒吧里一群衣着光亮的青年男女，或成双成对或三五成群地聚在一起畅聊着各色话题。而在角落里，有一个女孩单独坐着，把玩着手上的鸡尾酒杯，她像是无所事事，但透过她郁郁的眼神，一种无名的失落感强烈地笼罩着她。她的耳朵里全是隔壁桌子传来的欢快笑声，但这些欢快的笑声在她的内心却转换成一阵阵的恨意，她把对自己的恨投射成对那些女孩的嫉妒，又迅速转变成对自己的安慰："有什么了不起的，那些男的太没眼光了。"她貌似又变得自信起来，但这种自信无法帮她摆脱孤独，失落感会长久地附着在她的心头，让她久久难以平复由自卑带来的惆怅。

上述顾歌的这段描述不知能不能激起你的共鸣，其实你就是希望获得大家的注意。你没有获得关注，应该是缺乏以下几项要素：1. 专注而诱人的眼神；2. 大方而略带羞怯的神态；3. 开放而介入式的行动。

如果你养过宠物就应该知道，当你看着宠物时，宠物那执着专注的眼神会让你很受用，我把这个称为动物对人类的眼神"勾引"，大部分的哺乳动物都有这样的眼神交流模式，以此换取母亲对幼儿的疼爱或获得交配的吸引力。动物除了眼神，还配合微妙而柔和的声音，我把这个称为"取悦的回响"。动物行为学家在老鼠身上看到这种类似现象。母鼠发情时会先奔向公鼠然后退回，或者从公鼠身边跑过，反复进行，摇头晃脑，同时还伴有从嗓子里发出的高频的唧唧声，而幼鼠吃食时也会发出相同的声音。人类在爱情状态下对心仪对象所发出的声音和平时说话的声音也是不同的，会比平时表现得更有唤醒和吸引作用。这种动物和人类与生俱来的"声音伎俩"其实都可以纳入到催眠术中。当然从神态来说，顾歌曾经看过一份资料，说人类的微笑多达十八种，其中就包括引诱式的微笑神态——

引诱者在微笑时，先看着别的地方，然后直接注视目标人物的眼睛，等到对方也注意到他 / 她时，他 / 她就立刻转移目光。这种展现风情的技术利用的是一条巧妙的神经回路，就男性脑部而言，这条回路几乎是专为接受挑逗而设的。英国的一群神经科学家发现，当一个男性接收到一位女性的注视，而且觉得对方相当迷人，他的大脑会启动一条分泌多巴胺的神经回路，传达一股愉悦感。所以说，善于把握引诱技巧的女性只要去这么做，总不会空手而归，比起那些光有美貌而不会引诱技术的女性来说，风情万种的女性往往会带着这样一种引诱式的微笑。

此外，要让他为你着迷，还需要让自己更开放一些，在公开场合任何形式的拘谨都会白白浪费美好时光。开放的前提是勇敢和参与的热情，工具往往是介入式谈话，即深入到对方感兴趣的话题中，形成“话题同盟关系”。事实上，一场社交活动的真正目的在于判定对方是否值得深入谈话。这时如果激起对方对你的好奇和探索的欲望，那就是一种高阶路径的谈话技巧了。顾歌在沟通心理学的授课中，经常会触及这个话题。既然有高阶路径的谈话，一定就有低阶路径了。低阶路径就是我们常见的谈话模式，大家聚在一起只谈自己想谈的，尽快把自己想说的说出来。而高阶路径无所谓谁先表达，但起码得有让别人表达的机会，而且是充分表达，这就需要配合听者的一种倾听姿态。顾歌把倾听姿态分为三个节奏：“盯、点、嗯”，就是眼睛盯着对方，频频点头，并发出“取悦的回响”。这样的高阶谈话结束后，都会让人留下美好的印象，甚至会让人有一种欲罢不能的感受，接着再找你一定是必然的事了。

吸引别人的注意和所有成功的事一样，都是特定的方法加反复的体验再加上足够的耐心。这样一定能取得令人激动的效果。顾歌在长期的工作中获得的这些经验，是对人性进行了诸多思考后的总结，在实际应用中一定会有所成效。

关于工作方法的困惑

求助 26：如何才能改变工作中做事死板的心态？

顾歌：死板是怎样的心态呢？有个楚国人乘船渡江，一不小心，把佩带的剑掉进了江里。他急忙在船沿上刻了一个记号，说："我的剑就是从这儿掉下去的。"船靠岸后，这个人顺着船沿上刻的记号下水去找剑，但找了半天也没有找到。船已经走了很远，而剑还在原来的地方。这就是刻舟求剑的故事。这个楚国人是不是很糊涂呢？但在现实生活中，死板作为一种个性特征，也有其存在的价值和作用。比如大家都知道德国人比较死板，做事一板一眼的，所以德国人的制造工业是全球顶尖的，将死板用在精益求精的工作上，是非常有价值的。还有些工作，比如金融精算、财务会计、科学实验、研究发现等，都需要爱钻牛角尖的死板的人。死板在心理学上叫刻板，是指用刻印在自己头脑中的关于某人或某事的固定印象，作为判断和评价所有人或事的依据的心理现象。所以要改变刻板就得善于求新求变噢。

求助 27：我去年从工作了很多年的公司离职后，又做过几份工作，都不顺心，身边人都觉得我太爱抱怨，心态有问题，我觉得长期这样下去自己都要得病了。现在的工作，也没实质性的内容，公司流程也多，一件事情要很多天才能做完，我觉得有深深的挫败感，人空虚没干劲。我喜欢那种每天上班都清楚要做什么，条理清晰明确的工作。我现在该怎么办呢？

顾歌：你有一点是非常不错的，起码知道自己想要什么，比起迷茫的人，你更有目标和理想。顾歌认为，经常发现自己优点是克服逆境和弱点的最好办法。因为优点是打败困难的利器，所以只有扩大自己的优点并充分发挥它，一个人的成长才会更有力量。但我们有时会陷入到短暂的迷茫，然而在迷惘中你可以去争取、可以去证明、可以去探索、可以更务实，也可以把所有的困境看成是未来成长的基石，然后利用间隙不断学习，创造更多优势，最终怎能不成功呢？

求助28：我是一个很木讷的人，推一推才会动一动。我的岗位要求我做事机灵、乖巧懂事，可我习惯沉浸在自己的世界里，很难自拔，依赖镇静类药物、香烟、手机和固定的一些人，几乎没有自己想要做的事情。我也不知道自己有什么优点，也不知道自己想干什么，或者过什么样的生活。我知道自己缺点太多，改又改不掉！怎么办啊？

顾歌：看了你的故事，顾歌脑海里就蹦出在我青春期时阅读过的一本书，罗曼·罗兰所著的《约翰·克利斯朵夫》。书中说到克利斯朵夫经历了两次失败的爱情，他心绪烦乱，意志消沉，整天和一帮不三不四的人在酒馆里泡。但是，当他看到这么多社会民众的百无聊赖和毫无生气的生活，而所谓的社会名流又是那么虚伪和造作，这一切激活了克利斯朵夫内心深处的责任感和英雄主义情结，于是他不管是用文字还是用拳头，都努力抗争着生命的不公。多次的逃难生涯没有让他丧失意志，最终他找到了所喜欢的音乐创作之路，专心致志于此，并获得了巨大的成就。

其实在现实中，我们也能看见身边成功者们历经坎坷却励精图治的故事。2015 年 9 月，“滴滴专车”总裁柳青在一封内部邮件中向员工透露，自己患上了乳腺癌。即便如此，她还是在邮件里告诉大家：“未来会有一部分时间在家工作，尤其在接受治疗的时间里。”我们在感慨他人成功的同时，是否要反思自己，是否也应该激活自己天生就已经具有的成功者的素质。

下面顾歌提供你一个战胜并激活自己成功特质的方法。

首先你可以尝试更多的了解自己。我在咨询中发现太多的人并不了解自己。有一个大学女孩因为人际恐惧到我这里来求助，她告诉我她的成长环境非常糟糕，在很小的时候，她的父亲把爷爷打伤了，那时她害怕极了，当她父亲再次举起椅子要砸向爷爷时，她不知道从哪里来的勇气，竟然跪在了父亲面前求他不要这样。她的父亲最终放下了即将砸出去的椅子，但这女孩却将这段记忆只停留在痛苦记忆的频道上，而忽视了自己的勇气。但当她看到自己勇气的那一刻，她人际恐惧的症状也消失了。我们每个人都是复杂的，其实也是相似的，有许多成功者的潜能你都具备，但却需要有一双了解自己的眼睛。

其次你应先别忙着评判自己，而是更多地体验自己的心情和想法的来源。许多来访者太喜欢否定自己了，毫无疑问，这是想让自己避免再次犯错的方式，但却并不会起到好的作用，因为自责只会把自己带入情绪的谷底而难以自拔。自我责备带来的内心冲突是心理疾病的根源，而放下自责最好的方式就是转向关注自己的情绪和发现情绪下面涌动的负面想法。这些想法往往是夸大化和绝对化的，你能发现这些，就已经开始迈向成长之路了。

再次，你把你曾经美好和成功的经历进行总结和归纳，找出自己的优势特点和方法。顾歌在各种演讲场合都会告诉大家，每个人能活到现在一定是优势决定论的结果，不然根本无法为生。既然有这么多优势，找出这些优势达成的方法，重复自己的优势，这样就能重新启动自己的能量，生命一定会重新绽放光彩。

最后，愿意面对变化。事实上人生就是波浪线，每一个振荡起伏都可以视作是生命的韵律。关键是得把你的优势替代劣势，朝向优势的方向而远离劣势的干扰，在变化中再去积累新的优势和资源，这样不断变化、层层推进，你的人生就会充满意义和希望。最后，借用俞敏洪的一段演讲词："每一条河流都有自己不同的生命曲线，但是每一条河流都有自己的梦想——那就是奔向大海。"我们的生命，有的时候会充满泥沙，此时你也许不再为前进而努力，但这样你就永远见不到阳光。所以，不管你现在的生命是怎么样的，一定要有水的精神，像水一样不断地积蓄自己的力量，不断地冲破障碍。当你发现时机不到的时候，把自己的厚度积累起来，当有一天时机来临的时候，你就能够奔腾入海，成就自己的辉煌。

求助 29：工作中一直没有状态，想请教顾歌老师，如何让自己拥有一个兴奋的状态去面对工作呢?

顾歌：我曾经看过一篇报道称，美国前航天员艾德格·米歇尔在接受电台采访时表示，外星人不但确实存在，而且还好多次与人类进行接触，但美国和其他国家的政府却将这一事实刻意隐瞒了起来。米歇尔曾于 1971 年搭乘“阿波罗十四号”宇宙飞船成功登陆月球表面，他也是第六位登上月球表面的人类。在离开美国国家宇航局后他多次宣称，外星人的存在乃是无可争议的事实。米歇尔作为一名登月者，他的这番话一定有他的依据和道理。

顾歌也是一名坚信外星高智能生命存在的人。我在意米歇尔的倒不是他的论述，而是他退役后从事的心灵学的研究。心灵学主要研究两个人之间远距离直接传递神经心理信息的能力。他曾经用马斯洛的高峰体验理论来描述人与人之间如何亲密地达到相互影响，他说只有“在那一刻，人类的心灵才是紧密相连的，因为此时你是如此的透明、放松、专注和敏锐”。他说的那一刻，就是指高峰体验时刻。他在自己的登月日志中曾经写道：“在阿波罗登月舱中，从宇宙中遥望美丽的地球，此刻我突然感觉内心似乎听到一种召唤，有一种强烈的使命感在召唤，生命的意义一下子变得清晰可见，疲惫和不良反应一瞬间蒸发了，我又变得生机勃勃。刹那间我知道了宇宙自有它的意义及方向，在那有形的造化之后有一种层次，人类的追求必须提升到全球的资源共享，世界才会是可持续的，此一刻我获得了奇妙的高峰体验。”

高峰体验在每个人身上其实都有过：全身心地投入某件事情，进入了一种全神贯注、不受打扰的状态，甚至忘记了时间的流逝，等到结束才发现已经过了很长时间，用中国的俗话说就是“进入状态”。这种体验，常见于读书、运动、打游戏或专心做某项工作的时候。当全心投入时，就会产生一种“爽”的感觉，而成就感就在这种状态中逐渐溢出。如何达到高峰体验，顾歌给出一些捷径供大家日常参考和训练。

1. 面对：选择一个清静的、环境优美的地方，让自己保持安静，全神贯注在自己的呼吸上，然后开始思考自己生命过往中的每一个目标。比如在自己十岁时想成为怎样的人，等等。

2. 接纳：上面的问题思索好后，开始体会自身与大自然接触的感觉。闭上眼睛，体验周围细微的声音、风吹、水流、气味以及空旷的宇宙包裹着自己，感受生命的渺小。

3. 探索：我是谁？为什么会有“自己”的存在？我存在的优势和价值是什么？如果我只有一天的生命，什么对我来说是最重要的？这些问题提出后，体验由内心发出的声音而不是刻意去思考。

4. 悦纳：用意念审视自己的内在，探索腹部丹田冉冉升起的一丝光亮，迎着这个光亮，带自己走向神奇未知的宇宙深处，感受一种永恒、宽广、浩渺和悲悯。此时有种淡淡的喜悦和力量在身体内积聚，再渐渐向宇宙散发，感受自己的影响力在宇宙中弥散。

5. 放下：深深而缓慢地呼吸，放下一切困苦、疑惑和自己未解的所有问题，感觉到淡然，如烟云一丝一缕般融入自然之中，意识和无意识都融化开了，情绪和情感都解放了，进入无我状态。

6. 体验高峰：体验这一时刻内心的停止、确定、宁静、安然、平和、舒缓和拥有，内心感受到一种很强的满足感，疲惫和烦恼一瞬间蒸发了，生机再现，万物复苏。

7. 检视自己：这个过程后，能感觉自己更清晰透明了，感官功能变得敏锐，心灵深处洋溢出博爱、豁达和乐于自我牺牲的高尚感觉，内心似乎会听到一种召唤，有一种使命感，生命的意义也会变得清晰可见。

求助 30：如何成长为一名专业心理咨询师？心理咨询师如何实现个人成长和专业成长？

顾歌：记得在我的成长过程中，曾经有一段特别无聊的阶段。不能外出，不能和同学玩耍，只能按照医生的嘱咐待在家里，等父母一上班就拉开书柜的一角偷拿爸爸锁着并视作珍宝的各类经典名著来看。当时竟然看到了商务印书馆版的哲学和心理学系列书籍。虽然看得云里雾里，但也不知从什么时候开始，当我放下这些书再次趴在阳台栏杆上看下面的人群时，已经不是一片茫然和空洞，而是充满好奇：这些人此刻在想什么呢？他们都是做什么的呢？他们都在经历怎样的故事呢？也是从那时起，我开始对人充满兴趣，这种兴趣更多是观望、分析和验证。这种习惯一度让我身边缺朋少友，因为没有人会喜欢和这样的怪人相处。这倒也好，我有了更多时间沉浸在自己的兴趣和思考中。大量购买书籍和阅读是我三十岁前的主要活动之一。

一直到成为一名心理师的时候，我才发现，这项工作几乎是为我定制的，因为我之前的大多数经历，都像是在为这个迷人的工作做着铺垫和准备。心理师需要对人好奇、对思辨神往、对历史眷爱、对辩论着迷、爱记录感伤痕迹，当然还得有同情、痛苦、孤独、个性及独立思考的能力。我觉得一个专业的心理咨询师是一个真正的天使，因为得有丰富的感情，唯此才能是对别人有帮助的人，而帮助的大小就在于你的经验积累、视角的深度和技术娴熟度。一个好的心理咨询师绝不会是一个盲目崇拜者，因为这项工作总有两个嵌入灵魂的问号，一是这一切意味着什么，二是如何才能产生不一样的变化。虽然专业心理咨询师的形成在我看来是如此偶然和特殊，但心理咨询作为一项技能真是人人都应当掌握的。我一直认为，人生如果能拥有一项穷则独善其身、达则兼济天下的技能，那心理咨询技术一定会被列入其中。心理师可以帮助自己和家人，也可以兼顾与他人的互动，这足够令人着迷。心理咨询的理论又是如此充满着正能量和思想性，让人在无聊和迷途中能迅速燃起驱散迷雾的火把，找到劈荆斩棘的利剑。许多人都好奇我长期在咨询室里，会不会感到乏味和倦怠，答案是不会。要知道，面对一个个新的故事和新的变化，如果找一个合适的心情来描述，就像是在失落中找到了希望、失恋中找到了所爱的感觉。当然，咨询师的成长除心理咨询的助人活动外，更离不开不断的学习、交流、参与督导及团体授课。这一切，都是我所在的机构长期有序地为咨询师们提供着的。文字很难表达我对这项工作的着迷，但此时在写完这篇文字时，我的心情是非常愉悦的，你能感受到吗？不管你正在从事什么，赶紧加入到心理学的学习行列中来吧！

第十三章

顾歌非常推崇的一种沟通技巧——和谐沟通术

这是由美国心理学家马歇尔·卢森堡博士发现的一种沟通方式，依照它来谈话和聆听，能使人们情意相通，和谐相处。中国有人将其直译为“非暴力沟通”，而顾歌将它意译为“和谐沟通术”，我觉得这个名称更能体现该技术的真实内涵。

下面所列的内容是顾歌在课堂中讲解“和谐沟通术”的课程纲要，希望职场人士能利用这个课程内容自学掌握这一项非常棒的沟通技术。

一、和谐沟通模式

1.1 诚实地表达自己，而不批评、指责

A. 观察

我所观察（看、听、回忆、想）到的有助于（或无助于）我的福祉的具体行为：

“当我（看、听、想到我看到的 / 听到的）……”

B. 感受

对于这些行为，我有什么样的感受（情感而非思想）：

“我感到……”

C．需要

什么样的需要或价值（而非偏好或某种具体的行为）导致我那样的感受：

“因为我需要 / 看重……”

D．请求

清楚地请求（而非命令）那些能丰富我生命的具体行为：

“你是否愿意……？”

1.2 关切地倾听，而不解读为批评或指责

A．观察

你所观察（看、听、回忆、想）到的有助于（或无助于）你的福祉的具体行为：

“当你（看、听、想到我看到的 / 听到的）……”

B．感受

对于这些行为，你有什么样的感受（情感而非思想）：

“你感到……吗？”

C．需要

什么样的需要或价值（而非偏好或某种具体的行为）导致你那样的感受：

“因为你需要 / 看重……”

D．请求

关切地倾听那些能丰富你生命的具体请求，而不解读为命令：

“所以，你想……”

二、和谐沟通的四要素

2.1 区分观察和评论

和谐沟通的第一个要素：观察，即我们仔细观察正在发生的事情，并清楚地说出观察结果。它强调区分观察和评论的重要性。我们习惯于对看到的人及行为做出反应，给出评判和分析，例如某人迟到30分钟，我们通常不会直观地说他迟到半小时，而是会评判他是个不守时或者没有时间观念的人。对于大多数的人来说，观察他人及其行为，而不评判、指责或以其他方式进行分析，是难以做到的。将观察和评论混为一谈，人们将倾向于听到批评，甚至会产生逆反心理。和谐沟通是动态的语言，不主张绝对化的结论。它提倡在特定的时间和情境中进行观察，并清楚地描述观察结果。例如，它会说：“欧文在过去的5场比赛中没有进一个球”，而不是说：“欧文是个差劲的前锋”。

“不带评论的观察是人类智力的最高形式。”——印度哲学家克里希那穆提如是说。

区分观察和评论举例：

表达方式	观察和评论被混为一谈	区分观察和评论
使用的语言没有体现出评论的人对其评论负有责任	你太大方了	当我看到你把吃午饭的钱都给了别人，我认为你太大方了

（续表）

表达方式	观察和评论被混为一谈	区分观察和评论
把对他人思想、情感或愿望的推测当作唯一的可能	她无法完成工作	我不认为她能完成工作；或她说："我无法完成工作。"
把预测当作事实	如果你饮食不均衡，你的健康就会出问题	如果你饮食不均衡，我就会担心你的健康会出问题
缺乏依据	李奇花钱大手大脚	李奇上周买书花了一千元
评价他人能力时，把评论当作事实	欧文是个差劲的前锋	在过去的5场比赛中，欧文没有进一个球
使用形容词和副词时，把评论当作事实	小张长得很丑	小张对我没有什么吸引力

练习一：观察或评论？

完成以下的练习，看看自己是否可以熟练区分观察和评论。请标出那些只是描述观察结果而不含任何评论的句子。

（1）"哥哥昨天无缘无故对我发脾气。"

（2）"昨晚妹妹在看电视时啃指甲。"

（3）"会议时，经理没有问我的意见。"

（4）"我父亲是个好人。"

（5）"刘军工作的时间太长了。"

（6）"方敏很霸道。"

（7）“本周彼得每天都排在最前面。”

（8）“我儿子经常不刷牙。”

（9）“方敏告诉我，我穿黄色衣服不好看。”

（10）“姑姑在和我说话时爱发牢骚。”

2.2 体会和表达感受

和谐沟通的第二个要素：感受。要善于体会和表达感受，通过建立表达感受的词汇表，我们可以更清楚地表达感受，从而使沟通更为顺畅。同时要注意区分感受和想法。

例如：

（1）我觉得我吉他弹得不好。

这个句子中，我评价自己吉他弹得不好，而没有表达感受。

（2）作为吉他手，我有些失落（郁闷、苦恼）。

这个句子则表达了认为自己吉他弹得不好时，我的心理感受。

当我们说“我觉得”时，常常并不是在表达感受，而是在表达想法。此外，还有些词句表达的是想法，而非感受。例如被抛弃、被拒绝、被利用、被误解、得不到支持等。

例如：“我觉得我被忽略了”。“被忽略”是我们的判断。此时，如果想独处，我们就会感到高兴；反之，如果想参加活动，就会感到难过。

为了更清晰地表达感受，和谐沟通主张使用具体的语言。“很好”或“很差”这样的词语很难让人明白我们的实际状况。

参考词汇表：

表达我们需要得到满足时的感受	表达我们需要没有得到满足时的感受
兴奋 喜悦 欣喜 甜蜜 感激 精力充沛 兴高采烈 感动 乐观 自信 振作 振奋 开心 高兴 快乐 愉快 幸福 陶醉 满足 欣慰 心旷神怡 喜出望外 平静自在 舒适放松 踏实安全 温暖放心 无忧无虑	害怕 担心 焦虑 忧虑 着急 紧张 心神不宁 心烦意乱 忧伤 沮丧 灰心 气馁 泄气 绝望 伤感 凄凉 悲伤 恼怒 愤怒 烦恼 苦恼 生气 厌烦 不满 不快 不耐烦 不高兴 震惊 失望 困惑 茫然 寂寞 孤独 郁闷 难过 悲观 沉重 麻木 筋疲力尽 委靡不振 疲惫不堪 昏昏欲睡 无精打采 尴尬 惭愧 内疚 妒忌 遗憾 不舒服

练习二：表达感受

看看以下的句子是否表达了感受。请标出那些表达感受的句子。

（1）“我觉得你不爱我。”

（2）“你要离开，我很难过。”

（3）“当你说那句话时，我感到害怕。”

（4）“如果你不和我打招呼，我会觉得你不在乎我。”

（5）“你能来，我很高兴。”

（6）“你真可恶。”

（7）“我想打你。”

（8）“我觉得我被人误解了。”

（9）“你帮我的忙，我很开心。”

（10）“我是个没用的人。”

2.3 感受的根源

他人的言行也许和我们的感受有关，但并不是我们感受的起因。感受根源于我们自身的需要——和谐沟通的第三个要素。我们的需要和期待，以及对他人言行的看法，导致了我们的感受。听到不中听的话时，我们有四种选择。

（1）责备自己。例如，有人生气地说："我没从见过你这么自私的人！"这时，我们可能会自责："哦，我没有考虑别人的感受，真是太自私了！"这会导致我们内疚、惭愧，甚至厌恶自己。

（2）指责他人。这时，我们也许会驳斥对方："你没有权利这么说！我一直在乎你的感受。你才自私！"在争吵时，我们一般会感到恼怒。

（3）了解我们的感受和需要。这时，我们可能会发现我们有些伤心，因为我们看重信任和接纳。

（4）用心体会他人的感受和需要。这时，我们也许就会想，"他伤心生气可能是因为他需要体贴和支持"。

指责、批评、评论往往暗含着期待。对他人的批评实际上间接表达了我们尚未满足的需求。如果我们通过批评来提出主张，人们的反应常常是申辩或反击。反之，如果我们直接说出需要，其他人就较有可能做出积极的回应。不幸的是，大多数人并不习惯从需要的角度来考虑问题。在不顺心的时候，我们倾向于考虑别人有什么错。例如，同事没有听从我们的建议，我们也许会指责他们不负责任。

对于大多数人来说，一般会经历三个阶段。

（1）"情感的奴隶"——我们认为自己有义务使他人快乐。

（2）"面目可憎"时期——此时，我们拒绝考虑他人的感受和需要。

（3）“生活的主人”——我们意识到，虽然我们对自己的意愿、感受和行动负有完全的责任，但无法为他人负责。与此同时，我们还认识到，我们无法牺牲他人来满足自己的需要。

练习三：需要和感受的关系

看一看，在以下例句中，发言者是否对自己的感受负责。

（1）“你将公司的机密文件放在了会议室。太令我失望了。”（因为我希望文件能够得到妥善保管）

（2）“你这么说，我很紧张。我需要尊重。”

（3）“你来得这么晚，让我很郁闷。”（因为我希望我们能坐到前排去）

（4）“你无法来吃饭，我很难过。我本来想和你好好聊一聊。”

（5）“我很伤心。因为你没有做你答应我的事情。”（因为我希望我可以信任你）

（6）“我很沮丧。我希望我的工作已经取得更大的进展。”

（7）“朋友叫我外号让我很难过。”（因为我想得到尊重）

（8）“你得奖了，我很高兴。”（因为我希望你能得到赏识）

（9）“你嗓门那么大，吓死人了。”（我需要安静的环境来学习）

（10）“你让我搭你的车回家，我很感激，因为我想比孩子们先到家。”

2.4 请求帮助

和谐沟通的第四个要素是请求。以什么样的方式提出请求容易得到积极的回应呢？我们要清楚地告诉对方，我们希望他们做什么。应该避免使用抽象的语言，而要借助具体的描述，来提出要求。例如我们说，“我希望我可以参加奖惩标准的制定”，而不是抽象地说，“我希望得到公平的对待”。如果我们请求他人不做什么，对方也许会感到困惑，不知道我们到底想要什么。而且，这样的请求还容易引起别人的反感。例如“我希望你每周至少有两晚在家陪孩子”，而不是“我不希望你花太多时间在工作上”。

在发言时，我们将自己想要的回应讲得越清楚，就越有可能得到理想的回应。由于我们所要表达的意思与别人的理解有可能不一致，有时，我们需要请求他人的反馈。特别是在集体讨论中发言时，我们需要清楚地表明自己的期待。否则，讨论可能只是在浪费大家的时间。

一旦人们认为不答应我们就会受到责罚，他们就会把我们的请求看作是命令，认为我们是在强迫他们，他们就会不太想满足我们的愿望。我们越是将他人的不顺从看作是对我们的排斥，我们所表达的愿望就越有可能被看作是命令。如果我们清楚地表达我们无意强人所难，人们一般会相信，我们提出的是请求而非命令。

和谐沟通的目的不是为了改变他人来迎合我们。相反，它重视每个人的需要，它的目的是帮助我们在诚实和倾听的基础上更好地与人产生联系。

练习四：提出请求

根据你的观点，下列哪些句子提出了明确的请求？

（1）“我希望你理解我。”（你是否可以告诉我，你认为我刚才说的是什么意思）

（2）“请告诉我，在我做的事情中，你最满意哪一件？”（我想知道你是怎么看待我的。）

（3）“我希望你更加自信。”（我希望你能参加关于人际交流的培训，我相信这会有助于你增强自信心。）

（4）“不要再喝酒了。”（你是否可以告诉我，喝酒可以满足你什么需要？是否有别的方式可以满足那些需要？）

（5）“请让我成为我自己。”（我希望你告诉我，即使你不喜欢我做的一些事情，你仍然会和我在一起。）

（6）“关于昨天的会议，请不要隐瞒你的看法。”（请告诉我，你怎么看我昨天在会议中的表现，给我一些建议好吗？）

（7）“我希望你能在规定的时速内驾驶。”（我希望你不要超速驾驶。）

（8）“我想更好地了解你。”（我想多一些时间和你聊聊，不知道你是否愿意每周和我吃一次午饭？）

（9）“我希望你尊重我的个人隐私。”（在进我办公室之前，请先敲门好吗？）

（10）“我希望你经常做晚饭。”（我希望你每周一晚上都可以做晚饭）

三、倾听的力量

当他人遭遇不幸时，我们常常急于提建议，安慰，或表达我们的态度和感受。为了倾听他人，我们需要先放下已有的想法和判断，全心全意地体会对方。倾听他人有助于对他人的理解和接纳。

与此同时，不论别人用怎样的词语表达自己，我们都可能用心体会他们的观察、感受、需要和请求。有时，我们可以主动表达我们的理解，来帮助对方了解我们在何种程度上明白了他的意思。在交流的过程中，我们保持持续的关注，为对方的充分表达创造条件。当对方得到充分的倾听，我们将体会到气氛变得轻松，他会停止谈话。当我们痛苦得无法倾听他人时，我们需要：

（1）体会自己的感受和需要；

（2）大声地提出请求；

（3）换一个环境。

练习五：倾听他人并给予反馈

以下是甲和乙的十组对话。请问，在哪些对话中，乙用心体会甲的感受和需要并给予了反馈？

（1）甲："我又误机了，我真是个浑蛋！"

乙："没有人是十全十美的，不要太严格要求自己。"

乙是在安慰。如果乙用心倾听并给予反馈，他也许会说："你很失望，是因为你希望能够信赖自己，对吗？"

（2）甲："我认为我们应该把这些非法移民遣送回国！"

乙："这对改善社会治安有帮助吗？"

乙是在询问。如果乙用心倾听并给予反馈，他也许会说："你有些担心，因为你很看重社会秩序和安全？"

（3）甲："你以为你什么都知道？！"

乙："听起来，你有些不耐烦，因为你希望每个人的意见都能得到倾听？”

乙是在分析。如果乙认真倾听并给予反馈，他也许会说：“我理解你希望被了解的心情。”

（4）甲：“你从不把我当回事。要不是我帮你，你自己一个人能处理这么多事情吗？”

乙：“你怎么能这样想！我一直很尊重你。”

乙是在辩解。如果乙用心倾听并给予反馈，他也许会说：“你好像有些失落，你希望得到肯定和欣赏？”

（5）甲：“你怎么可以那样和我说话？”

乙：“我那样说话，你是不是很伤心？”

乙是在为甲的感受负责。如果乙用心倾听并给予反馈，他也许会说：“听起来，你很伤心，因为你需要体贴？”

（6）甲：“想到我先生，我就有些气恼。我需要他的时候，他总是不在我身边？”

乙：“你是希望他多陪陪你？”

乙将甲的想法反馈给了甲，然而，反馈感受和需要更能促进人与人的联系。如果乙用心倾听并给予反馈，他也许会说：“听起来，你有些失落，因为你需要支持和关心？”

（7）甲：“我真受不了我自己，我现在变得这么胖？”

乙：“慢跑也许会有帮助？”

乙是在提建议。如果乙用心倾听并给予反馈，他也许会说：“你对自己好像有些不耐烦，你很看重健康，是吗？”

（8）甲：“我紧张地筹备女儿的婚礼。可是，我亲家老是有新主意，真烦！”

乙："听起来，你有些着急，你希望能得到理解和配合，是吗？"

乙是在安抚。如果乙用心倾听并给予反馈，他也许会说："亲家确实总有新主意，让我们烦恼。我们有什么方法可以改善这个状况吗？"

（9）甲："如果亲戚来之前不和我打招呼，我真的不想接待他们。"

乙："我知道这是什么感觉。我也这样。"

乙是在表示同情。如果乙用心倾听并给予反馈，他也许会说："你是不是有些厌烦，你希望你的需要也能得到尊重，是吗？"

（10）甲："你的表现让我很失望。我本来指望你们部门上个月的产出能够翻番。"

乙："我知道你很失望。但上个月我们部门请病假的人很多。"

虽然乙提到了甲的感受，但乙主要是在辩解。如果乙用心倾听并给予反馈，他也许会说："你看来很失望，你看重工作效率，是吗？"

四、爱自己

和谐沟通最重要的应用也许在于培育对自己的爱。当我们的表现不完美时，我们可以通过体会忧伤和自我宽恕，来看清个人成长的方向，以及避免自我惩罚。评价自己的行为时，我们专注于尚未满足的需要；这样，我们就不再依赖羞愧、内疚、恼怒或沮丧的心理来寻求改变，而让爱主导我们的学习和成长。

同时，在日常生活中，我们主动根据需要和价值观来选择生活。我们的行为不再是为了履行职责、获得回报、逃避惩罚或避免感到内疚和羞愧。通过深入理解我们行为的动机，并用“选择做”来取代“不得不”，我们的生活将变得和谐并充满欢乐。

步骤：

第一步：将日常生活中觉得没有意思，却又认为自己不得不做的事情列一个清单。

第二步：列好清单后，向自己坦白：你做这些事情是因为你选择了做它们，而不是因为你不得不做。在你所列的每个项目前，加上“我选择做”。

第三步：填写以下的声明来了解你为什么要那么做：“我选择做是因为我想要。”你在思考这个问题时，也许会发现自己行为背后的价值取向——你在生活中看重什么。一旦意识到我们的行为所服务的需要，即使工作很艰苦、富有挑战性甚至举步维艰，我们也会从中得到乐趣。

五、表达愤怒和感激

在生气时，批评和批责他人都无法真正传达我们的心声。如果想充分表达愤怒，我们就不能归咎于他人，而把注意力放在自己的感受和需要上。与批评他人相比，直接说出我们的需要更有可能使我们的愿望得到满足。

表达愤怒的四个步骤：

（1）停下来，除了呼吸，什么都别做；

（2）想一想是什么想法使我们生气了；

（3）体会自己的需要；

（4）表达感受和尚未满足的需要。有时，在第3步和第4步之间，我们需要先倾听他人。在得到倾听和理解之后，他们也就可以静下心来体会我们的感受和需要。

在赞扬他人时，我们很少揭示内心活动，而把自己放在了裁判的位置。赞扬也常常被人用来实现个人目的，比如赞扬员工，员工就会努力工作；表扬学生，学生就会认真学习。和谐沟通鼓励我们充分表达感激。在表达感激时，我们说出：

（1）对我们有益的行为；

（2）我们的哪些需要得到了满足；

（3）我们的需要得到满足后，我们是什么样的心情。当别人以这样的方式表达对我们的感激时，我们可以与对方一起庆祝生命的美——既不自大，也不假谦虚。

读者来信

（代后记）

顾老师，我所在单位的部门老总看来最近对我有点烦，不，其实是有些排斥。自从他新调到这个部门后，就好像一直看我不顺眼。这次我终于印证了一切。我是这个部门三个业务模块中其中一块的负责人，也是最年轻的主管，名校毕业后原以为工作会像学习一样被我简单搞定，但事实证明，职场要比考场复杂多了。最近几个月我被安排在外面学习，但每周定时还是会回到单位处理一些事务。这天，部门另一个主管打电话告诉我，让我第二天不要在外学习了，赶紧回来，有一个重要文件需要一起商议处理，在电话最后她特地加重语气说，这是部门老总的意思。其实我第二天本来就要回单位的，只是原先已经向学习单位的负责人请了下午的半天假。当时我在电话里并没有觉得有必要再次请假，学习本身也是有日程安排的。于是在电话里我就问那个主管能否把文件先发给我看，这样我还是下午回去，到时就可以直接探讨文件的事了。电话挂了后，我回想起老总对我一贯的态度，有些担心，于是又亲自给老总发了一个短信，说明了一下原因，并承诺不会耽误单位的工作。老总回复两个字“好的”。

我原本觉得这事没问题了，但到当天晚上的时候，我突然收到那个主管的短信，说老总今天知道我电话里的回复后，很不高兴。紧接着我又接到另一个比较要好同事的“警告”，说老总会把我的问题直接反映到公司老板这里，说我在外学习对公司的事不闻不问，而且还占着岗位名额。听到同事说到这里，我真的是晕了，这不是明显向我摆刀吗！同时这个同事又“提示”我，不如在部门老总向老板打小报告前，抢先向老板汇报。挂了电话后，我就开始陷入焦虑中，头开始疼痛，心跳加速，冒虚汗。大脑不停地思忖着怎么办：那个打电话的主管到底是怎么传话的？这个部门老总为什么这么讨厌我？同时，我想到了该不该向老板抢先表功诉苦，甚至在想是不是要离开这家公司。

就在这样的焦虑痛苦中，我鬼使神差地逛到了书店里，更巧的是看到了书架上您的这本《好心态成就好工作》。随意的翻看令我眼前一亮，就像是黑暗中突然看到一盏明灯一般。

我看到您书里写道“知道原因才能预防犯错”，我仔细分析了原因，才发现我在职业人际关系中的最大阻碍恰恰就是您说的“自己的执拗”。我继续看下去，我学习到了沟通其实是妥协的需要，我原来一直没有明白什么是妥协，以为就是一味地顺从，看了您的书才知道，妥协其实就是基于共事基础上的一种利益互换。所以得在妥协中首先看到自己的优势点，这样才能让对方看重你的价值，如此才能进而知道与人相处的分寸。

曾经我在各种困境面前，很容易陷入到一种自我迷惘状态，那种自我感会被烦心事拉扯进一个混沌的黑洞中而难以自拔，这就是所谓的钻牛角尖吧。这可能就是您书中所说的“自我中心”在作祟。而通过您的这本书，我一下子找到了对真相的解释，解开了自我不为人知的一面。您的书将人们日常忽略了的细节像串珍珠一样串起来，还原出一个让自己都感到惊叹的事情发展的过程。

通过您的书我学会了自我分析，也开始读懂他人。我知道了部门老总平时言行下涌动的人格特质其实是多疑和敏感的，这样的领导特别需要细心“呵护”。他倒不需要你做什么轰轰烈烈的大事出来，只要一不出事，二不挑事，三命令要落实，说白了就是这样的领导只要一个“听命”于他的员工就能心满意足了。我也知道了同级主管在向老总传递与我对话时的几种可能存在的心态。作为同僚本就是潜在的竞争者，其传达领导的命令中也自然夹杂着自己的映射，“让你来你就得来，不然就是对抗”。在这样的心态下一旦没有得到响应，自然也会把自己受挫的情绪释放给领导。他当然没必要为我担什么责任，而且还逮着了一个突出自己表现的好机会。

在您这本书的引导下，我更清楚了下一步怎么行动才能真正化解这次危机。我放下了主动找老板诉苦的打算。这样不仅没用，反而会有把事情搞得更复杂的风险。于是第二天我按原来的计划下午到单位，参加了会议探讨，后半场会议老板也亲自参加了，因为我对文件提前做了功课，所以把自己的想法表述得也非常详细。这次探讨中，老板对我很满意，我的部门老总看在眼里，也挤出了几句对我肯定的话语。会议结束回到家，我给我的部门老总又发了个更详细的短信，除了对他的感谢外，也向他就今天不能如他希望的上午就回到单位的事做了道歉。这个短信发出后，老总的回复虽然还是非常简短，但却多一个“赞”和“笑脸”。我知道，我的短信已经起到了对他的安抚作用。第三天外面的培训结束后，我又一次到单位去，和老总谈了关于这个文件自己的一些新的想法，老总主动把我带到老板办公室，在商讨期间，老总还顺势把我大大夸奖了一番。当时倒让我有些受宠若惊了。我没想到他会在老板面前这么赞美我。

此时，我觉得有必要循着这本书的余香找到我喜爱的心理专家顾歌，于是我拨通了您所在心理咨询热线，由于我身处外地，不方便面洽，当时您也在忙别的工作，我特别惋惜地错过了和您的交流。但您的机构工作人员明显受过良好的专业训练，她迅速地捕捉到我的需求和困惑，于是安排了一个崔姓老师为我提供长途电话咨询服务。当天咨询后，我听到了这么一个心理学原理——承诺与一致性效应。咨询师讲了这么一个故事。

一个大妈去菜场买肉，走到一个肉摊千挑万选，这里不对那里不好，就想图个便宜。终于谈定价格买下来了之后，她就对这个摊位的肉产生了态度上的转变。当看到其他顾客在挑选时，这位大妈就会成为推荐者，不仅对这个摊位的肉大加赞赏，而且以自己为示范努力鼓动其他顾客购买。这种现象也会出现在投票选举的阶段，当一个选民把票投给一个被选对象后，就会鼓励其他选民也选这个被选对象。这是因为在大多数人看来，不管是由于何种原因做出前面的选择，一旦选择了，就是一种承诺表达，其后面的行为就会和前面的承诺做出一致性选择。因为违背自己的承诺所带来的负罪感，常常超出了被选对象的问题所带来的不快。这也是一种认知再平衡现象。这种承诺一致原理在社会的很多场合都被利用。很多商家也常常利用这个心理现象，先诱使顾客做出某个决定，或选择某种立场，最终成为他们商品的簇拥者。其实一个人如何在人际关系中获得成功，简单的概括就是："知道自己要什么，然后用最有效的方式去获得。"

我终于明白，是什么让对自己有不良印象的部门老总从想到老板这里告状，转变成为自己说好话的上司。这其中的关键就在于我用自己的努力让上司不得不对我予以肯定，之后，他对我产生了肯定（其实是他对自己进行了认知调整），一旦表达了这样的态度，就形成了自己对我的新判断，于是在后面就更顺其自然地对我进行肯定。这样下去，我俨然就可以成为他信赖和有好感的下属了。这次的顺利过关又一次让我意识到，心理学还真是一门大有用处的科学。

我借此文感谢顾歌老师所著的好书带给我的帮助，也特别感谢您的机构真诚的心理咨询师给我提供的专业帮助。现在我已经准备报名您机构的远程网络心理咨询师课程了，希望通过心理学的系统学习，帮助自己在职业及生活中获得更好的收获和成长。

生活有氧

好工作缔造精彩人生　好心态成就美好工作

求职亦如人饮水，冷暖自知。你的心态既可以成为铠甲，也可以成为枷锁。培养职场好心态和自我的定力，让每一份工作都成为你人生中的宝贵财富。

——上海东方数字社区发展有限公司总经理、上海市民文化协会会长　蒋涌波

作为沪上知名的心理咨询专家，顾歌十几年如一日地做着“拼命三郎”。除了从事心理咨询工作，他也一直忙着当义工、做电台直播、普及心理健康知识等。是什么点燃了这个“工作狂”的职业激情？连轴转的他不会疲倦吗？看到这本再版的《好心态成就好工作》，答案找到了：支持他的不是别的，正是对这份工作的热爱以及好心态。希望每一位遇见此书的读者，都能在职场上、生活中拥有好心态。

——《新闻晨报》副总编、腾讯大申网总编辑　王娟娟

工作要高效，事业要成功，这都需要有好的心态。花点时间来品味专家的理论分析和实践指导，有益于调整好心态。

——苏州大学副教授、应用心理学硕士生导师　吴荣先

职场，也是竞技的猎场，职场背后充满了心情变化和情绪起伏，围绕着生存、发展、友谊、爱情，职场人或喜或恼。如果你认真细读顾歌老师的《好心态成就好工作》这本书，将平时不易觉察的心态变化加以管理，多多感知和体察，进而学会管理自己的职业生涯，你就是职场上的那个强者！

——《申江服务导报》心理专栏作家　崔璨

得知本书再版，非常欣喜。自出版以来，本书已经成为国内著名商学院的总裁班、心理学高级研修班的教材用书。

——心潮咨询公司　Nice女士

两江物语

两江物语

官方微信

上架建议：心理学

ISBN 978-7-5407-8386-0

9 787540 783860 >

定价：45.00元